"十三五"国家重点出版物出版规划项目

高分辨率对地观测前沿技术丛书

主编　王礼恒

机载成像

光谱仪技术

王跃明　舒　嵘　张　东　编著

国防工业出版社

·北京·

内 容 简 介

本书系统地介绍了机载成像光谱仪基本原理、设计方法及其应用方法,内容涵盖基本物理概念、系统总体技术、光电设计、数据应用等内容。机载成像光谱仪是一门涉及光学、精密机械、半导体探测器、信号与信息处理、遥感应用等多门学科的综合技术,全书在机载成像光谱仪发展现状分析的基础上,详细介绍了机载成像光谱仪的光学设计、结构设计、热控设计、电控设计、位姿测量设计、定标测试设计、数据处理系统设计、典型应用等方面的知识要点。在阐述设计方法的同时,结合高分航空全谱段多模态成像仪研制实际,进行案例分析与讨论。

本书适用于光电技术、光学设计、遥感应用等相关领域研究人员参考阅读,也可作为大中专院校相关专业学生的选修课教材或参考读物,以帮助读者全面掌握机载成像光谱仪的工作原理、技术特点、应用能力,了解机载成像光谱仪的主要发展过程、技术现状与发展趋势。

图书在版编目(CIP)数据

机载成像光谱仪技术/王跃明,舒嵘,张东编著

. —北京:国防工业出版社,2021.7

(高分辨率对地观测前沿技术丛书)

ISBN 978-7-118-12405-7

Ⅰ.①机… Ⅱ.①王… ②舒… ③张… Ⅲ.①星载仪器-光谱仪 Ⅳ.①V44

中国版本图书馆 CIP 数据核字(2021)第 149608 号

※

国防工业出版社 出版发行

(北京市海淀区紫竹院南路 23 号 邮政编码 100048)

雅迪云印(天津)科技有限公司印刷

新华书店经售

*

开本 710×1000 1/16 插页 2 印张 18½ 字数 275 千字

2021 年 7 月第 1 版第 1 次印刷 印数 1—2000 册 定价 108.00 元

(本书如有印装错误,我社负责调换)

国防书店:(010)88540777 书店传真:(010)88540776

发行业务:(010)88540717 发行传真:(010)88540762

丛书学术委员会

丛书编审委员会

主　　编　王礼恒

副 主 编　舟承其　吴一戎　顾逸东　龚健雅　艾长春

　　　　　彭守诚　江碧涛　胡　莘

委　　员　(按姓氏拼音排序)

　　　　　白鹤峰　曹喜滨　邓　泳　丁赤飚　丁亚林　樊邦奎

　　　　　樊士伟　方　勇　房建成　付　琨　苟玉君　韩　喻

　　　　　贺仁杰　胡学成　贾　鹏　江碧涛　姜鲁华　李春升

　　　　　李道京　李劲东　李　林　林幼权　刘　高　刘　华

　　　　　龙　腾　鲁加国　陆伟宁　邵晓巍　宋笔锋　王光远

　　　　　王慧林　王跃明　文江平　巫震宇　许西安　颜　军

　　　　　杨洪涛　杨宇明　原民辉　曾　澜　张庆君　张　伟

　　　　　张寅生　赵　斐　赵海涛　赵　键　郑　浩

秘　　书　潘　洁　张　萌　王京涛　田秀岩

序 言

　　高分辨率对地观测系统工程是《国家中长期科学和技术发展规划纲要（2006—2020年）》部署的16个重大专项之一,它具有创新引领并形成工程能力的特征,2010年5月开始实施。高分辨率对地观测系统工程实施十年来,成绩斐然,我国已形成全天时、全天候、全球覆盖的对地观测能力,对于引领空间信息与应用技术发展,提升自主创新能力,强化行业应用效能,服务国民经济建设和社会发展,保障国家安全具有重要战略意义。

　　在高分辨率对地观测系统工程全面建成之际,高分辨率对地观测工程管理办公室、中国科学院高分重大专项管理办公室和国防工业出版社联合组织了《高分辨率对地观测前沿技术》丛书的编著出版工作。丛书见证了我国高分辨率对地观测系统建设发展的光辉历程,极大丰富并促进了我国该领域知识的积累与传承,必将有力推动高分辨率对地观测技术的创新发展。

　　丛书具有3个特点。一是系统性。丛书整体架构分为系统平台、数据获取、信息处理、运行管控及专项技术5大部分,各分册既体现整体性又各有侧重,有助于从各专业方向上准确理解高分辨率对地观测领域相关的理论方法和工程技术,同时又相互衔接,形成完整体系,有助于提高读者对高分辨率对地观测系统的认识,拓展读者的学术视野。二是创新性。丛书涉及国内外高分辨率对地观测领域基础研究、关键技术攻关和工程研制的全新成果及宝贵经验,吸纳了近年来该领域数百项国内外专利、上千篇学术论文成果,对后续理论研究、科研攻关和技术创新具有指导意义。三是实践性。丛书是在已有专项建设实践成果基础上的创新总结,分册作者均有主持或参与高分专项及其他相关国家重大科技项目的经历,科研功底深厚,实践经验丰富。

　　丛书5大部分具体内容如下:**系统平台部分**主要介绍了快响卫星、分布式卫星编队与组网、敏捷卫星、高轨微波成像系统、平流层飞艇等新型对地观测平台和系统的工作原理与设计方法,同时从系统总体角度阐述和归纳了我国卫星遥感的现状及其在 6 大典型领域的应用模式和方法。**数据获取部分**主要介绍了新型的星载/机载合成孔径雷达、面阵/线阵测绘相机、低照度可见光相机、成像光谱仪、合成孔径激光成像雷达等载荷的技术体系及发展方向。**信息处理部分**主要介绍了光学、微波等多源遥感数据处理、信息提取等方面的新技术以及地理空间大数据处理、分析与应用的体系架构和应用案例。**运行管控部分**主要介绍了系统需求统筹分析、星地任务协同、接收测控等运控技术及卫星智能化任务规划,并对异构多星多任务综合规划等前沿技术进行了深入探讨和展望。**专项技术部分**主要介绍了平流层飞艇所涉及的能源、囊体结构及材料、推进系统以及位置姿态测量系统等技术,高分辨率光学遥感卫星微振动抑制技术、高分辨率 SAR 有源阵列天线等技术。

　　丛书的出版作为建党 100 周年的一项献礼工程,凝聚了每一位科研和管理工作者的辛勤付出和劳动,见证了十年来专项建设的每一次进展、技术上的每一次突破、应用上的每一次创新。丛书涉及 30 余个单位,100 多位参编人员,自始至终得到了军委机关、国家部委的关怀和支持。在这里,谨向所有关心和支持丛书出版的领导、专家、作者及相关单位表示衷心的感谢!

　　高分十年,逐梦十载,在全球变化监测、自然资源调查、生态环境保护、智慧城市建设、灾害应急响应、国防安全建设等方面硕果累累。我相信,随着高分辨率对地观测技术的不断进步,以及与其他学科的交叉融合发展,必将涌现出更广阔的应用前景。高分辨率对地观测系统工程将极大地改变人们的生活,为我们创造更加美好的未来!

王礼恒

2021 年 3 月

前　言

　　成像光谱是一种结合光学、机械和电子系统的新型遥感探测技术。它基于自身精密的分光光学系统和其独特的成像方式，集成像与光谱探测于一体，能够在获取目标空间信息的同时获取目标在不同波长反射或辐射的能量，生成目标的光谱数据立方体。由于光谱数据立方体具有图谱合一的特点，因此可以从几何形状和光谱特征两个方面对观测对象进行探测识别，对场景中的物体进行分类、检测和定量化表征。成像光谱仪作为遥感载荷为遥感技术的发展注入了强大活力，是过去30年来人类在对地观测领域所取得的重要突破之一，是未来人类从事地球科学与深空探测的重要技术手段。光谱成像技术在各个对地观测领域的应用价值已经逐步显现，目前已经被广泛应用于农林业调查、矿产资源勘探、环境监测、军事侦察等领域，取得了大量的成果，拓展了人类的视野。

　　相比于星载光谱遥感和地基光谱遥感，机载成像光谱仪由于能够同时兼顾较高的空间分辨率和时间分辨率，飞行平台具有较强的负载能力和驻空时间，对于大范围、高时效性的观测目标具有较强的观测能力，是目前光谱遥感领域最活跃的方向之一。自20世纪80年代初，第一台机载成像光谱仪（Airborne Imaging Spectrometer，AIS）在美国JPL实验室研制成功以来，机载光谱成像技术已经有将近40年的发展，技术日臻成熟。截至目前，各个国家已经研发了机载可见/红外成像光谱仪、机载成像光谱仪、高光谱制图仪、紧凑型机载成像光谱仪、实用型模块化成像光谱仪、推帚式成像光谱仪及机载全谱段多模态成像光谱仪等诸多航空成像光谱仪。波段范围覆盖紫外至长波红外各个谱段，光谱分辨力从几十纳米到几纳米。近年来，随着无人机技术的发展，小型无人机载光谱成像技术迅速发展，涌现出一大批公司开发了各种小型无人机载成像光谱仪，如美国HeadWall公司的Hyperspec VNIR/SWIR成像光谱仪、SOC公司的Cubert系列成像光谱仪、挪威NEO公司的Hyspex系列成像光谱仪、中国长光禹辰的 MS600 系列无人机载多光谱相机等。相比于有人机载成像光谱仪,虽然无人机载成像光谱仪的作业效率低、性能指标略差,但使用成本大为降低,因此广受青睐。

我国紧密跟踪国际光谱成像技术的发展,并结合国内不断增长的应用需求,于 20 世纪 80 年代中后期着手发展自己的光谱成像系统,取得了很多达到国际一流水平的研究成果。然而,需要看到的是,目前国内从事光谱成像技术研究的人员主要集中在光谱数据处理与应用领域,能够设计制造成像光谱仪系统,尤其是机载成像光谱仪系统的人员主要集中于几家研究所,而且介绍成像光谱仪系统研制方法的著作也很少。因此,很有必要组织相关设计人员对机载成像光谱仪系统的设计方法进行整理,让更多人能够了解这项技术,推动机载成像光谱仪系统研制能力的逐步提高。

本书围绕机载成像光谱仪技术,依托中国科学院上海技术物理研究所研制的新一代机载成像光谱仪——全谱段多模态成像光谱仪,详细介绍了机载成像光谱仪的设计方法。全书共分 12 章。第 1 章介绍成像光谱仪的基本工作原理与发展现状;第 2 章介绍机载成像光谱仪的组成、指标体系、典型成像方式、典型分光方式,以及机载成像光谱仪的总体方案设计;第 3 章介绍机载成像光谱仪的光学设计方法,包括前置光学系统设计方法、光谱仪设计方法以及像质评价指标体系,并以全谱段多模态成像光谱仪为例,介绍机载成像光谱仪的光学设计方案;第 4 章介绍机载成像光谱仪的结构设计方法,包括结构分系统组成以及成像光谱仪与载机平台之间的接口设计;第 5 章介绍机载成像光谱仪的电控系统设计,包括相机控制系统、稳定平台和 POS 系统,以及数据采集系统;第 6 章介绍机载成像光谱仪热控系统设计,包括整机热分析与设计、低温光学热分析与设计;第 7 章介绍典型机载遥感平台;第 8 章介绍抗姿态扰动技术;第 9 章介绍机载成像光谱仪性能测试技术,分为实验室性能测试方法和外场检校方法;第 10 章介绍机载成像光谱仪数据处理技术,包括高光谱数据预处理、辐射校正处理和几何校正处理,为高光谱数据应用提供基础数据;第 11 章介绍机载成像光谱仪典型应用;第 12 章对机载成像光谱仪技术的发展进行了简单总结,并对未来机载成像光谱仪技术的发展进行了展望。参与本书撰写的人员都是在科研一线长期从事成像光谱仪系统研制的科研人员,素材均来自于他们平时科研工作中的实践经验和研究成果。

成像光谱技术是一项发展非常迅速的遥感探测技术,随着技术的发展,新的理论和方法不断涌现,而我们的学识水平、理解深度和广度都非常有限,难免存在不妥之处,敬请读者批评指正,期望大家在成像光谱领域共同进步,促进我国成像光谱遥感技术的繁荣。

编著者
2021 年 2 月 8 日

目 录

第 1 章

绪 论

成像光谱技术是一门新型遥感探测技术,涉及光学、电子学、机械、控制、图像处理、数据分析等诸多研究领域。依托于自身能够探测目标光谱特性的能力,成像光谱技术能够探测到许多常规探测手段无法探测到的目标特性。机载成像光谱仪由于具有分辨率高、作业效率高、时效性好等特点,是当前对地遥感探测的重要手段之一。本章将从成像光谱仪的基本工作原理和机载成像光谱仪技术发展现状两个方面进行简要介绍。

1.1 成像光谱仪基本工作原理

1.1.1 成像光谱仪基本功能

太阳光覆盖了各个波长的光谱。物体收到太阳光的照射后,由于自身化学成分的影响,反射光信息除了包含太阳的入射光谱信息外,还包含了物体自身的特征信息。传统的成像技术只能显示探测器所能接收到的光能量,无法区分不同波长下的能量分布,因此会丢失很多能够描述目标自身特性的信息,如化学组成成分。成像光谱仪借助于自身的分光系统,将混叠在一起的复色光按照所需要的波长分开单独进行成像,获取目标的光谱信息。通过分析不同目标在各个波长下反射/发射的能量,可以对目标进行探测、识别甚至含量的测量,如图 1-1 所示。人们日常生活中常见的彩色相机,其实也是一种成像光谱仪。它通过 3 种能够识别不同波长的探测器(通常是红绿蓝通道)获取目标在这 3 个波长处的反射光,再通过色彩合成,模拟出目标的颜色信息。

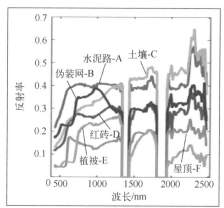

典型地物反射率曲线

图 1-1　高光谱数据立方体及地物光谱曲线

光谱成像是一种结合光学、机械和电子系统的新型遥感探测技术,它基于自身精密的分光光学系统和其独特的成像方式,能够被动感知到场景中目标的高分辨率的光谱和空间几何特征,可以用来对场景中的物体进行分类、检测和定量化表征。到目前为止,以高光谱成像仪为载荷的遥感是过去30年来人类在对地观测领域所取得的重要突破之一,也是未来人类获取外界动态信息的重要技术手段。

1.1.2　成像光谱仪分类和组成

成像光谱仪能够探测目标在不同波长下的反射/发射能量,关键在于其内部的分光系统。成像光谱仪内部的分光系统可以将复色光按照不同的波长进行分光。不同类型的成像光谱仪尽管其分光原理不尽相同,但基本都是采用望远系统将入射光收集到分光系统中,利用不同波长的光具有不同折射率(色散型成像光谱仪)或是不同波长的光的透过率不同(滤光片型成像光谱仪)或是光学干涉(傅里叶变换光谱仪)等方法实现分光,并成像在探测器的表面。因此成像光谱仪可以大体分为3个部分,即望远系统、分光系统和成像系统,如图1-2所示。

根据分光方式的不同,现行的采用光学技术开发的用于实现高光谱成像的光谱仪主要包括:色散型成像光谱仪[1-2]、迈克尔逊傅里叶变换光谱仪[3-4]、空间调制傅里叶变换光谱仪[5-6]、滤光片型成像光谱仪和声光可调滤光器光谱仪[7]等。在机载或天基平台上实现光谱成像时,通常采用的是色散型成像光谱仪。它可以将物体的一维空间信息和光谱信息同时映射到二维探测器阵列的两个不同方向。在任何一个时间点,光谱仪都会同时收集多个波长的成像光束,构成场景的单帧空间切片,然后通过扫描和收集多帧切片来扩展另一个空间维度,最终形成包含光谱维度的高光谱图像立方体。

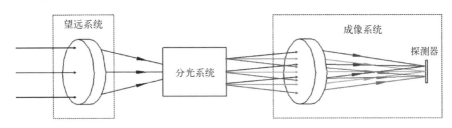

图 1-2 成像光谱仪基本原理及组成

色散型成像光谱仪根据色散产生的原理,主要分为两大类[8],即棱镜色散光谱仪和光栅光谱仪。

棱镜色散光谱仪利用棱镜对不同波长的光具有不同折射率的特点来实现光谱分光,如图 1-3 所示。这种技术出现较早,技术成熟度也比较高,分光结构已经从单一棱镜发展至多个棱镜组合的方式,棱镜的形态也由简单的透射式梯形棱镜发展至曲面反射棱镜。棱镜分光具有比较高的光谱透过率和较低的加工成本,但由于棱镜面型容易受温度的影响,导致像面的光谱位置发生变化。而且,棱镜分光容易产生非线性的色散和长直狭缝图像弯曲[9]。

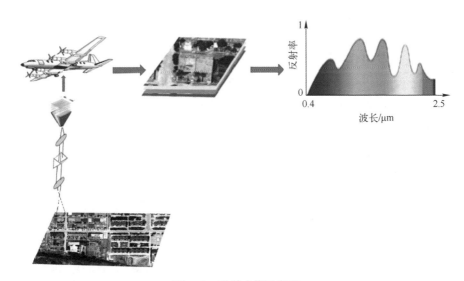

图 1-3 光谱成像示意图

光栅光谱仪采用光栅作为分光元件,具有光谱分辨率高、结构紧凑等优点,目前已经成功地运用在了短波红外波段(SWIR)和可见光波段(VIS)上的机载和天基平台。典型的光栅光谱仪的原理如图 1-4 所示。光源从远处(图中的左边)首先经过成像透镜组件(光学镜头)汇聚在镜头的焦平面上形成图像。在焦平面处放置一个矩形狭缝,狭缝仅允许中间一个窄带的矩形区域内通光。穿过狭缝的光线通过 3 个反射镜再次照射到二维的探测器阵列上形成光源的像。狭缝中心通光区域经过反射镜成像后,恰好与探测器阵列上 $1 \times n$ 个像元相对应,使得狭缝的高度与探测器元件尺寸匹配,狭缝宽度与探测器阵列宽度匹配。如果不考虑其他因素,则二维的探测器阵列只会生成穿过狭缝场景的部分线性图像。光谱仪在中间镜表面采用闪耀光栅进行衍射,将光按照不同波长分散在二维探测器阵列上[10],从而形成了穿过该阵列的这个维度入口狭缝中的每个空间位置的光谱。

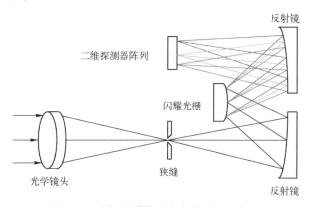

图 1-4   光栅光谱仪基本光学原理示意图

迈克尔逊傅里叶变换光谱仪是一种时间调制型傅里叶变换光谱仪,具有光通量大、波段数量多和信噪比高等特点[3]。迈克尔逊傅里叶变换光谱仪利用迈克尔逊干涉仪原理,采用定镜+动镜干涉的方法,通过不断平移动镜相对于定镜的位置,获取目标在不同光程差条件下的干涉条纹,借助于傅里叶变换计算出目标在各个波长处的图像,实现光谱探测。

第一台迈克尔逊傅里叶变换光谱仪于 1995 年在美国 Livermore 实验室研制成功,其光谱范围覆盖了 $1.25 \sim 12.5\mu m$,光谱分辨力达 $0.25cm^{-1}$。该系统利用定镜+动镜扫描的方式对入射光进行时间调制,通过改变动镜的位置获取对应视场目标在不同波长的干涉图,进而解算出目标的完整光谱图像,如图 1-5 所示。

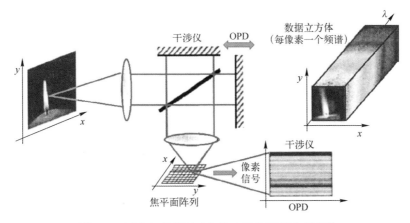

图 1-5 迈克尔逊傅里叶变换光谱仪原理示意图[3]

空间调制傅里叶变换光谱仪是利用等厚干涉原理来进行目标光谱探测的。与迈克尔逊傅里叶变换光谱仪相比,由于不需要动镜扫描,系统稳定性较好。空间调制傅里叶变换光谱仪有多种构型,比较有代表性的主要有 Sagnac 型(图 1-6)和双折射干涉分光型。

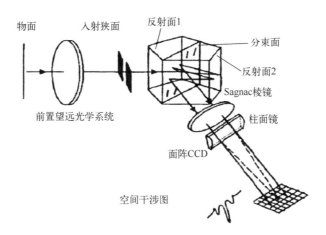

图 1-6 Sagnac 型空间调制傅里叶变换光谱仪原理

滤光片型成像光谱仪多用于多光谱成像仪中,通过在子光路中加入具有不同波长的带通滤光片实现对不同色光的筛选。滤光片型成像光谱仪一般由一个共同的前置望远系统和若干个子光路构成。每个子光路对应一个波段通道,有着自己独立的成像系统。随着波段数量的增多,所需要的子光路的数量也随之增多,系统的体积也随之增加,如图 1-7 所示。

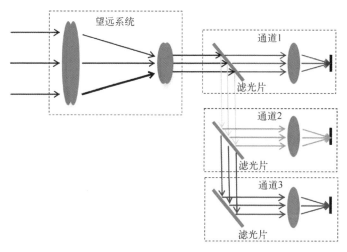

图 1-7　滤光片型成像光谱仪原理示意图

声光可调滤光器光谱仪是利用声波作用在某些晶体,对光产生周期性的调制,影响光在晶体内的衍射传播。通过给晶体施加不同频率的射频信号改变衍射光的波长,实现光谱分光,如图 1-8 所示。声光可调滤光器具有体积小、通光孔径大、扫描速度快、光谱分辨率高等优点,在光谱成像领域有着巨大的应用潜力。

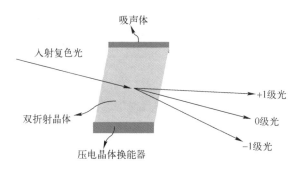

图 1-8　声光可调滤光器基本原理示意图[7]

▶▶▶ 1.2 机载成像光谱仪技术发展现状及趋势

1.2.1 国内外机载成像光谱仪发展现状

成像光谱是一项经典的遥感技术手段,其发挥的重要作用已经得到了全世界各个国家的公认。最初的成像光谱概念来源于 20 世纪 70 年代的蚀变矿物实验室近红外光谱分析工作。1971 年开始，美国地质学家 Hunt 教授等陆续发表岩石与蚀变矿物的光谱分析结果，主要内容围绕 OH-和 Al-O-H 在 2.2μm 波长处的特征吸收光谱。在此基础上，美国喷气推动实验室（Jet Propulsion Laboratory，JPL）提出成像光谱概念，并于 1982 年研制出第一台机载成像光谱仪（Airborne Imaging Spectrometer，AIS）。在此之后，世界各国纷纷开展成像光谱技术研究，包括仪器研制和应用研究。

在成像光谱技术基础上，衍生出高光谱（Hyperspectral）、超光谱（UltraSpectral）等概念，通常认为高光谱成像仪的光谱带宽或光谱分辨力约等于波长的 1%，即 $\Delta\lambda \approx \lambda/100$。根据运行平台主要分为机载（Airborne）和星载（Spaceborne）两大类，比较典型的高光谱成像仪有美国 JPL 实验室的 AVIRIS，澳大利亚的 HyMap，中国的 OMIS，德国的 DAIS 等。星载高光谱成像仪主要以美国为主，典型的如 EO-1 卫星的 Hyperion，OrbView-4 卫星战术高光谱成像仪 Warfighter-1，海军 NEMO 卫星的岸带高光谱成像仪 COIS，应急响应空间计划的高分辨率战术高光谱成像仪（ARTEMIS），以及用于深空探测的火星勘探成像光谱仪 CRISM 和月球矿物制图仪（Moon Mineralogy Mapper），这些仪器为美国军民用户以及科学界获取了大量宝贵的地球高光谱图像数据和月球、火星光谱图像数据，展示了从空间认识地球及地外星体的能力。

通过过去近 30 年的发展与努力，全球各个国家遥感届对成像光谱（高光谱）技术的认识日渐深刻，目前规划中的成像光谱计划比较好地体现了这一点。例如，未来"十年勘探"（Decadal Survey）提出要研制宽幅的星载高光谱成像仪（Hyperspectral InfraRed Imager，HyspIRI），幅宽 150km，地面分辨率 60m，用于陆地表面植被及矿物识别与分类，该仪器的特点是十分强调光谱性能，空间分辨率可以适当降低。除美国之外，世界其他发达国家也都十分关注高光谱成像技术的发展，例如欧洲的 MERIS、CHRIS 等都是十分经典的星载高光谱成像仪。对于未来高光谱成像技术的发展应用，德国目前也规划了未来的高光谱计划，印度、日本、南非等许多国家均有自己的高光谱成像计划。

根据搭载平台的不同，机载成像光谱仪可以分为有人机载成像光谱仪和无人机载成像光谱仪两大类。由于有人机机舱内空间较为宽阔，平台的承载能力也比较强，因此有人机载成像光谱仪一般体积较大，系统结构较为复杂，对应系统性能也比较高，多用于大面积区域的遥感作业。目前，国际上比较著名的有人机载成像光谱仪主要有 AVIRIS、HyMap、CASI/SASI/MASI、M7、MIVIS、DAIS、

OMIS、AMMIS 等。其中比较有代表性的是美国的 AVIRIS、澳大利亚的 HyMap、加拿大的 CASI/SASI/MASI，以及中国的 OMIS、AMMIS。

1. 典型有人机载成像光谱仪

1）机载可见近红外成像光谱仪（AVIRIS）

美国 JPL 实验室是成像光谱仪发展的先驱，一直引领着成像光谱技术的发展，其先后研制了机载成像光谱仪 AIS、AVIRIS 等，其中 AVIRIS 堪称业界典范。

AVIRIS[11-13]全称是机载可见近红外成像光谱仪（Airborne Visible/InfraRed Imaging Spectrometer），由美国加利福尼亚理工学院喷气推进实验室（JPL）在 1987 年研制完成，并作为美国航空航天局的一种装备仪器安装在 ER2 及 U2 飞机上使用，用于获取地面可见近红外高光谱遥感数据。应用高度为 20km，速度为 740km/h，仪器质量为 720 磅①，宽 33 英寸②，长 63 英寸，高 46 英寸，如图 1-9 所示。

AVIRIS 采用摆扫成像方式，光谱采样间隔约 9.6nm、在 0.4~2.45μm 的波长范围获取 224 个连续的光谱波段数据。以 NASA ER-2 为飞行平台，飞行高度 20km，垂直航迹扫描仪的刈副宽度约 10km，地面分辨力为 20m。

AVIRIS 仪器主要技术参数如表 1-1 所列。

表 1-1　AVIRIS 成像光谱仪技术参数

光谱仪种类	摆扫式成像光谱仪
扫描频率	12Hz
分光方式	4 个光栅光谱仪（A,B,C,D）
探测器数量	224 个探测器（32,64,64,64）Si and InSb
数据编码	12bit
数据传输速率	20.4Mb/s
光谱速率	7300spectra/s
数据容量	>10GB（>8000km²）
光 谱 参 数	
波长范围	400~2500nm
光谱平均采样间隔	10nm

---

① 1 磅 = 0.45kg；

② 1 英寸 = 2.54cm。

续表

光 谱 参 数	
光谱响应区间	10nm
光谱校准精度	<1nm
辐 射 参 数	
辐射范围	0 到无穷
辐射取样长度	有效值约为一个噪声 DN 值
绝对准确率	≥96%
飞行间稳定性	≥98%
信噪比	超过 100∶1
偏振灵敏度	≤1%

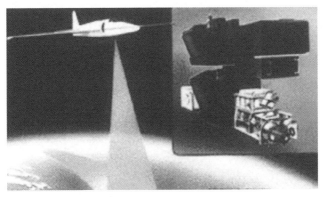

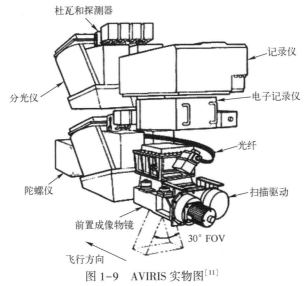

图 1-9　AVIRIS 实物图[11]

AVIRIS 为组件式结构,它由 6 个光学子系统和 5 个电子学子系统组成。光学子系统(1 个扫描器、4 个光谱仪、1 个定标源)由光导纤维相互连接,如图 1-10 所示。用光导纤维将光学系统互连起来,这是采用 4 个独立的光谱仪同时使每个光谱不超过一个倍频宽度所必需的。这样可以避免由于光栅重叠而产生的混杂光谱;同时还可以大大简化仪器的机械部分,并允许每个子系统进行独立装校和测试。电子学部分是根据主要功能分装的,包括信号链、数字控制部分、数据缓冲器、滚动校正陀螺、电源等,这使得信号链与其他噪声的电路俨然隔离开来。它充分利用飞机的有效载荷能力,为每个单元提供了完全的射频干扰屏蔽。

AVIRIS 使用机械扫描镜实现地物的物方扫描。因为扫描运动实际被反射镜加倍,所以扫描镜只要转动 15°。前置光学系统的示意图如图 1-10 所示。扫描镜旋转±8.4°对应视场移动±16.8°,实现仪器 33°视场角。扫描镜采用凸轮+动量补偿从动轮驱动旋转的方式实现了 70% 的扫描效率,如图 1-11 所示。

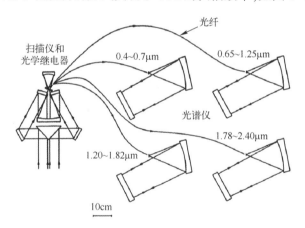

图 1-10　AVIRIS 前置光学系统示意图[13]

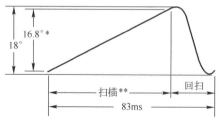

图 1-11　AVIRIS 扫描曲线

2）HyMap

HyMap 是一款由澳大利亚 HyVista 公司研制的生产运营型航空成像光谱仪。该系统属于光机扫描系统,利用衍射光栅和 4 个 32 元探测器阵列(1 个硅探测器、3 个液氮制冷碲镉汞 MCT 探测器)提供 128/144 个光谱通道,覆盖了 512 像素范围内的 0.45~2.5μm 的光谱通道。HyMap 可广泛应用于地质矿产、国土规划等应用科研领域,以及星载高光谱实用性验证等方面。HyMap 装机实物照片如图 1-12 所示。

图 1-12　HyMap 成像光谱系统

HyMap 是由扫描仪主机、POS 系统、陀螺稳定平台、定标设备、数据采集和管理系统、数据存储和控制系统及专业高光谱图像处理软件组成,其系统结构图如图 1-13 所示。

HyMap 系统指标如表 1-2 和表 1-3 所列。

表 1-2　128 谱段版系统指标

波长范围/μm	波段带宽/nm	光谱平均采样间隔/nm	波段数
VIS:0.45~0.89	15~16	15	32
NIR:0.89~1.35	15~16	15	32
SWIR1:1.40~1.80	15~16	13	32

续表

波长范围/μm	波段带宽/nm	光谱平均采样间隔/nm	波段数
SWIR2:1.95~2.48	18~20	17	32
总波段数	128		
视场角(FOV)	61.3°(线阵传感器像元数为512像元)		
瞬间视场(IFOV)	航向2.5mrad,垂直航向2.0mrad		
地面空间分辨率	3~10m		
信噪比	>500:1		
数据编码	16bit		
系统几何精度	2个像元		
采集速率	每天约800~2500km²		
飞行航高	最大相对航高5000m		

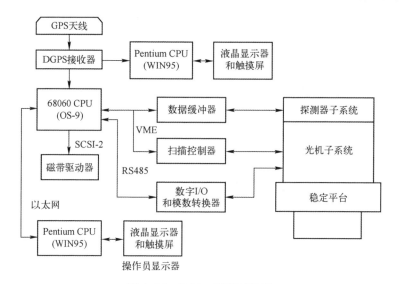

图1-13 HyMap系统结构图

表1-3 144谱段版系统指标

波长范围/μm	波段带宽/nm	光谱平均采样间隔/nm	波段数
VIS:0.4~0.905	<15	<15	36
NIR:0.88~1.41	<18	<18	36
SWIR1:1.40~1.96	<18	<18	36
SWIR2:1.95~2.50	<18	<18	36
总波段数	144		

续表

视场角(FOV)	60°(线阵传感器像元数为 668 像元)
瞬间视场(IFOV)	2.5mrad
扫描速率(行/s)	5~25 连续可调
像元配准	小于 0.1 个像元
信噪比	可见光-近红外平均信噪比≥1000∶1(在太阳天顶角 30°和地物反照率为 50%的观测条件下); 短波红外平均信噪比≥600∶1(在太阳天顶角 30°和地物反照率为 50%的观测条件下)
数据编码	16bit
系统几何精度	2 个像元
采集速率	每天 800~2500km^2
飞行航高	最大相对航高 5000m
数据存储介质	SSD 硬盘(可连续记录 5h,空中可插拔)
集成 POS	集成 IMU/DGPS 系统(Novatel/SPAN SE)
稳定平台	PAV80

HyMap 作为一款成熟的商业化机载高光谱遥感设备,其影像广泛应用于地质矿产、国土、规划、环保、海洋、水利、农业、林业等应用领域,以及待发射高光谱卫星的航空机载验证等方面。

3) CASI/SASI/MASI

CASI/SASI/MASI 机载成像光谱仪是由加拿大 Itres 公司开发研制的一款高性能商业成像光谱仪,其成像光谱仪设备包括可见、短波、中波、热红外不同型号,图 1-14 所示为 CASI 的实物照片,CASI 等仪器的主要性能如表 1-4~表 1-7 所列。

表 1-4 加拿大 CASI 成像光谱仪技术参数

传感器种类	
近红外推帚式传感器(航空光谱成像仪)	
参　　数	
光谱范围/nm	380~1050
光谱通道数	最多 288
刈幅像素/像素	1500
总视场/(°)	40

续表

参　数	
瞬时视场/mrad	0.49
光学孔径(F数)	3.5
光谱采样宽度/nm	2.4
光谱分辨率/nm	3.5
像素大小/(μm×μm)	20×20
数据范围/bit	14
帧率/(帧/s)	333
数据传输速率/(Mb/s)	19.2
光谱畸变/像素	±0.35
峰值信噪比	多种辐射条件下的信噪比模型均适用

图 1-14　可见近红外成像光谱仪 CASI

表 1-5　加拿大 SASI 成像光谱仪技术参数

传感器种类	
短波红外推帚式传感器(宽阵列)(短波红外机载成像光谱仪)	
参　数	
光谱范围/nm	(950~2450)±20
光谱通道数	200
刈幅像素/像素	(1000±10)

续表

参 数	
总视场/(°)	40±2
瞬时视场/mrad	0.698(0.04°±10%)
光学孔径(F 数)	2.4
光谱采样宽度/nm	7.5(平均)±0.1
光谱分辨率/nm	7.5
像素大小/(μm×μm)	30×30
数据范围/bit	14
探测器满井	大于 10^6 个电子
帧率/(帧/s)	高达 100
光谱畸变/像素	<0.1
峰值信噪比	多种辐射条件下的信噪比模型均适用

表 1-6 加拿大 MASI 成像光谱仪技术参数

传感器种类	
中波红外推帚式传感器(中波红外机载成像光谱仪)	
参 数	
光谱范围/μm	3~5
光谱通道数	64
刈幅像素/像素	600
总视场/(°)	40
瞬时视场/mrad	1.2(±10%)
光学孔径(F 数)	2.0
光谱采样宽度/nm	7.5(平均)±0.1
光谱分辨率/nm	约 32
持续数据传输速率/(像素/s)	高达 240 万
光谱畸变/像素	约为 0.33
峰值信噪比	多种辐射条件下的信噪比模型均适用

表 1-7 加拿大 TASI 成像光谱仪技术参数

传感器种类
热红外推帚式传感器(热红外机载成像光谱仪)

续表

参　　数	
光谱范围/μm	8.0~11.5
光谱通道数	32
刈幅像素/像素	600
总视场/(°)	40
瞬时视场/mrad	0.49
光学孔径(F数)	2.0
光谱采样宽度/μm	0.110
像素大小/(μm×μm)	30×30
数据范围/bit	14
帧率/(帧/s)	高达200
光谱畸变/像素	±0.35
峰值信噪比	多种辐射条件下的信噪比模型均适用

4）实用型模块化成像光谱仪（OMIS）

实用型模块化成像光谱仪（OMIS）由中国科学院上海技术物理研究所研制，是我国自主研发且已经业务化运行的光机扫描型机载成像光谱仪，也是国际上具有代表性的系统之一，自20世纪90年代以来成功运行多年，在生态环境调查、海洋水环境遥感、荒漠化监测、内河及湖泊水质调查、矿产调查、地质应用、遥感考古等领域得到了广泛应用。

成像光谱仪运行系统包括机载和地面两大部分，系统组成如图1-15所示。

实用型模块化成像光谱仪系统采用线列探测器—光机扫描型方案。系统的总体设计应考虑光谱分辨率、空间分辨率、灵敏度和体积重量之间是相互制约的。由于成像光谱遥感技术是被动遥感技术，地面辐射和反射的能量是相对恒定的，光谱通道的增多和光谱分辨率的提高使每个波段的探测能量变弱，因此加大光学系统的通光口径是必然的。

成像光谱仪的探测光谱范围为0.4~12.5μm，总共128个波段，按大气窗口和光电探测器类型分为5个光谱段：①0.46~1.1μm；②1.06~1.70μm；③2.0~2.5μm；④3.0~5.0μm；⑤8.0~12.5μm。主要系统参数如表1-8所列。由于分色器光谱性能的限制，必须将成像系统的入射光路分为两部分。成像光学系统的主光路采用牛顿式系统，使光机结构简单、稳定性好。将其挡光部分的能量由一块45°平面反射镜反射出入射系统作为辅光路。从性能指标和实现可能考虑,确定了 200mm 的大通光口径。光机扫描系统采用斜 45°镜结构,具有通光面积大,转动稳定可靠的特点。为减小整机的体积重量,对系统的光学结构布局做了精心设计。

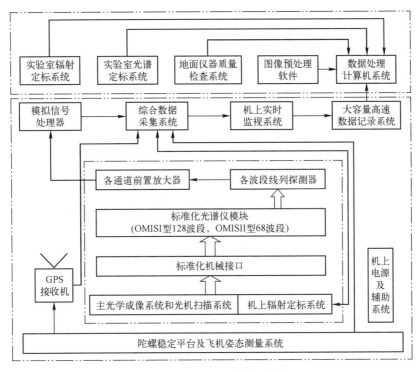

图 1-15 OMIS 系统组成图

表 1-8 OMIS-I 主要系统参数

参 数		取样间隔/波段数
光谱范围	0.46~1.1μm	10nm/64
	1.06~1.7μm	40nm/16
	2.0~2.5μm	15nm/32
	3~5μm	250nm/8
	8~12.5μm	500nm/8
总视场		>70°
瞬时视场		3mrad
行像元数		512
扫描速率		5 行/s,10 行/s,15 行/s,20 行/s

续表

参　数	取样间隔/波段数
数据编码	12bit
陀螺稳定平台	150kg 载重量,稳定精度优于±4′

5) AMMIS

全谱段多模态成像光谱仪(AMMIS)是由中国科学院上海技术物理研究所研制的新一代机载成像光谱仪,具有大视场、全谱段、高光谱分辨率、高空间分辨率成像的能力,波段覆盖了紫外、可见/短波以及热红外等主要大气窗口。该设备重点突破了大视场高分辨率精细分光、热红外高光谱系统以及多模块像元配准等关键技术,使我国多谱段光学特性测量分系统研制水平得到跨越式发展,通过该项目研究,显著提高了我国全谱段高光谱分辨率对地观察成像技术能力。AMMIS 能够面向城市规划、土地管理、农业和林业调查、自然灾害监测和评估、地矿与海洋资源调查、水资源利用及水质监测等的应用需求,具有多种不同的配置方式可以满足不同业务部门的实际应用需求。AMMIS 的主要技术指标如表 1-9 所列。AMMIS 的实物及装机效果如图 1-16 所示。

表 1-9　AMMIS 主要技术指标

项目	指标参数				
波段	紫外	可见近红外	短波红外	热红外	
光谱范围/μm	0.2~0.5	0.4~0.95	0.95~2.5	8~10.5	10.5~12.5
总视场角	40°				
波段数	512	256	512	64	4
瞬时视场/mrad	0.5×5	0.25	0.5	1	
信噪比或等效噪声温差	>150/250	≥500 (ρ=0.3)	≥250 (ρ=0.3)	≤0.2K	
定标精度(光谱)	≤Δλ/10				
定标精度(辐射)	相对4%/绝对7%			绝对1K	
静态传递函数	≥0.2	≥0.4	≥0.4	≥0.2	
几何精度	绝对精度:≤3~5 个像元;相对精度:≤1 个像元				
速高比	0.02~0.04				
重量	光学本体重量:≤100kg　　控制设备重量:≤55kg				
电源	28VDC±10%				
功耗	2.5kW				

续表

项目	指标参数			
波段	紫外	可见近红外	短波红外	热红外
稳定平台接口	采用通过机载稳定平台			
隔离扰动	红外波段光学相机主机具有隔离扰动和成像稳定功能			
其他功能	可见/短波红外:具备空间分辨率和光谱分辨率可调整; 热红外:具备空间分辨率和光谱分辨率可调整			
载机平台	运 12,运 5,"塞斯纳"208,"大棕熊",PXL750,ARJ-21,"新舟"60			
处理算法软件功能	具备生成 0~2 级数据产品能力,并符合航空数据处理系统的多遥感设备 处理通用平台集成与接口规范			

图 1-16 AMMIS 仪器装机图及载机平台

2. 无人机载成像光谱仪

对于无人机载平台,由于平台载重能力较低、供电能力较差,因此无人机载成像光谱仪一般体积较小,结构较为简单,对应系统性能相较于有人机载成像光谱仪较低,因此多应用于局部小区域的低空作业。目前,无人机载成像光谱仪的商业化运行已经极为成熟,有很多厂商开发了商业化的无人机载成像光谱仪。典型的生产厂商有:美国 HeadWall 公司、Corning 公司,芬兰 Specim 公司,德国的 Cubert 公司和中国的长光禹辰公司。

1)HeadWall 无人机载成像光谱仪

HeadWall 无人机载成像光谱仪是美国 HeadWall 公司开发的一系列应用于无人机上的小型成像光谱仪。美国 HeadWall 公司[14]成立于 2003 年,主要生产军民两用的机载成像光谱仪,特别在无人机载成像光谱仪研发和市场推广方面获取了很大的成功,其机载成像光谱设备已形成系列,分别针对不同的应用场合或领域,光谱覆盖了从紫外到中波红外波段。HeadWall 公司的成像光谱仪的技术特点是采用凸面光栅分光,机身机构紧凑,可搭载在商用小型无人机上,应用于低空的航空遥感领域,如图 1-17 所示。HeadWall 公司的各型无人机成像光谱仪性能参数如表 1-10 所列。

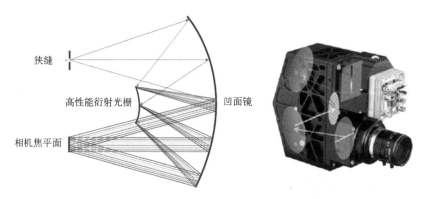

图 1-17　全反射结构的凸面光栅分光光谱仪

表 1-10　HeadWall 公司各型号成像光谱仪技术参数

种类	Series VNIR	E-Series VNIR	G-Series VNIR	X-Series NIR	T-Series NIR	X-Series Ext. VNIR	M-Series SWIR
波长范围/nm	400~1000			900~1700		550~1650	900~2500
焦平面阵列种类	硅 CCD	科学级 CMOS	硅 CCD	砷镓铟			碲镉汞
像素间距/μm	7.4	6.5	7.4	30	25	30	24
孔径(F 数)	2						
狭缝宽度/mm	10.5						
光谱分辨力/nm	1.9	1.6	1.9	6 或 12	5 或 10	6 或 12	9.6
光谱波段数	325	370	325	67	80	96	167
空间波段数	1004	1600	640	320	420	320	384
像差校正	是						
动态范围/dB	60	88	62	69	76	69	70
帧率	>90 帧/s	>250 帧/s	>205 帧/s	100 帧/s	>100 帧/s	100 帧/s	>400 帧/s
模数转换器位深	12	14	12	14			16
制冷	无	TE 制冷	无	TE 制冷		无	Sterling 制冷

数据输出格式	Base cameralink	Full cameralink	Gig E	USB	Base cameralink	USB	Base cameralink 和 RS232
质量	0.68kg	0.97kg	0.67kg	0.75kg	0.63kg	0.75kg	1.13kg

2）美国 Corning 公司

美国 Corning 公司除了在玻璃行业很有名,在成像光谱仪研制方面也有特色,表 1-11 所列为该公司的主要成像光谱设备的技术参数,图 1-18 所示为 Corning 公司的典型产品照片。

表 1-11　美国 Corning 公司各型号成像光谱仪技术参数

传感器类型		谱段范围/nm	像元数	帧频/Hz	光谱分辨力/nm	质量/kg
vis-NIR		400~850	1280	60	5.0	0.45
vis-NIR microHSI™	A	400~800	1360	86	3.3	0.45
	B	400~1000	1360	66	3.3	0.45
	C	380~880	1360	76	3.3	0.45
alpha-vis microHSI™	A	400~800	2560	1280	10.0	2.1
	B	350~1000	2560	800	10.0	2.1
vis-xSWIR	A	600~1700	640	100	10.0	3.5
	B	600~1700	1280	30	5.0	3.5
	C	800~2500	320	346	10.0	3.5
	D	400~2400	1500	402	10.0	3.5
Vis-SWIR	A	600~1700	1280	30	10.0	1.6
SWIR microHSI™ 640	A	850~1700	640	320	5.0	3.5
	B	600~1700	640	220	5.0	3.5
SWIR microHSI™ 640C	A	850~1700	640	100	5.0	1.1
	B	600~1700	640	73	5.0	3.5
alpha-SWIR microHSI™		900~1700	640	100	5.0	1.2
SWIR	A	900~1700	535	120	4.0	2.3
Extra-SWIR microHSI™		864~2400	320	200	6.0	2.6
Long Wave IR		7800~13400	320	60	100	1.15

3）芬兰 Specim 公司

芬兰 Specim 公司的技术特色是采用透射式光栅分光,利用棱镜进行光谱弯

曲矫正,研制了多款各具特色的成像光谱仪,具体如下:

图 1-18   美国 Corning 公司机载成像光谱仪

（1）机载可见成像光谱仪 Aisa Eagle 高光谱[15]。主要技术参数如表 1-12 所列,仪器实物照片如图 1-19 所示。

表 1-12   芬兰 Specim 公司可见高光谱 Aisa Eagle 主要技术参数

光 学 数 据	规 格 参 数			
光谱仪	高效透射成像光谱仪,光通量和光偏振实际上互相独立。光谱畸变±0.35nm,梯形畸变±0.25 个像素			
数值口径	F/2.4			
光谱范围	400~970nm			
光谱分辨率	3.3nm			
校准	传感器提供波长和辐射定标文件			
前 置 光 学				
机前光学选项	OLE23	OLE18.5		OLE9
视场角	29.9°	37.7°		宽视场透镜 不同要求下 不同规格
瞬时视场角	0.029°	0.037°		
刈幅	0.53×海拔高度	0.68×海拔高度		
地面分辨力(1000m 高度)	0.52m	0.68m		
电 气 参 数				
探测器	逐行扫描 CCD 探测器			
光谱分块选项	1×	2×	4×	8×
光波段数	488	244	122	60
光谱取样长度/nm	1.15	2.3	4.6	9.2
帧率(帧/s)	30	59	100	160

续表

光 学 数 据	规 格 参 数
空间像素	最高1024,包含70~80 FODIS 像素（可选择）
输出	12位
信噪比	12502（理论上最大值）,SPECIM 提供各种条件下更详细的信噪比数据
积分时间	可调,取决于图像传输速率
快门	用于记录暗背景的机电快门,用户可通过软件控制
操作模式	高光谱和多光谱操作员可以创建特定于应用的波段配置, 并在飞行操作中快速从一种模式或配置切换到其他模式或配置
功耗,传感器 完整系统,带机载电脑 完整系统,带轻便电脑	40W（平均）,70W（最大） 235W（平均）,325W（最大） 140W（平均）,200W（最大）

图 1-19　Aisa Eagle 成像光谱仪

（2）AisaFenix 1K 可见/短波机载成像光谱仪。该系统增加了空间维的图像解析度,提高了灵敏度,是目前比较先进的机载成像光谱仪,主要技术参数如表 1-13 所列,实物照片如图 1-20 所示。

表 1-13　芬兰 Specim 公司可见/短波高光谱 Aisa Fenix 1K 主要技术参数

光 学 数 据	规 格 参 数	
谱段	可见近红外	短波红外
数值孔径	$F/2.4$	
光谱范围/nm	380~970	970~2500
光谱分辨率/nm	4.5	14
前 置 光 学		
视场角/(°)	40	

续表

前 置 光 学			
瞬时视场角/(°)	0.039		
刈幅	0.73×海拔		
1m 像素大小对应的海拔	1400m		
电 气 参 数			
探测器	CMOS		逐行扫描 CCD 探测器
光谱分块选项	2×	4×	8×	—
光波段数	348	174	87	256
光谱取样长度/nm	1.7	3.4	6.8	6.3
帧率(帧/s)	100		
空间像素	1024		
输出	12 位 CL		16 位 CL
信噪比	600~1000:1(峰值)		1000:1(峰值)
积分时间	可调,取决于图像传输速率		
快门	用于记录暗背景的机电快门,用户可通过软件控制		
光学温度稳定	是		
操作模式	高光谱和多光谱操作员可以根据需要进行波段配置, 并快速从一种模式或配置切换到其他飞行操作		
平均功耗/W	150		
最大功耗/W	500		

图 1-20　Aisa Fenix 1K 成像光谱仪

4）德国 Cubert 公司

德国 Cubert 公司 UHD185 高速机载成像光谱仪[16]（图 1-21）是德国 Cubert 公司生产的画幅式、实时、高速成像光谱仪,将单反相机的高速与高光谱成像的光谱精度相结合,光谱范围覆盖可见-近红外波段。UHD185 采用了"库伯"画幅式测量技术,可以快速获取高光谱数据,测量速度达 5Cubes/s,具有积分时间短、无运动伪影、无须惯性测量单元（IMU）、后期软件自动拼接图像的优良特性。光谱仪系统高度集成化,总质量仅 850g,自身功耗较低,可以搭载于小型无人机系统,非常利于近地航空遥感使用,尤其适合农业航空遥感和水体环境遥感。

图 1-21　德国 Cubert 公司 UHD185 高速机载成像光谱仪

图 1-22 所示为不同成像方式比较。

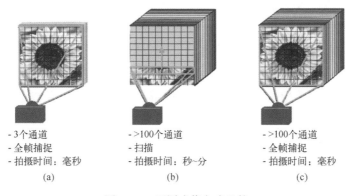

- 3个通道　　　　- >100个通道　　　　- >100个通道
- 全帧捕捉　　　　- 扫描　　　　　　　- 全帧捕捉
- 拍摄时间:毫秒　- 拍摄时间:秒~分　　- 拍摄时间:毫秒
　　(a)　　　　　　　　(b)　　　　　　　　(c)

图 1-22　不同成像方式比较

(a) 多通道;(b) 推扫式;(c) "库伯"画幅式。

表 1-14 所列为 UHD185 系统的主要技术参数。

表 1-14　UHD185 的主要技术参数

光谱特性	
光谱范围/nm	450~950
采样间隔/nm	4
光谱分辨力	8nm @ 532nm
通道	125
相机特性	
探测器	硅 CCD
数字分辨率/bit	12
测量时间/μs	<100
相机接口	2x Gigabit Ethernet
高光谱成像速度	5 cube/s
Cube 分辨力	1000×1000
光谱输出	2 500 spectra / cube
处理软件	包含
软件工具包	包含
物理特性	
外界环境	干燥/非冷凝
操作温度/℃	0~40
质量/g	470
电源	DC 12 V,15 W

5) 长光禹辰无人机载成像光谱仪

长光禹辰信息技术与装备(青岛)有限公司是由中国科学院长春光学精密机械与物理研究所和青岛市高新区共同投资设立的高新技术企业,核心团队来自中国科学院长春光学精密机械与物理研究所一线科研骨干,开发了MS600系列多光谱相机、HS系列高光谱成像仪等多种无人机载光谱仪,如图 1-23 所示。长光禹辰公司结合大数据、人工智能、物联网等先进技术手段,实现了灾害信息快速获取、及时处理、定量分析和精准应用,满足政府和行业用户事前预防准备、事发监测预警、事中处置救援、灾后指导重建对应急信息的需求。

图1-23 MS600系列多光谱相机

MS600系列多光谱相机是我国首台量产6通道多光谱相机,各通道均采用1.2Mp高动态范围全域快门CMOS探测器,360～940nm范围内共17个波段可供选择,拥有多种波段配置方案,可根据用户需求进行深度定制,主要技术参数如表1-15所列。

表1-15 MS600系列多光谱相机主要技术参数

主要参数	MS600	MS600 Advanced	MS600 Pro
传感器	1/3inch CMOS;120万像素;全局快门		
视场角	43.6°HFOV,33.4°VFOV		
典型幅宽	96m×72m@ $h=120$m		
地面空间分辨率(GSD)	7.5cm@ $h=120$m		
波段范围	360～940nm(17选6:360nm、410nm、450nm、490nm、530nm、555nm、570nm、610nm、660nm、680nm、710nm(窄带/高通)、760nm、800nm、840nm、900nm、940nm)		
图像存储格式	8/16位TIFF格式		
捕获速率	捕获所有通道最快1.5s/次		
POS数据	GPS定位精度CEP2.5m,10轴IMU		
接口	PWM	串口、10/100/1000 ethernet、PWM	DJI-SKYPORT
图传链路	支持	不支持	仅支持预览图像

续表

数传链路	仅支持外部触发	支持	支持
存储空间	最大64G		
工作温度范围	−10~+50℃（相对风速>1m/s）		
触发模式	外部触发、定时触发、重叠率触发、手动触发		定时触发、重叠率触发、手动触发
电压	5.7~17V DC		
功耗	平均7W;峰值10W		
尺寸（长×宽×高）	77mm×72mm×47mm		
质量/g	200	200	220
处理软件	Yusense Map图像处理软件,兼容Pix4D等主流软件,数据支持接入云端平台		

1.2.2 机载成像光谱仪发展趋势

目标高精度的空间和光谱信息的获取是光谱遥感技术发展的核心。遥感光谱成像技术在遥感应用中已经表现出独特的优势。遥感光谱成像技术的发展,机载遥感光谱测量在民用和军事上的应用越来越广泛。与星载光谱遥感和地基光谱遥感相比,机载航空光谱遥感由于能够同时兼顾较高的空间分辨率和时间分辨率,同时飞行平台具有较强的负载能力和滞空时间,对于大范围、高时效性的观测目标具有较强的观测能力,因此在光谱遥感领域有着巨大的发展前景。近年来,在农业调查、环境监测、矿产资源探寻、隐蔽目标识别跟踪等方面需求的推动下,对机载定量光谱遥感测量技术的发展提出了更高要求,新型机载光谱定量遥感测量技术正向着更全面的光谱覆盖能力、更高的光谱分辨率和空间分辨率、更精确的定量化测量和反演技术、更广泛的搭载平台方向发展。目前,国外在航空超光谱遥感成像领域投入了巨大的人力物力和财力,并已经取得了很大的成果。在商业领域,已经开发出了许多成熟的商业级航空高光谱遥感成像仪,并仍然在开发新一代的成像仪,旨在获取更高的光谱分辨率和空间分辨率,产品的波段覆盖范围也更为广泛。与国际最新的机载高光谱成像技术相比,目前国内存在的差距主要体现在产品种类较少、光谱分辨率略低、定标精度较差、适应平台较少等方面。产品种类方面,国外已经有多家公司开发出了商业级的高光谱遥感成像仪器,光谱分辨率已经可以达到纳米级,辐射定标精度可以达到1%~3%,而其最新的规划要实现亚纳米级的光谱分辨率。国内开发机载超光谱载荷的单位主要集中在几家研究所中,尚未实现大范围的商业化,涉足商业化航空光谱遥感领域的企业多是以代理国外产品为主,自主研发的产品仍然偏少,距离国际先进水平仍存在较大差距。未来光谱遥感领域在朝着高时间、空间、光谱分辨率方向发展,随着光谱遥感应用的深入,遥感精度的定量化需求也更高,图像、光谱、偏振等多元信息的融合能够增强人们对目标信息的探测识别能力。高光谱遥感智能化、大数据的时代即将到来[17]。

第 2 章
机载成像光谱仪总体技术

从本章开始,将围绕机载成像光谱仪的详细设计展开介绍。在本章中,从机载成像光谱仪的总体技术入手,介绍机载成像光谱仪的设计方法,并对机载成像光谱仪设计过程中所涉及的一些技术指标以及一些典型的成像和分光方式进行介绍。最后,以机载全谱段多模态成像光谱仪为例,介绍了机载成像光谱仪总体方案的设计方法。

2.1 机载成像光谱仪简介

2.1.1 机载成像光谱仪技术特点

根据光谱仪搭载的平台不同,成像光谱仪主要分为星载成像光谱仪和机载成像光谱仪(地面光谱仪多用于光谱测量,一般不具有成像功能,因此,在此不做分析)。与星载成像光谱仪相比,机载成像光谱仪具有更高的空间分辨率和时间分辨率,遥感作业较为灵活。对于有人机平台,一般载机内部空间较大,载机平台能够提供的电能也较为充足,因此有人机载成像光谱仪一般具有较宽的光谱覆盖范围和较为精细的光谱分辨率,这就导致系统的体积和功耗都比较高。另一方面,由于载机平台的飞行高度往往较低(很少超过 5000m),环境温度变化较小,因此往往不会做恒温设计。但相较于卫星平台,机载平台在工作过程中受平台振动的影响较大,因此一般会设计稳定平台系统来降低载机平台振动对成像光谱仪的影响。对于无人机平台,受平台载重和功耗的限制,无人机载成像光谱仪的体积和功耗都尽可能小,因此无人机载成像光谱仪的谱段覆盖范围一般略窄,光谱分辨率也较低,以多光谱成像为主。

2.1.2　机载成像光谱仪组成

机载成像光谱仪一般由光学本体、相机控制系统、数据采集系统、稳定平台、姿态测量单元等部分组成,如图 2-1 所示。光学本体收集目标反射/辐射的光信息,并汇聚在探测器表面,由探测器完成光信号/电信号的转化。相机控制系统控制数据采集系统将探测器转化的电信号按照规定的数据格式,传送至存储器中。稳定平台用于抑制载机平台的振动对成像光谱仪的干扰。姿态测量单元与光学本体一起安装在稳定平台上,用于记录光谱仪在探测成像过程中受到的振动,以便后期对遥感影像进行几何校正。有些机载成像光谱仪还有机上实时定标系统,以便在遥感作业时对光谱仪的状态进行实时标定。

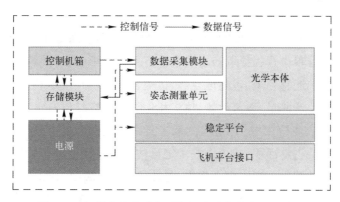

图 2-1　机载成像光谱仪系统组成及信息流程示意图

2.1.3　机载成像光谱仪主要数据产品介绍

与传统的全色图像不同,光谱图像中的信息内容并不能直观地表现出来,需要使用相关的算法进行处理来提取。因此,光谱遥感研究领域一直致力于开发相关算法技术来检测、分类、识别、量化和表征所捕获数据中感兴趣的对象和特征。粗略地说,这种处理一般采用两种方法,即物理建模和统计信号处理。物理建模通过建立各种信息之间的传递链路,利用相关的物理学原理来计算数据中感兴趣的部分。然而,受制于物理模型的精度和实际情况的复杂多变,基于物理建模方法的效果往往不太理想,因此很多情况下,通常使用统计信号处理方法或者物理建模和统计信号处理方法相结合的方法。因为这些方法能够很好地捕获光谱特性中自然和人造变异的随机性,这通常存在于实际图像中,并且难以在物理上建模。许多在通信和雷达信号处理领域中使用的技术为高光谱成像应用开发了许多结构化噪声情况下检测信号的新方法。这些方法针对不同的应用环境会变得非常具体,并不能统一概述,但大多数方法都有 3 个共同的基本功能[10]:

(1) 补偿大气和环境的未知影响的方法,以允许由成像光谱仪以某种定量的方式捕获目标物体的光谱辐射率数据,例如其反射率或发射率分布。

(2) 图像内统计方差的基础模型,以及将数据拟合到相关模型参数的数学方法。

(3) 基于其独特的光谱特性来检测、分类和识别场景中目标物体的一些方法。检测、分类和识别通常基于对光谱数据使用适当统计模型的假设检验。

成像光谱仪通过同时捕捉高分辨率的远程场景的空间和光谱特征,数据可用于区分微小的材质差异和生成提供表面材料内部空间分布的光谱图。成像光谱仪以像素为单位远程提取与物质含量有关的特征,这一独特的能力使其广泛地应用于各种遥感领域,包括地质学、植被科学、农业、土地利用监测、城市制图、海岸分析、地形测量、地雷检测、执法和化学试剂检测与表征。

在地质与农业应用中,光谱的测量主要用于光谱匹配,得出土地所覆盖的材料的分类以及占地面积,或者进一步定量估算这些区域的矿物或叶绿素含量等具体参数。长波红外高光谱图像中,各种颜色代表表面物质的不同矿物含量,将长波红外高光谱图像叠加在数字高程图上,形成了 3D 地质图[10],如图 2-2 所示。

图 2-2　长波红外高光谱图像与数字地形高程图合成的 3D 地质图[10]

还有其他一些应用需要根据其独特的光谱特征搜索场景中的特定对象。我们将这些应用称为目标检测,其目标范围可以从战车到设备泄漏的痕量气体(环境安全应用)。一个比较有代表性的应用于特殊目标检测的实例涉及民用搜索和救援。民用航空巡逻队是一个空军辅助机构,其主要职能是在陆地上定位和营救坠毁的飞机。现有一种称为机载实时提示高光谱增强侦察系统(ARCHER),该系统使用可见近红外(VNIR)高光谱遥感器自动寻找降落飞机的迹象并提示机上操作员。ARCHER 的功能有 3 种:①搜索周围背景光谱异常的区域,标记为可能的碰撞现场;②搜索已知特定坠机现场的特定目标材料;③搜索由先前成像区域中的崩溃导致的特定改变。如图 2-3 所示,ARCHER 利用飞机材料和自然背景之间的光谱差异来定位(或检测)可能出现碰撞的场景中的特定位置。然后机载操作员只需要检查这些提示位置即可[10]。

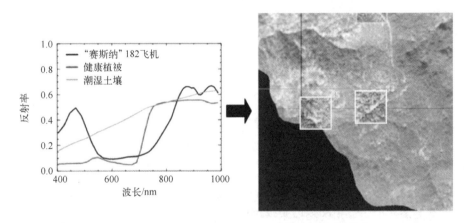

图 2-3 使用高光谱图像支持民用搜索和救援图[10]

高光谱目标检测不仅能利用其反射光谱检测固体物体,它还能根据其独特的光谱透射特性被广泛应用于检测气态流出物。在中波红外(MWIR)和长波红外(LWIR)光谱区域中,气体材料一般具有较为清晰的窄吸收带,使得其检测即使在小浓度的情况下也非常容易处理。图 2-4 所示为一个使用光谱匹配技术在图像中识别出少量 SF_6 的释放。SF_6 具有非常简单的吸收光谱,所以检测非常简单,更复杂的气体分子可能具有更复杂的吸收光谱,但其光谱特性的独特性是光谱检测的关键因素。这种技术可以扩展到检测不同分析的复杂混合物中的特定气体分子,甚至扩展到气体组分浓度的量化。这种技术从检测气体泄漏(如对氟利昂或丙烷的检测)到工业排放中污染气体的量化都有广泛应用。

高光谱遥感还拥有从湖泊、河流和海洋等水体中提取信息的能力。对于这

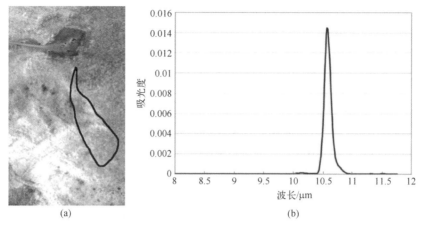

(a)   (b)

图 2-4   检测 SF_6 气体的存在

（a）单波段图像,图中选定区域为 SF_6 气体排放;（b） SF_6 的吸收光谱[18]。

些应用,可见光谱区域的使用特别重要,因为在这个区域,水是透明的。一些应用涉及淹没物体和悬浮物质的检测和表征,如检测和量化藻类含量以用于环境健康监测。其他应用旨在量化水体的特定特征,如叶绿素和其他悬浮或溶解物质的浓度、水浊度、底部沉积物和水深。2009 年,沿海海洋高光谱成像仪（HI-COTM）被发射到国际空间站,根据对这些参数的测量和估计,可以对沿海海洋区域进行环境特征描述。图 2-5 说明了这种遥感系统可以提供的遥感产品类型。具体来说,这个例子是基于佛罗里达群岛上 HICOTM 成像光谱仪测得。图 2-5(a)、(b)显示出了海岸浅海区域的底栖藻类和海草。图 2-5(c)显示了从高光谱图像中估算出的相应水深剖面。

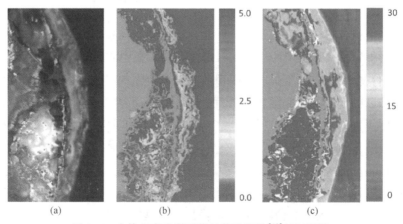

(a)   (b)   (c)

图 2-5   水体的高光谱图像的信息提取[18]（见彩图）

（a）彩色图像;（b）叶绿素浓度的假彩色描绘;（c）从高光谱图像中估算出的相应水深剖面。

总体而言,高光谱遥感将光谱测量和成像相结合,以提供从场景中的遥感物体提取物质信息的能力,这些能力在地质学、地球科学、防御和救灾等领域都有着广泛的应用。

2.2 成像光谱仪指标体系

2.2.1 谱段范围

机载成像光谱仪的谱段范围指标表征了光谱仪所能够探测到的目标的反射/辐射能量的光谱区间。目标的反射/辐射能量覆盖所有波长,但根据任务的需求,成像光谱仪往往只需要能够探测其中部分区间内的光谱信息即可完成对目标的探测识别。谱段范围的选择直接决定了探测器的选型和分光系统的构型。因此,成像光谱仪在设计之初就需要选择合适的谱段范围。

2.2.2 总视场角

总视场角(Field of View,FOV)决定了成像光谱仪一次飞行所能观测到的最大范围。总视场角越大,飞行作业的效率就越高。但由于光学系统的轴外像差与视场角呈正相关关系,总视场角越大,边缘视场处的成像质量越难以保证,光学设计的难度越大。因此,对于采用推帚式成像的机载成像光谱仪,其视场角一般不超过40°。

2.2.3 空间分辨率

机载成像光谱仪的空间分辨率指标表征了仪器对地表目标的空间分辨能力,通常用地面采样间隔(Ground Sampling Distance,GSD)来描述。地面采样间隔与瞬时视场(Instantaneous Field of View,IFOV)和飞行航高有关:

$$GSD = \beta \cdot H \tag{2-1}$$

式中:β 为瞬时视场;H 为航高。

因此,不难理解,通常所说的空间分辨率都是沿航迹或机下点的空间分辨率。对于大视场的机载成像光谱仪,航迹边沿视场的空间分辨率会相应降低。

2.2.4　光谱分辨率

光谱分辨率指标反映成像光谱仪能够区分开两个谱线的能力[19]，通常用光谱采样间隔（Spectral Sampling Interval，SSI）和光谱半高宽（Full Width Half Modular，FWHM）两个指标进行综合衡量。

光谱采样间隔指相邻光谱波段中心波长的差值。

$$\Delta\lambda = \lambda_{n+1} - \lambda_n \tag{2-2}$$

光谱半高宽来源于光谱响应函数（Spectral Response Function，RSF），成像光谱仪每一个波段的每一个探测器像元对中心波长附近的入射光信号进行光电采样，其响应率大小与入射光波长之间存在一一映射关系，该映射关系可以表示为光谱响应函数。光谱响应函数的形式主要由分光原理、光学系统效率、探测器量子效率等因素共同决定。一般情况下，光学系统的效率曲线、量子效率曲线具有平坦特性，因此光谱响应函数主要由分光原理决定。对于色散型成像光谱仪，其主要由狭缝的线扩展函数决定。通常情况下，色散型成像光谱仪的光谱响应函数可以用高斯函数进行近似[20]。

光谱定标数据扣除偏置暗背景信号后，作为探测器光谱响应数据。如图 2-6 所示，数据去除背景后得到的光谱响应函数近乎高斯型 $y = A_0 + A\exp\left(-\dfrac{x-\lambda_c^2}{2\sigma^2}\right)$，通过对实际测量结果进行拟合即可得到相应的中心波长 λ_c、光谱半高宽（FWHM $= 2\sqrt{2\ln 2}\,\sigma \approx 2.355\sigma$）等参数。

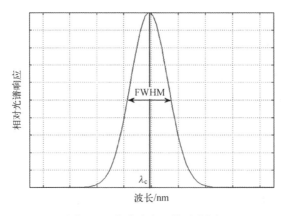

图 2-6　光谱响应函数示意图

2.2.5　信噪比

信噪比(Signal to Noise Ratio,SNR)是成像光谱仪的关键技术指标之一[20],是衡量仪器探测灵敏度的关键参数。通常用给定目标辐射亮度条件下的仪器响应值与仪器噪声的比值来进行计算。

一般选用典型使用条件作为仪器信噪比的测试条件,对于可见近红外~短波红外(0.4~2.5μm),一般选用太阳高度角为60°,目标反照率为30%作为测试条件[21]。而海洋或水体遥感,则选用目标反照率为5%作为信噪比测试条件。

长波红外高光谱则通常选用300K黑体作为测试条件。

2.3　机载成像光谱仪典型成像方式

成像光谱仪由物镜、光谱仪、探测器等组成,根据探测器规格和系统要求的不同,可以采用不同的方式实现二维空间的成像,主要有基于单元/多元探测器的光机扫描成像方式和基于大面阵探测器的推帚成像方式。

2.3.1　光机扫描成像方式工作原理

光机扫描成像方式指成像光谱仪利用扫描镜或光谱仪整体沿垂直于航迹的方向进行扫描,实现垂轨方向的扫描成像,利用飞机平台的飞行运动实现沿航迹方向的扫描,实现二维成像(图2-7)。由于每个波段的图像均是由同一个

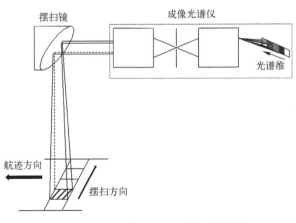

图 2-7　光机扫描成像方式原理示意图

像元产生,因此图像的均匀性比较好,而且垂轨方向的视场依靠摆扫镜的摆扫来实现,容易获得较大的成像视场。但由于在摆扫过程中,飞机仍在沿航迹飞行,因此曝光时间较短,系统灵敏度比较低,而且垂轨方向的图像存在着沿航迹方向的偏移,对图像的几何校正较为复杂,而且系统结构较为复杂[9]。

2.3.2 推帚成像方式工作原理

推帚成像方式[22]利用二维探测器的一维来代替光机扫描成像方式中的摆扫方向,另一维作为光谱维采集光谱信息,因此其垂轨方向无须扫描成像,仅在沿航迹方向利用飞机平台的飞行运动实现扫描,其原理如图 2-8 所示。由于垂轨方向的视场是由探测器的一个维度实现的,省去了摆扫结构,因此系统结构相对简单,垂轨方向的图像不存在沿航迹方向的偏移,图像的几何校正相对比较简单,而且曝光时间可以相对较长,系统灵敏度比较高[9]。

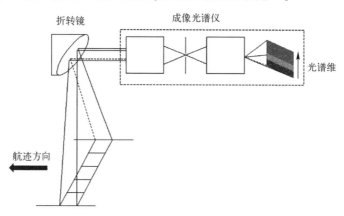

图 2-8　推帚成像方式原理

2.4　机载成像光谱仪典型分光方式

2.4.1 平面光栅分光光谱仪

平面光栅[23-24]广泛应用于分光光谱仪,最典型的应用是单色仪[25]。受光学设计与制造能力限制,早期的平面光栅主要用于小视场的光谱仪或光机扫描型的成像光谱仪。近年来,由于设计方法和制造能力的进步,平面光栅也开始应用于大视场成像光谱仪中,如图 2-9 所示。相比于凸面光栅,平面光栅的制造成本比较低,有利于降低成像光谱仪的制造成本。由于衍射光的能量主要聚集在没有分光能力的零级衍射主级大上，为了提高光能的利用率，设计人员在狭缝平面与光栅平面之间设计了一个夹角，从而将最大光能转移到其他级次的衍射主级大上，这种光栅称为闪耀光栅[26-27]。闪耀波长的选择与探测器响应、太阳光谱辐照度匹配的设计可以获得较好的探测灵敏度一致性[28]。

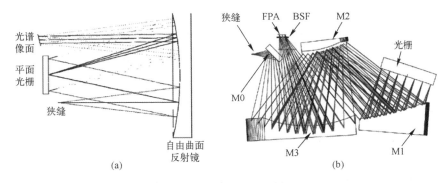

图 2-9   平面光栅光谱仪

（a）基于自由曲面的平面光栅光谱仪；（b）RT 结构平面光栅光谱仪。

2.4.2   非平面光栅分光光谱仪

非平面光栅主要包括凸面光栅[29]和凹面光栅[30]。凹面光栅因小巧紧凑常用于便携式光谱仪中，凸面光栅光谱仪因其结构对称、全反射式成像等优点[31]，比较容易实现焦面稳定性和辐射/光谱稳定性，适合于空间环境应用，因此广泛应用于航天高分辨率超光谱成像系统中，图 2-10 所示为美国月球探测宽谱段成像光谱仪所用的凸面光栅光谱仪。然而，由于光栅的光学效率低于棱镜分光，很难用于甚高分辨率超光谱成像系统，而且由于存在二级光谱[32]，当光谱仪的波段比较宽时，二级光谱会与其他波长的一级光谱发生混叠，需要采用消二级光谱滤光片技术。

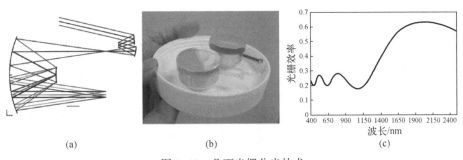

图 2-10   凸面光栅分光技术

（a）offner 光谱仪结构；（b）多闪耀角凸面光栅；（c）多闪耀角凸面光栅效率。

2.4.3 棱镜分光光谱仪

棱镜分光成像光谱仪[33-34]主要利用不同波长光线在棱镜材料中的折射率不同来实现色散,最经典的棱镜分光是光楔。棱镜分光具有比较高的光学效率,而且不存在不同光谱级之间混叠的问题。但传统光楔主要针对平行光有良好的色散性能,对于有一定视场角和孔径的超光谱成像系统,要实现良好色散必须经过一些特殊设计,才能满足像质和空间环境稳定性的要求[28],而且棱镜分光存在光谱非线性色散的问题,同时长直狭缝经棱镜在像面成像时会产生弯曲现象。

2.4.4 傅里叶干涉分光光谱仪

傅里叶干涉分光光谱仪与色散分光光谱仪不同,它是利用目标的干涉信息来间接获取目标的空间和光谱信息。基于干涉分光原理的傅里叶光谱仪,通过将目标信号分成两束相干光,通过对两束相关光之间的光程差进行调制并对不同光程差的相干结果进行采样,对采样后的干涉图进行变换,获得目标光谱信息。根据干涉的类型不同,傅里叶干涉分光光谱仪主要分为时间干涉型(如迈克尔逊干涉型光谱仪[35])和空间干涉型(如双折射干涉型光谱仪[36])。与色散分光光谱仪相比,傅里叶干涉分光光谱仪的光能利用率比较高,光谱覆盖范围比较宽而且谱线定位精度也比较高。但对内部扫描机构的精度要求比较高,而且对震动比较敏感,对平台的姿态稳定性要求比较苛刻。

2.5 机载成像光谱仪系统设计方法

机载成像光谱仪系统的设计首先要根据任务需求和指标要求,综合分析工程约束、技术指标、技术成熟度等因素,确定系统的总体方案并对系统灵敏度进行计算。根据总体方案,确定各子模块的功能、数据接口、机械接口、功耗等,以便开展进一步的详细设计工作。根据任务需求和指标要求确定总体方案并进行系统灵敏度计算是开展进一步系统详细设计的基础。下面以机载全谱段多模态成像光谱仪为例,简要介绍机载成像光谱仪系统的总体方案设计和系统灵敏度计算。

2.5.1　总体方案设计

1. 指标分析

机载全谱段多模态成像光谱仪的总体技术指标主要包括以下几个方面:

1) 光谱范围

光谱范围的选择与任务的需求相关。由于机载全谱段多模态成像光谱仪主要用于采集地面目标的光谱特性,并根据目标的特征光谱信息进行目标识别和探测,而地物的特征信息主要集中在紫外-可见-红外波段内,如紫外波段常被用于探测污染气体的排放(图 2-11),可见短波波段常被用于探测地面目标的反射光信息。对于热红外波段,地面目标的温度一般在 $-20° \sim 60°$ 之间,根据普朗克黑体辐射定律,目标热辐射的中心波长为 $8.7 \sim 11.5\mu m$,而且各矿物大类(除氧化物和卤化物外)在 $8.0 \sim 12.0\mu m$ 的波段范围内都包含一些特征吸收峰,利用这些热红外高光谱进行探测能够对其进行矿物识别与勘探,如图 2-12 和图 2-13 所示。结合任务需求和指标要求,机载全谱段多模态成像光谱仪的成像光谱范围选择为 $0.2 \sim 2.5\mu m$,同时为了兼顾对城市热岛效应和核电站温排水、河流排污口等水污染的监测,增加了 $8 \sim 12.5\mu m$ 的热红外波段。

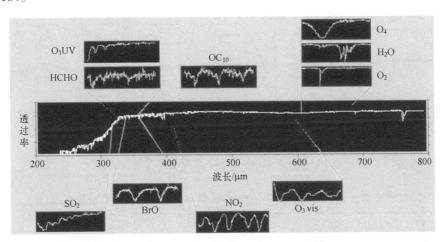

图 2-11　紫外可见波段痕量气体吸收谱线图

2) 光谱分辨率

光谱分辨率决定了光谱仪对目标光谱信息采集的精度,光谱分辨率越高,理论上采集到的目标的光谱信息越精确。然而,光谱分辨率越高,精细分光技术和探测器对辐射功率的灵敏度要求也就越高。表 2-1 所列为在可见近红外-短波红外谱段基于光谱特征分析的资源与环境探测的情况。表 2-2 对典型光谱的热红外光谱分辨率需求进行了对比分析。

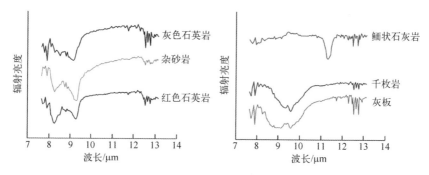

图 2-12　SEBASS 采集到的各种矿物的光谱曲线

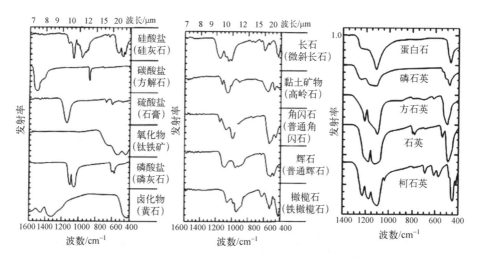

图 2-13　矿物大类的热红外发射率光谱曲线

表 2-1　基于光谱特征分析的资源与环境探测应用谱段设置

中心位置/μm	波长范围/μm	波长带宽/nm	可应用性
0.420	0.405~0.435	30	岩矿金属离子吸收探测和水环境污染监测
0.465	0.445~0.485	40	岩矿金属离子吸收探测和叶绿素强吸收
0.540	0.520~0.560	40	岩矿金属离子吸收探测和叶绿素反射峰
0.715	0.675~0.755	80	植被红边蓝移/植被长势监测

续表

中心位置/μm	波长范围/μm	波长带宽/nm	可应用性
0.890	0.850~0.930	80	岩矿金属离子吸收/植被物种辨别
1.000	0.950~1.050	100	岩矿金属离子吸收探测/植被物种辨别
1.100	1.105~1.150	100	岩矿金属离子吸收探测/植被物种辨别
1.370	1.320~1.420	100	岩矿分子基团吸收/植被高台反射探测
1.700	1.650~1.750	100	岩矿分子基团吸收/植被生化组分探测
2.115	1.915~2.135	40	岩矿分子基团吸收探测
2.165	2.145~2.185	40	大量岩矿分子基团吸收(碳酸盐和黏土矿)
2.206	2.186~2.226	40	黏土 Al-OH/Fe-OH 矿物和碳酸盐矿物
2.260	2.235~2.285	50	黏土矿物、碳酸盐矿物和蚀变矿物
2.320	2.295~2.245	50	含 Al-OH 矿物、碳酸盐矿物和蚀变矿物
2.370	2.345~2.395	50	含 Mg-OH 矿物、碳酸盐矿物和蚀变矿物
2.430	2.395~2.465	70	部分碳酸盐矿物和蚀变矿物

表 2-2　矿物大类特征在热红外波段特征光谱吸收峰归纳

矿物大类类别	吸收峰位置/波数/cm⁻¹	吸收峰位置(对应波长)/μm	特　点	识别对光谱分辨率的需求
卤化物	1150~1500	6.67~8.69	宽缓的双吸收峰	—
磷酸盐	1000~150	8.69~10.0	弱的双吸收峰 强的双吸收峰	优于 70nm
硅酸盐	850~200	8.33~11.76	一个宽缓而复杂的复合吸收峰	优于 150nm
硫酸盐	1150	8.69	特征吸收峰	优于 220nm
碳酸盐	900	11.11	一个窄吸收峰	优于 80nm
氧化物	400~800	12.5~25	宽缓的双吸收峰	—

　　从表中数据可以看出,由于 20nm 的光谱分辨率可以分辨出绝大多数需要识别的物质,为扩大成像光谱仪的应用范围,可以更进一步细分光谱,光谱分辨率可以设置得更高一些,因此这里光谱分辨率的设计指标为紫外谱段 0.5nm,可见近红外-短波红外谱段 5nm,热红外谱段 40nm@8~10.5μm、500nm@10.5~12.5μm。

3)　总视场角和角分辨率

　　总视场角决定了成像光谱仪一次飞行所能观测到的最大范围,角分辨率决定了成像光谱仪所能识别的最小空间范围。通俗讲,总视场角决定了光谱仪能看多"广",角分辨率决定了光谱仪能看多"精"。视场角越大,全视场内的像质控制越困难,系统就越复杂。角分辨率受制于光学系统的入瞳直径,角分辨率越高,光学系统的入瞳直径越大,系统外形尺寸越大。由于紫外波段用于测量大气污染气体的分布,对于角分辨率要求不高,对应地面分辨率只需达到几十米级即可。对于可见近红外波段,该波段范围对应的是人眼可见的范围,对于角分辨率要求较高。要实现目标的探测识别,对应地面空间分辨率至少需要达到1m。对于短波波段,由于其介于人眼可见波段和目标自身热辐射波段之间,而且相比于可见探测器,短波探测器的像元尺寸一般较大,探测器的帧频较低,因此短波波段的角分辨率一般为可见波段的两倍。

综合考虑系统复杂度和工作效率,机载全谱段多模态成像光谱仪的总视场角为40°,角分辨率为5mrad@紫外、0.25mrad@可见近红外、0.5mrad@短波红外以及1mrad@热红外。

4）静态传函

静态传函表征了成像光谱仪对各种空间频率成分的传递能力,反映了系统的成像能力。一般来说,静态传函越高,系统的成像质量就越好,然而要获取高传函,一方面光学系统设计较为复杂,另一方面系统的静态传函还要受制于探测器本身,光学系统的传函一般都会优于探测器的极限。这里,根据任务指标要求,考虑探测器的性能,系统的静态传函在Nyquist频率点处要优于0.2。

5）速高比

速高比是指运载平台飞行速度与飞行高度的比值。由于机载成像光谱仪一般是依靠推帚方式获取沿航迹方向的图像,在探测器相邻两次曝光时,飞机平台沿航迹方向会产生一定的位移量,要实现相邻两帧图像的无缝拼接,飞机的速高比需要与探测器的帧频相匹配。对于航空系统而言,速高比是一个限定条件,在一定的空间分辨率要求下,它决定了成像探测器所需的最低帧频,在高分辨率的情况下往往成为限制探测器的因素之一。这里,考虑搭载平台主要以运-5、运-12、"新舟"60等有人机为主,飞行高度通常位于1000～3000m,飞行速度一般为150～220km/h,因此光谱仪要能够适应0.02～0.04的速高比。

2. 总体方案规划

全谱段多模态成像光谱仪采用模块化设计、光栅分光的技术路线,实现覆盖紫外、可见近红外、短波红外、热红外波段的全谱段光谱成像能力;通过分布式IMU测姿和几何标定实现全谱段图像精配准。系统具有光谱分辨率高、空间分辨率高、成像视场大的特点。既适应于 ARJ21 等大型航空平台,也可以灵活配置,适应运-12 和奖状飞机平台要求,满足地调局、林业局、环保部、海洋局等应用部门的业务需求。在规划项目总体设计方案之前,需要对项目的各个技术指标进行分析。表 2-3 所列为针对任务要求提出的谱段划分给出的工程实施性分析。

表 2-3 系统工程可实施性分析

谱 段 设 置	工程可实施性	攻关论证结果建议
紫外 0.2~0.5μm	工程具备可实施性,日盲 0.20~0.27μm 谱段需注意	采用一个模块实现,建议日盲区探测灵敏度不考核
可见近红外 0.4~1.0μm	工程具备可实施性	可见短波红外采用一个模块实现,能够获取空间一致、光谱连续信息,在应用上具有明显优势
短波红外 1.0~2.5μm		
热红外 8.0~10.5μm	工程具备可实施性,探测器渠道需注意	8.0~12.5μm 谱段采用一个模块实现,能够获取空间一致、光谱连续信息,在应用上具有显著优势。采用一种焦平面器件即可工程实现
热红外 10.5~12.5μm		

在分析任务要求的探测谱段划分的基础上,结合任务技术要求,进一步对系统 40°观测视场进行分析,观测视场的大小决定了穿轨像元数目,直接影响推扫式仪器的研制难度,如表 2-4 所列。另外,结合光谱分辨率需求分析计算光谱维像元需求,给出了分析结果。从分析的结果看,系统对各个谱段所需的光敏元规模均较大,特别是短波红外和热红外谱段,采用单一的焦平面组件实现目前在工程和经济上均不具备可行性,必须采用拼接的方式将难度化解。

表 2-4 对视场角和光谱分辨能力的技术指标分析

谱段设置	视场角	穿轨瞬时视场/mrad	光谱分辨率/nm	光谱维像元	穿轨像元	所需光敏元规模	工程可实施性
紫外 0.2~0.5μm	40°	0.5	<0.3~0.5	不少于512	1400	1400×512	
可见近红外 0.4~1.0μm	40°	0.25	<5	不少于256	2800	2800×256	
短波红外 1.0~2.5μm	40°	0.5	<5	不少于512	1400	1400×512	采用拼接方法降低对单一焦平面的规模需求
热红外 8.0~10.5μm	40°	1.0	<32	不少于64	700	700×64	
热红外 10.5~12.5μm	40°	1.0	<500	不少于4	700	700×4	

在分析了视场角、光谱分辨率对系统整体需求的基础上进一步分析速高比的要求。对于航空系统而言,速高比是一个限定条件,在一定的空间分辨率要求下,它决定了成像探测器所需的最低帧频,在高分辨率的情况下往往成为限制探测器的因素之一,下面给出了任务要求的速高比下的分析结果,主要是得到了各个谱段对探测器工作帧频的需求,从分析的结果来看,各个谱段对探测器帧频的要求均不高(相对航天系统而言),按照目前国内外探测器的实际研制能力,具备工程可实施性。

在分析了平台速高比对各谱段探测器工作帧频需求的情况下,进一步对各个谱段的探测灵敏度进行分析。

对于 0.2~0.5μm 紫外谱段国内外同类仪器的灵敏度一般在 100 附近,这里提出的 SNR≥150/250 具有一定难度。

对于 0.4~2.5μm 可见-短波红外模块,《高分辨率对地观测系统重大专项(民用部分)科研项目任务书——全谱段多模态成像光谱仪》要求 SNR≥250(VNIR)、SNR≥150(SWIR),因为其光谱分辨率达到 5nm,该指标的实现具有一定难度(对比上海技术物理研究所研制并已发射"天宫一号"短波红外高光谱成像仪实测信噪比,该仪器光谱分辨率为 20nm),如表 2-5 所列。

表 2-5　机载成像光谱仪各个模块指南探测灵敏度指标的对比分析

谱段设置	探测灵敏度指南要求	目前设计实现水平	参考的国内外同类仪器
紫外 0.2~0.5μm	SNR≥150/250	290	DOS(中国科学院安徽光学精密机械研究所)
可见近红外 0.4~1.0μm	SNR≥250	350	PHI(上海技术物理研究所,2011)
短波红外 1.0~2.5μm	SNR≥150	SNR≥200	TG-1(上海技术物理研究所,2011)
热红外 8.0~10.5μm	NEDT≤0.5K	NEDT≤0.3K	AHI(美国)
热红外 10.5~12.5μm	NEDT≤0.5K	NEDT≤0.2K	SJ-9B(上海技术物理研究所,2012)FY-3、HJ-1B

对于 8.0~10.5μm 热红外谱段任务要求设计为高光谱成像模式。根据公开资料,国外的 AHI 仪器达到 0.3K 的性能,其空间分辨率与本项目类似,但光谱分辨率只有本项目的 1/2,考虑到本项目的该模块是我国首次开展热红外高光谱成像系统研制,指南给出的探测灵敏度 NEDT<0.5K 的技术指标是比较合

理的,但考虑到探测器等相关关键技术的发展进步,实现指南要求应该具有可行性,如表 2-6 所列。

表 2-6　全谱段多模态成像光谱技术难点分解工程实施主要方案

谱段设置	光敏元规模需求	系统难点分解方案	实现灵敏度的方案	探测器需求规模	工程实际采用探测器
紫外 0.2~0.5μm	1400×512	三视场外拼接	采用多元累积等处理技术	500×512	紫外增强型 CCD 器件 1024×1024(像元尺寸 13μm)
可见近红外 0.4~1.0μm	2800×256	三视场外拼接		1000×256	帧转移 CCD 器件 2048×256(像元尺寸 16μm)
短波红外 1.0~2.5μm	1400×512		采取背景抑制方案	500×512	HgCdTe 短波焦平面 640×512(像元尺寸 25μm)
热红外 8.0~10.5μm	700×64	一体化设计,三视场外拼接	设计低温光学系统	250×128	HgCdTe 长波焦平面 320×256(像元尺寸 30μm)
热红外 10.5~12.5μm	700×4				

对于 10.5~12.5μm 热红外谱段,任务要求分为 4 个波段,光谱分辨率为 500nm。上海技术物理研究所 FY-3 分辨率光谱成像仪、HJ-1B 红外相机以及 SJ-9B 红外相机上均研制了类似系统,尤其是 SJ-9B 红外相机在 10.5~12.5μm 成像(空间分辨率约 0.12mrad,焦平面为上海技术物理研究所自研)实现了灵敏度优于 0.2K 的水平,考虑到本项目 10.5~12.5μm 分为 4 个波段,空间分辨率在 1mrad 的水平,按上海技术物理研究所自研 SJ-9B 热红外焦平面的实际性能水平,实现 0.5K 的技术指标是基本可行的。

由于飞机飞行过程中的振动会影响成像光谱仪视轴指向,导致图像产生扭曲,考虑系统本身的体积、重量,采用在成像光谱仪与飞行平台之间通过稳定平台连接,利用稳定平台自身的稳定能力,使成像光谱仪的视轴指向维持在一个较小的范围内,同时利用高精度惯导系统记录飞行过程中成像光谱仪视轴指向的变化情况,以便后期进行几何校正。图 2-14 所示为一条航带中,经稳定平台控制后系统姿态的变化情况。可以看出,经稳定平台控制后俯仰与横滚角度基本均小于 0.02°,以 1000m 航高为例,对应地面偏移量仅 0.35m。

综上分析,系统整体上分为 3 个部分:0.2~0.5μm 紫外谱段为一个模块,采用三视场拼接实现视场所需光敏元规模需求;0.4~2.5μm 可见短波红外谱段为一个模块,采用三视场拼接实现视场所需光敏元规模需求;8.0~12.5μm 热红外为一个模块,实现高光谱成像,采用三视场拼接实现视场所需光敏元规模需求。三个模块为一体化设计,安装在一个稳定平台上。

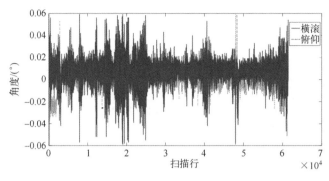

图 2-14 稳定平台控制精度

系统主要由光学本体及附件、控制设备组成。

光学本体包括紫外/可见/短波/热红外共 4 个模块,每个模块均包括物镜、狭缝光阑、光谱仪、探测器及成像电子学。其中,热红外模块采用低温光学技术,为热红外光谱仪单机提供低温工作环境,以确保热红外模块的正常工作。

全谱段多模态成像光谱仪的光学本体放置于稳定平台上,通过 POS610 获取姿态测量数据。控制设备可实现对稳定平台的启、停控制和姿态数据采集,并将姿态数据与图像数据进行复合,为后续几何校正提供辅助参数。

控制设备集成工控机、存储模块、紫外可见短波机箱、热红外机箱、控制机箱等功能模块。

全谱段多模态成像光谱仪系统总体构成如图 2-15 所示。

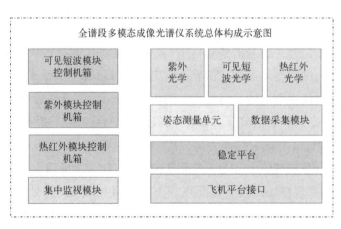

图 2-15 全谱段多模态成像光谱仪系统总体构成示意图

2.5.2　系统性能估算

系统性能估算主要是估算系统的信噪比和温度灵敏度。其中,紫外、可见、短波 3 个波段估计系统的信噪比,热红外波段估计系统的温度灵敏度。系统性能估算利用 MODTRAN 辐射传输软件模拟得出机载光谱仪器入瞳处的辐射亮度,结合仪器的光学效率、探测器的像元尺寸、量子效率、探测器噪声、读出电路噪声等条件,计算出仪器在各个波段的信噪比或温度灵敏度,为仪器的性能指标分析提供数据参考。

1. 计算条件

1) 紫外

(1) 200~320nm 波段。此通道大部分为日盲通道,只能在实验室进行测试,测试目标为 2800K 黑体,主要考虑日盲通道主要用于高温目标的探测,典型高温尾焰目标温度约为 2800K。

2800K 黑体在 235nm 波段辐射亮度约为 $5.3\mu W/(cm^2 \cdot sr \cdot nm)$。黑体在 2800K 的辐射亮度如图 2-16 所示。

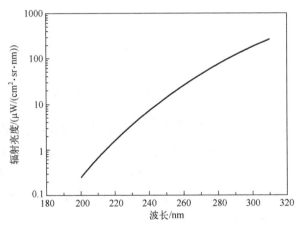

图 2-16　2800K 黑体的辐射亮度

(2) 320~500nm 波段。为模拟计算机载光谱探测系统对地观测时的信噪比大小,首先利用 MODTRAN 辐射传输软件模拟得出机载光谱仪器入瞳处的辐射亮度。在 MODTRAN 进行模拟时,设置的模拟参数如表 2-7 所列。

表 2-7　MODTRAN 模拟参数

大 气 模 式	美国标准大气
地表反射率	30%
气溶胶模式	乡村型 23km
太阳天顶角	60°
模拟波段	310~500nm

仪器入瞳处辐射亮度模拟结果如图 2-17 所示。

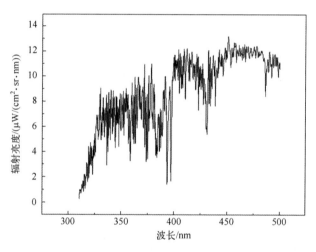

图 2-17　仪器入瞳处辐射亮度模拟结果

　　紫外谱段系统性能估算主要需要以下几个输入参数:工作波段、光学系统 F 数、光栅效率、光学镜片增反膜/增透膜光学效率、像元尺寸、CCD 量子效率、CCD 读出噪声、探测器暗电流噪声、大气条件、太阳高度角、目标反照率,以及系统工作模式。在进行灵敏度估算时,各个参数的选取及依据说明如下:

　　① 工作波段:200~500nm(来源:任务书)。

　　② 光学系统 F 数:3.6(来源:光学设计报告)。

　　③ 光栅效率曲线,如图 2-18 所示(来源:厂商提供)。

　　④ 光学镜片增反膜,增透膜光学效率曲线如图 2-19 所示(来源:光学薄膜设计报告)。

　　⑤ 像元尺寸:13μm×13μm(来源:总体方案)。

　　⑥ CCD 量子效率曲线如图 2-20 所示(来源:CCD 厂家测试报告)。

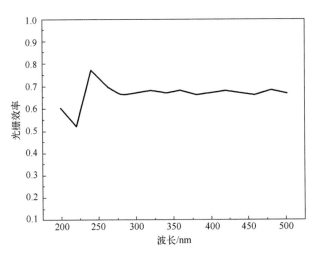

图 2-18 紫外波段凸光栅衍射效率

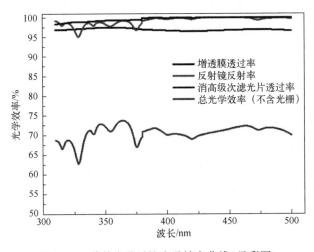

图 2-19 紫外光学系统光学效率曲线(见彩图)

⑦ CCD 读出噪声:$2e^-$(来源:CCD 厂家测试报告)。

⑧ 探测器暗电流噪声:$400e^-/(\mathrm{pixel \cdot s})$。

⑨ 大气条件:灵敏度测试在实验室进行,不考虑大气透过率情况。

⑩ 太阳高度角:$60°$。

⑪ 目标反照率:30%。

⑫ 工作模式:紫外模块可以应用于大气痕量气体探测、目标特性测量等应用。根据用户需求,紫外模块划分为两种模式:

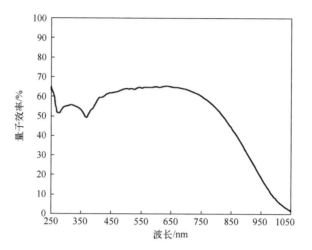

图 2-20 紫外 CCD 量子效率曲线

模式 1:目标特性测量模式。

工作波段:512 个(任务书要求)。

积分时间:0.125~0.25s(对应速高比 0.02~0.04,任务书要求)。

模式 2:超精细光谱大气探测模式。

工作波段:3000 个。

积分时间:1s。

2) 可见近红外

根据世界气象组织公布的地球表面太阳光谱辐照度数据(E-490),提取 400~950nm 范围的数据,如图 2-21 所示。

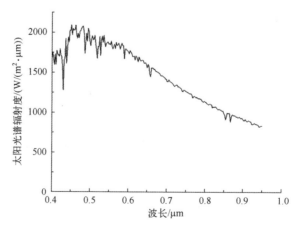

图 2-21 地球表面可见近红外太阳光谱辐照度

可见近红外谱段采用单个光谱仪实现 400～950nm 的色散,其性能估算主要需要以下几个输入参数:工作波段、光学系统 F 数、光栅效率、光学镜片增反膜/增透膜光学效率、像元尺寸、积分时间、CCD 量子效率、CCD 读出噪声、探测器暗电流噪声、大气条件、太阳高度角,以及目标反照率。在进行灵敏度估算时,各个参数的选取及依据说明如下:

① 工作波段:400～950nm(来源:任务书)。

② 波段数:256(来源:任务书)。

③ 光学系统 F 数:3.6;(来源:光学设计报告)。

④ 光栅效率曲线,如图 2-22 所示(来源:Newport 提供)。

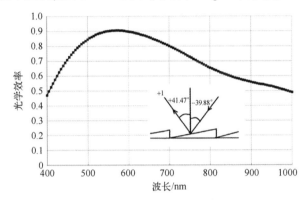

图 2-22　可见近红外平面光栅效率

⑤ 光学镜片增反膜,增透膜光学效率曲线如图 2-23 所示(来源:光学薄膜设计报告)。

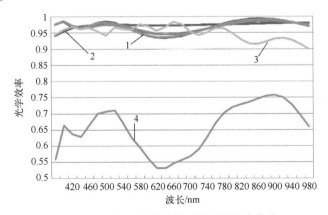

图 2-23　可见近红外光学系统光学效率曲线

1—透镜增透膜透过率;2—反射镜增反膜效率;3—消二级光谱滤光片效率;

4—总光学效率(不含光栅)。

⑥ 像元尺寸:32μm×16μm(来源:总体方案)。

⑦ 积分时间:6ms(速高比为 0.041/s 时,工作帧频为 160Hz,帧周期为 6.25ms)(来源:电子学设计报告)。

⑧ CCD 量子效率曲线,如图 2-24 所示(来源:CCD 厂家测试报告)。

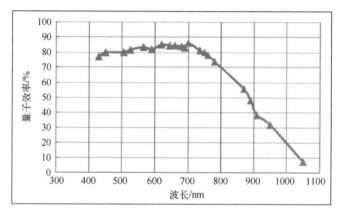

图 2-24 可见近红外 CCD 量子效率曲线

⑨ CCD 读出噪声:49e⁻(来源:CCD 厂家测试报告)。

⑩ 系统视频采集噪声:50e⁻。

⑪ 大气条件:灵敏度测试在实验室进行,不考虑大气透过率情况。

⑫ 太阳高度角:60°。

⑬ 目标反照率:30%。

3) 短波红外

根据世界气象组织公布的地球表面太阳光谱辐照度数据(E-490),提取 950~2500nm 范围的数据,如图 2-25 所示。

短波红外谱段采用单个光谱仪实现 950~2500nm 的色散,其性能估算需要的输入参数类型与可见近红外波段基本一致。在进行灵敏度估算时,各个参数的选取及依据说明如下:

① 工作波段:950~2500nm(来源:任务书)。

② 波段数:512(来源:任务书)。

③ 光学系统 F 数:3.6(来源:光学设计报告)。

④ 光栅效率曲线,如图 2-26 所示(来源:Newport 提供)。

⑤ 光学镜片增反膜,增透膜光学效率曲线如图 2-27 所示(来源:光学薄膜设计报告)。

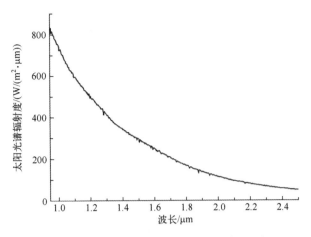

图 2-25　地球表面短波红外太阳光谱辐照度

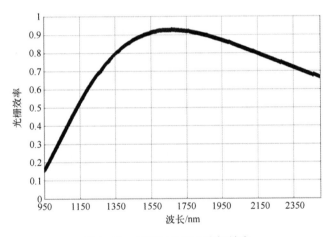

图 2-26　短波红外平面光栅效率

⑥ 像元尺寸：$25\mu m \times 25\mu m$。

⑦ 积分时间：12ms（速高比为 0.04 1/s 时，工作帧频为 80Hz，帧周期为 12.5ms）。

⑧ 焦平面量子效率：0.7（来源：CCD 厂家测试报告）。

⑨ 焦平面读出噪声：$50e^-$（来源：CCD 厂家测试报告）。

⑩ 系统视频采集噪声：$50e^-$（来源：CCD 厂家测试报告）。

⑪ 大气条件：灵敏度测试在实验室进行，不考虑大气透过率情况。

⑫ 太阳高度角：60°。

⑬ 目标反照率：30%。

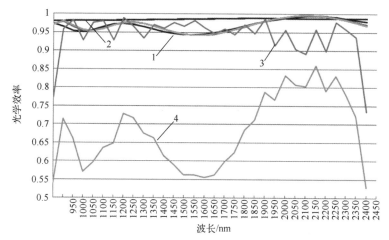

图 2-27 短波红外光学系统光学效率曲线

1—透镜增透膜透过率;2—反射镜增反膜效率;3—消二级光谱滤光片效率;
4—总光学效率(不含光栅)。

4) 热红外

热红外谱段采用单个光谱仪实现 $8\sim12.5\mu m$ 的色散,其中 $10.5\sim12.5\mu m$ 光谱范围采用光谱维像元合并的方法实现 4 个谱段的探测。在进行热红外谱段的灵敏度估算时,各个参数的选取及依据说明如下:

① 工作波段:$8\sim10.5/10.5\sim12.5\mu m$(来源:任务书)。

② 波段数:80/4(来源:任务书)。

③ 光谱分辨率:37nm/500nm(来源:任务书)。

④ 光学系统 F 数:2.2。

⑤ 光栅效率曲线,如图 2-28 所示(来源:Newport 提供)。

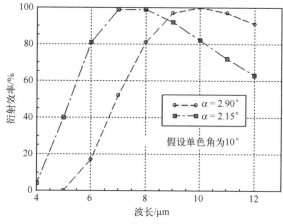

图 2-28 热红外光栅衍射效率曲线

56

⑥ 光学效率(估算条件如下):

热红外反射镜,8 ~ 12.5μm 波段,平均反射率 $\rho > 98\%$,最小反射率 $\rho > 98\%$;

热红外透镜,8~12.5μm 波段,平均透过率 $\tau > 98\%$,最小透过率 $\tau > 97\%$。

⑦ 热红外通道光学效率估算:

$(0.98)^4 \times (0.98)^7 \times 0.5 = 0.40$。

⑧ 焦平面探测器的相关参数:

像元尺寸:30μm×30μm。

⑨ 焦平面探测器截止波长及光谱响应曲线如图 2-29 所示(来源:探测器资料,经测试,VLW 探测器的实际工作温度可以达到 58K,响应波长能够达到 12.5μm)。

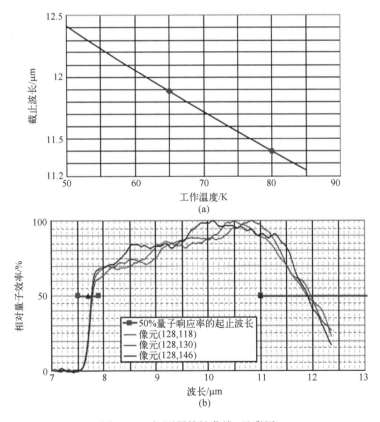

图 2-29　探测器特性曲线(见彩图)

(a) 工作温度与截止波长关系;(b) 典型温度下的光谱响应曲线。

⑩ 焦平面实际积分时间:>5.0ms(来源:分析及对改造冷屏后实际暗电流、器件锗窗口辐射测量的试验验证结果,$I_{dark}\approx4.0\times10^{-10}$A)。

⑪ 焦平面读出噪声:1000e$^-$(来源:探测器技术规范)。

⑫ 辐射目标源:300K 黑体进行估算(常规热红外成像灵敏度估算条件)。

⑬ 低温光谱仪制冷温度:光谱仪制冷 100K(来源:任务书,该值决定了系统的背景辐射功率数值)。

2. 计算方法

1) 紫外

根据计算条件,计算出每个波段的噪声 SNR$_i$,噪声包括光生电荷散粒噪声、CCD 读出噪声以及系统电路噪声三部分。

$$SNR_i = \frac{n_{i,\text{signal}}}{\sqrt{n_{i,\text{signal}}^2 + n_{\text{ccd}}^2 + n_{\text{A/D}}^2}} \quad (2-3)$$

式中:$n_{i,\text{signal}}$ 为探测器光电转换产生的每个波段的电荷数量,i 为第 i 个波段。

2) 可见近红外

可见近红外部分计算方法与紫外部分相同。

3) 短波红外

根据计算条件,计算出每个波段的噪声 SNR$_i$,噪声包括光生电荷散粒噪声、短波焦平面探测器读出噪声、系统电路噪声三部分。

$$SNR_i = \frac{n_{i,\text{signal}}}{\sqrt{n_{i,\text{signal}}^2 + n_{\text{FPA}}^2 + n_{\text{A/D}}^2}} \quad (2-4)$$

式中:$n_{i,\text{signal}}$ 为探测器光电转换产生的每个波段的电荷数量,i 为第 i 个波段。

4) 热红外

在明确系统接收的辐射目标源功率 $P_{\text{tar}}(\lambda)$、背景辐射功率 $P_{\text{back}}(\lambda)$ 和焦平面暗电流 I_{dark} 后,可以计算得到仪器各个波段的信噪比为

$$SNR(\lambda) = \frac{N_s(\lambda)}{N_n(\lambda)} = \frac{P_{\text{tar}}(\lambda) \times T_{\text{int}} \times \eta(\lambda)}{N_n(\lambda)} \bigg/ \left(\frac{hc}{\lambda}\right) \quad (2-5)$$

式中:$N_s(\lambda)$,$N_n(\lambda)$ 分别为信号电子数目和噪声电子数目;T_{int} 为探测器积分时间;$\eta(\lambda)$ 为探测器量子效率;h 为普朗克常数;c 为光速。

对于热红外高光谱成像系统而言,$N_n(\lambda)$ 由探测器的读出噪声、$1/f$ 噪声和散粒噪声组成,这里的散粒噪声是由目标辐射 $P_{\text{tar}}(\lambda)$、背景辐射 $P_{\text{back}}(\lambda)$ 和暗电流 I_{dark} 累积的暗信号 V_{dark} 共同引起。

根据噪声理论模型，噪声电子数 $N_n(\lambda)$ 为

$$N_n(\lambda) = \sqrt{N_s(\lambda) + N_{back}(\lambda) + N_{dark}(\lambda) + n_{read}^2}$$
$$= \sqrt{N_s(\lambda) + \frac{P_{back}(\lambda) \times T_{int} \times \eta(\lambda)}{hc/\lambda} + \frac{I_{dark} \times T_{int}}{e^-} + n_{read}^2} \tag{2-6}$$

根据以上两式可以得到系统信噪比数值，知道了系统信噪比就可以得出热红外模块在各个波段的噪声等效温差为

$$NE\Delta T(\lambda) = \frac{T_2 - T_1}{SNR_2(\lambda) - SNR_1(\lambda)} \tag{2-7}$$

3. 计算结果

1）紫外

（1）200~320nm 波段。此通道大部分为日盲通道，因此拟在实验室进行测试，测试目标为 2800K 黑体（导弹喷焰温度一般为 2800K 左右）。

模式 1 信噪比计算如下：

2800K 黑体在 230nm 通道辐射亮度约为 3.5μW/（cm² · sr · nm），与前面计算过程一致，得到 SNR 为 152，约有 75% 通道大于 150。根据能量分布，波长大于 230nm 的波段信噪比均大于 152，详细的信噪比曲线如图 2-30 所示。

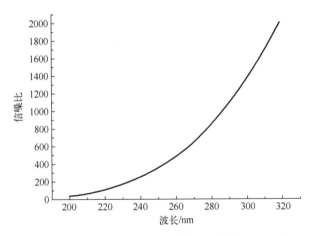

图 2-30　紫外日盲波段信噪比（模式 1）

模式 2 信噪比计算如下：

与前面计算过程一致，得到信噪比曲线如图 2-31 所示。

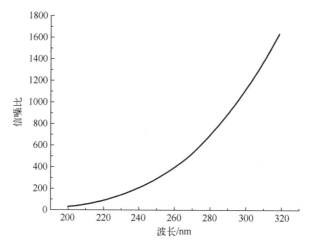

图 2-31　紫外日盲波段信噪比(模式 2)

（2）320~500nm 波段。

模式 1 信噪比计算如下：

根据计算条件和计算方法,可以计算出在积分时间为 0.25s(对应速高比 0.02)时,CCD 探测器采集不同波段信号光生电荷的数量,如图 2-32 所示。

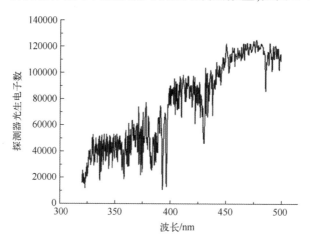

图 2-32　模式 1 条件下紫外在每个波段的光子数

信噪比曲线如图 2-33 所示。

模式 2 信噪比计算如下：

根据计算条件和计算方法,可以计算出在积分时间为 1s 时,CCD 探测器采集不同波段信号光生电荷的数量,如图 2-34 所示。

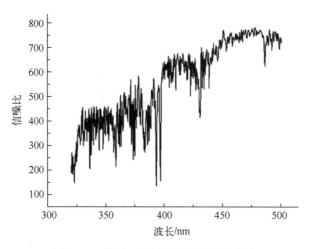

图 2-33　模式 1 条件下紫外信噪比曲线

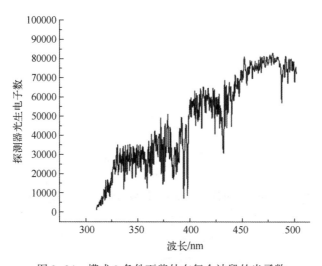

图 2-34　模式 2 条件下紫外在每个波段的光子数

　　计算得出在积分时间 1s 时、空间维 6 元合并(光谱维不合并)探测器的信噪比曲线,如图 2-35 所示。

　　2) 可见近红外

　　根据计算条件和计算方法,可以计算出 CCD 探测器采集不同波段信号光生电荷的数量,如图 2-36 所示。

　　信噪比曲线如图 2-37 所示。

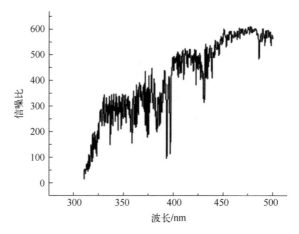

图 2-35　模式 2 条件下紫外信噪比曲线

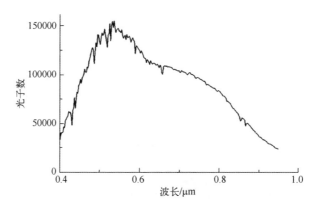

图 2-36　典型条件下可见近红外每个波段的光子数(速高比为 0.041/s)

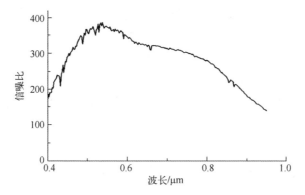

图 2-37　典型条件下可见近红外信噪比曲线

3）短波红外

根据计算条件和计算方法,可以计算出 CCD 探测器采集不同波段信号光生电荷的数量,如图 2-38 所示。

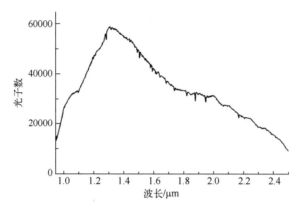

图 2-38　典型条件下短波红外每个波段的光子数(速高比为 0.041/s)

信噪比曲线如图 2-39 所示。

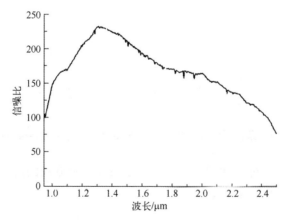

图 2-39　典型条件下短波红外信噪比曲线

4）热红外

根据计算条件和计算方法,可以计算出热红外 $8.0 \sim 10.5 \mu m$ 采集不同波段信号光生电荷的数量和噪声等效温差,如图 2-40 和图 2-41 所示。

从图 2-41 的估算结果来看,当低温冷箱制冷温度为 100K,探测器工作温度 58K,在 $8.0 \sim 10.5 \mu m$,其各个波段的灵敏度均优于 200mK 的水平。

对应 $10.5 \sim 12.5 \mu m$ 采用光谱维 20 个像元合并四个波段,光谱采样率

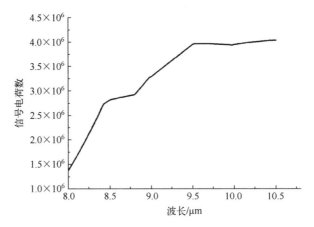

图 2-40 典型条件下(300K 黑体)焦平面探测器产生的信号电荷数

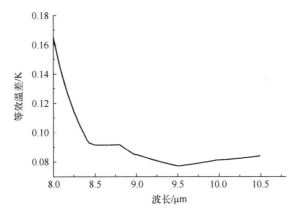

图 2-41 典型条件下(300K 黑体)热红外 8.0~10.5μm 噪声等效温差曲线

500nm,根据以上方案,计算得到 10.5~12.5μm 四个波段的灵敏度水平分别为 0.13K、0.18K、0.26K、0.40K。

第3章

机载成像光谱仪光学设计

成像光谱仪的光学系统是其核心组成部分，直接决定了系统的成像质量。成像光谱仪的光学系统通常由前置光学（又称望远系统）和光谱仪两部分组成。本章从光学设计理论基础入手，分别对前置光学和光谱仪的构型进行介绍，并结合全谱段多模态成像光谱仪，介绍成像光谱仪的光学系统设计方法。

3.1 光学设计方法

3.1.1 光学系统基本构型

成像光谱按扫描方式和分光技术不同，其基本形式各异。本节以面阵探测器推帚方式和色散型分光方式为例，介绍成像光谱仪的基本光路构型。

基本形式的推帚式色散型成像光谱仪的基本组成包括物镜（望远镜）、狭缝、准直镜、分光元器件、会聚镜、滤光片，其光学系统如图 3-1 所示。探测目标的反射光或辐射经望远物镜成像在光谱仪的狭缝处，狭缝作为视场光阑将系统的成像视场限制为一维线视场。透过狭缝的光线经过准直物镜平行入射到分光元件上，分光元件将光谱色散开，再经成像物镜会聚到面阵探测器上，如此，

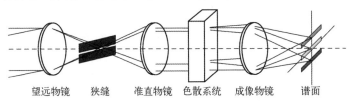

望远物镜　　狭缝　　准直物镜　　色散系统　　成像物镜　　谱面

图 3-1　色散型成像光谱仪光学系统示意图

探测器上可以接收到目标的一维空间信息(线视场)和另一维光谱信息。再经过平台的推扫,可获得目标的另一维空间,由此获得目标的三维数据。

3.1.2 光学设计参数

成像光谱仪光学系统设计参数主要包括光谱范围、光谱采样间隔、视场、瞬时视场、F 数、焦距等,各个参数之间都有一定的相互关系。

光谱范围:是指在满足设计要求的情况下,光学系统能适应的波长范围。

光谱采样间隔:由仪器所要达到的光谱分辨率反推确定,与光谱分辨率的关系可简单近似为:光谱采样间隔≤光谱分辨率/1.2。

视场(FOV):视场是指成像光谱仪能探测到的最大成像范围,用角度或者物高来设置。

瞬时视场(IFOV):探测器一个像元对应的视场角,一般用弧度表示。

F 数:相对孔径的倒数,系统焦距与入瞳口径的比值,表征光学系统的聚光能力。前置光学设计时设定 F 数,光谱仪设计时一般采用数值孔径 NA 作为约束。

探测器参数:包括探测器空间维和光谱维所要用到的像元数,以及像元的尺寸大小。光谱采样、瞬时视场、焦距等指标的计算,都与此相关。

光谱仪光学系统参数需要根据光谱仪的飞行高度或轨高 H、刈幅宽度 L、空间分辨率 μ、光谱范围 $\lambda_1 \sim \lambda_2$、光谱分辨率 $\delta\lambda$、探测器规模 M 行×N 列、探测器像元尺寸 b 来确定:

$$\begin{cases} M \geq \alpha(\lambda_1 - \lambda_2)/\delta\lambda, \quad \text{通常取 } \alpha = 1.1 \sim 1.5 \\ N \geq L/(H \cdot u) \\ \text{FOV} = 2\arctan L/2H \end{cases} \tag{3-1}$$

望远物镜焦距为 f_1,准直镜焦距为 f_2,会聚镜焦距为 f_3,则系统焦距满足 $f = f_1 \cdot f_3/f_2$,而系统焦距同时又要满足 $f = u/b$,光谱仪倍率 $\beta = -f_3/f_2$,狭缝宽度 slit_$y = -\beta \cdot b$,狭缝长度 slit_$x = f_1 \cdot \tan\text{FOV}$。

在实际设计过程中,系统总焦距、各镜组焦距分配需要结合探测器的规模和像元尺寸以及像面像质共同考虑、迭代优化,最终确定各部分的参数。

3.1.3 光学设计流程

在未涉及具体的光学系统之前,对成像光谱仪的光学系统设计流程做一下介绍,如图 3-2 所示。

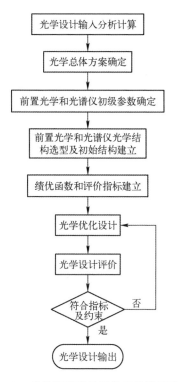

图 3-2 成像光谱仪的光学系统设计流程

（1）仪器总体设计给出光学系统的幅宽、轨高、空间分辨率、光谱分辨率、信噪比需求和体积资源等参数，计算视场角、焦距和 F 数（相对孔径），作为光学设计输入条件。

（2）根据结构布局和光学可行性，初步确定所使用的大视场技术和分光技术。

（3）根据电子学提供的探测器选型（探测器规模和像元参数）、结构布局和光学可行性，分配前置光学和光谱仪初级光学参数，包括望远物镜视场角、焦距和 F 数（相对孔径），以及光谱仪物方视场、数值孔径和变倍比。

（4）光学系统选型，即确立合适的望远物镜和光谱仪光学结构类型，建立初始结构。

（5）根据光学设计输入和约束条件，建立绩优函数，依据光学设计指标评价，进行迭代优化设计。

（6）光学设计输出。

由于要受到工程可实现性的限制，光学、结构和电子学之间需要经过多次迭代设计以实现参数最优化分配。

3.2 成像光谱仪光学设计

3.2.1 前置光学设计

1. 设计要求

成像光谱仪的前置光学是指在视场光阑之前的光学系统,有时也称为物镜、望远物镜或者望远镜。前置光学的 3 个初级系统参数是视场、F 数(相对孔径的倒数)和焦距,三者关系相互制约,光学设计需要根据实际参数需求进行选型。通常,前置光学设计目标要达到:

(1) 良好的像质,包括色差、球差、彗差和像散,以实现较高的空间分辨率,同时也便于前置光学和后方光谱仪的独立光学设计和装调检测。

(2) 平像场设计,避免视场光阑在光轴方向有弯曲。

(3) 消畸变设计,在推帚式成像光谱仪中需要消除像面畸变以避免狭缝在穿轨方向有弯曲或者直狭缝对地表探测存在条带采样弯曲。某些情况下,设计无法避免畸变,则需要对畸变进行测试标定并通过软件算法对其进行处理。

(4) 光瞳的良好匹配性,以适应后方光谱仪的光瞳匹配需求。成像光谱仪的设计步骤是根据可能采用的分光技术先对后方光谱仪进行选型,光瞳匹配是优先考虑光谱仪的入瞳位置,再设计适合的前置光学出瞳位置与其匹配。成像光谱仪设计过程中也会出现前置光学和后方光谱仪的瞳位设计迭代,最终实现光瞳匹配。

(5) 较为宽松的与后方光谱仪对接的空间。

(6) 在航天应用中,材料选择要考虑空间适应性,要求具有良好的抗辐照能力和环境适应性能。

2. 常用构型及比较

根据光学系统结构类型,前置光学系统可概括为两种:透射式[37-38]和反射式(含折反式)光学系统[39-40]。

1) 透射式前置光学系统

对于应用于航空航天成像光谱仪,其透射式前置光学设计同样遵循一般物镜的设计原理,根据相对孔径、视场和焦距的使用要求,可以借鉴常用镜头库中的相应光学结构作为设计初始结构。通常采用的优化设计手段包括:采用正低折射率的冕牌玻璃和负高折射率的火石玻璃搭配进行消色差设计[41];合理分配各组透镜的光焦度以实现平像场设计;采用增加镜片数量或者选用非球面或者衍射型面型增加设计自由度,增强像差平衡能力,尤其是畸变校正、色差校正以及热适应能力。但为环境适应性和可靠性考虑,一般不使用胶合形式的透镜组合,而采用双分离或者三分离形式的透镜组合;选用能抗空间辐照的玻璃材料,如石英和特殊处理的 K9 玻璃,而不能采用通常的 K9 玻璃;一般是定焦镜头或者是离散变焦镜头,而不采用连续变焦。

透射式望远物镜可实现几十毫米至几百毫米焦距需求和几度到几十度视场需求,适用于几十微弧度至数个毫弧度范围内的中低空间分辨率使用场合。

2)反射式前置光学系统

反射式光学系统相对于透射系统,主要优势包括:光线在镜面表面反射,不存在材料折射率的概念,不存在色差,适用于所有谱段,能满足宽波段使用需求;采用非球面甚至自由曲面后,设计自由度大[42],像差平衡能力强,且光学系统结构相对简单;反射元件镜坯更容易做到大口径,能满足高空间分辨率光学系统的需求;大口径反射元件光学薄膜相对容易实现,光学效率和均匀性更高;与合适的结构材料匹配,热适应能力强,环境适应性更好;反射元件镜坯抗辐照能力强,空间环境适应性更好;反射元件镜坯能实现轻量化设计,有利于降低对飞行平台的资源需求;对于中低精度的反射元件,采用单点金刚石车削技术,成本较低,且能简化光机系统,有利于降低对飞行平台的资源需求。

反射式望远物镜可实现几十毫米至几十米甚至更长焦距需求和几毫弧度到几十度视场需求,适用于为毫弧度至微弧度范围内的中高空间分辨率使用场合。

根据成像光谱仪空间分辨率和幅宽功能需求,前置光学系统可概括为两种类型,即短焦距长线视场和高分辨率长焦距。

(1)短焦距长线视场前置光学系统:消色差透镜组、离轴两反、离轴三反、离轴四反。

(2)高分辨率长焦距前置光学系统:同轴两反、折反式、同轴三反、离轴三反、离轴四反、同轴五反。

反射式光学系统在航天航空领域有着重要的实用价值,在成像光谱仪的前置光学系统中极为常见。表 3-1 列出了常用反射镜系统的主要特点和适用范围。

表 3-1 常用反射镜系统比较

光学结构		优　点	劣　势	适用场合
同轴两反		光学结构简单； 全反射式，全谱段适用，环境适应性好； 加工装调相对容易； 后方加校正透镜组可增大视场	有中心遮拦； 视场小	中高空间分辨率
离轴两反[43]		光学结构简单，无中心遮拦，光学效率高； 全反射式，全谱段适用，环境适应性好； 可实现长线视场设计； 加工装调相对容易； 面型采用自由曲面可进一步增大视场、降低畸变程度、提高瞳位匹配能力	相同参数下，较离轴三反体积大； 存在畸变； 瞳位匹配能力有限	中低空间分辨率
同轴三反[44]		全反射式，全谱段适用，环境适应性好； 视场离轴使用可避开中心遮拦； 面视场使用，后方可接多个模块，易于实现高集成度系统设计	视场中等； 存在畸变； 瞳位匹配能力有限	高空间分辨率
离轴三反		全反射式，全谱段适用，环境适应性好； 无中心遮拦； 可实现较长线视场或者面视场设计； 面视场使用，后方可接多个模块，易于实现高集成度系统设计； 瞳位匹配能力较强	视场中等； 无法兼顾畸变和像方远心设计； 中低分辨率使用情况；像方空间布局局促	高中低空间分辨率
离轴四反[45]		全反射式，全谱段适用，环境适应性好； 无中心遮拦； 视场大	系统复杂，加工装调相对困难； 存在畸变	高中低空间分辨率

续表

光学结构		优　点	劣　势	适用场合
离轴五反		全反射式,全谱段适用,环境适应性好; 视场离轴使用可避开中心遮拦; 可实现大视场设计; 可实现像方远心设计,便于后方系统对接或者多模块拼接	系统复杂,加工装调相对困难	高空间分辨率

3. 简单反射式系统设计理论

1）常用光学面型

航天航空应用的成像光谱仪,其常用光学面型主要包括平面、球面、偶次非球面以及近年来新兴的自由曲面。光学设计引入非球面和自由曲面以增多设计的自由度,提高光学系统的像差平衡能力和适应其他约束。以下介绍几种常用光学面型的数理模型。

(1) 二次曲面。考虑到光学加工和面型检测的可行性,光学设计一般采用旋转对称面型。二次曲面是旋转对称面型,包含扁球面、球面、椭球面、抛物面和双曲面。此外,平面也是二次曲面的特殊表现形式。在 Zemax 设计软件中其面型表达式为

$$z = \frac{cr^2}{1+\sqrt{1-(1+k)c^2r^2}} \tag{3-2}$$

式中:c 为顶点曲率半径;r 为光线在镜面上的高度;k 为二次曲面常数。k 值与对应面型的关系为

$$k>0, 扁球面$$
$$k=0, 球面$$
$$-1<k<0, 椭球面$$
$$k=-1, 抛物面$$
$$k<-1, 双曲面$$

(2) 偶次非球面。偶次非球面也是旋转对称面型。在 Zemax 设计软件用一个 16 次扩展多项式来描述非球面与球面的偏离。其面型表达式:

$$z = \frac{cr^2}{1 + \sqrt{1 - (1 + k)c^2 r^2}} + \sum_{n=1}^{8} \alpha_n r^{2n} \qquad (3\text{-}3)$$

式中:c 为顶点曲率半径;r 为光线在镜面上的高度;k 为二次曲面常数 conic;α_n 为非球面系数。

这种面型用于球差和畸变校正效果显著,设计者在使用偶次非球面高次项时,设计性能可以达到要求的情况下,要力求降低使用项数以有利于光学加工检验。

(3) 自由曲面。自由曲面(Free-form)是指不能用初等解析函数完全清楚地表达全部形状,需要构造新的函数来进行研究的曲面。在光学中,可以狭义地定义为:无法用球面或者非球面来表示的光学曲面,主要是指非旋转对称的曲面或者只能用参数向量来表示的曲面。

自由曲面在空间遥感光学系统中的应用场景可以概括为两种:一种是在高空间分辨率大幅宽空间相机中,用于平衡因孔径增大而随之增大的像差,且显著改善了光学系统的视场适应能力;另一种是在深空探测领域,在资源有限的情况下,对仪器质量和体积要求苛刻,用于平衡像差和光路体积的矛盾,简化光学系统结构,灵活空间布局,提高光学成像以及光谱性能[46]。

自由曲面由于优化变量众多,而具有很强的像差平衡能力。它的非旋转对称性可以给以上两类应用场景提供了光学解决方案。此外,随着数控光学加工技术和自由曲面面形检测技术的不断进步,自由曲面光学元件在遥感仪器中正逐步得到应用。

成像光学设计中,自由曲面数理模型需具备连续阶特性、函数值唯一性、坐标轴无关性和局部控制性。因此,通常可以用 Zernike 多项式、扩展多项式、径向基函数,即

$$z = \frac{cr^2}{1 + \sqrt{1 - (1 + k)c^2 r^2}} + \sum_{i=1}^{N} A_i Z_i \qquad (3\text{-}4)$$

式中:Z_i 分别表示为

$$Z_i = Z_i(\rho, \varphi) \qquad (3\text{-}5)$$

$$Z_i = x^m y^n \qquad (3\text{-}6)$$

$$Z_i = \exp(-\beta r^2) \qquad (3\text{-}7)$$

Zernike 多项式具有圆域正交性,其各阶系数与光学设计中的 Seidel 像差系

数相对应,可以针对性地处理各种像差;扩展多项式与光学加工数控机床的运动坐标模型一致,最适合光学加工建模;径向基函数局部逼近力最强,平衡像差能力最强。

2）初级像差理论

光学系统的主光线与同一视场的其他光线的光程差,即以高斯像点为中心通过出瞳中心的球面为参考球面,其与通过出瞳中心的实际波面的间距,称为波像差,用 W 表示。单一波长的初级像差可表示为[47]

$$
\begin{aligned}
W(h,\ \rho,\ \theta) = &\frac{1}{8}S_1\rho^4 + \frac{1}{2}S_2h\rho^3\cos\theta \\
&- \frac{1}{2}S_3h^2\rho^2\cos^2\theta - \frac{1}{4}(S_3+S_4)h^2\rho^2 + \frac{1}{2}S_5h^3\rho\cos\theta
\end{aligned}
\tag{3-8}
$$

式中:$S_1 \sim S_5$ 为单色初级像差系数,分别用来描述球差、彗差、像散、场曲和畸变,h 为归一化的物像高,ρ,θ 为出瞳平面上的极坐标系的归一化半径和方位角。色差的初级像差可表示为

$$
W(h,\rho,\theta) = \frac{1}{4}C_1\rho^2 + \frac{1}{2}C_2h\rho\cos\theta
\tag{3-9}
$$

式中:C_1,C_2 分别为纵向(轴向)色差系数和横向(倍率)色差系数,反射式系统中都为零。

从式(3-8)和式(3-9)可知 7 种像差系数与孔径的方次关系及像差系数与视场的方次关系。

3）PW 形式的初级像差系数

光学系统设计中,通常需要根据设计参数选择一个合适的初始结构,再在初始结构的基础上进行进一步的优化。由于一般的光学系统,当其结构形式一定时,其高阶像差也已经基本确定了,因此通过调整结构参数主要矫正的往往是初阶像差。为了将光学系统的结构参数与初级像差理论结合起来以便于计算一个较优的初始结构,在初级像差系数的公式中引入符号:

$$
\begin{cases}
P = ni(i'-u)(i-i') \\
W = (i'-u)(i-i')
\end{cases}
\tag{3-10}
$$

式中:n 为光线透过玻璃前的介质折射率;u 为光线入射折射面或反射面时与光轴的夹角;i,i' 为光线经折射面的入射角和出射角。

则初级像差系数的 PW 表示式为

$$\begin{cases} S_1 = \sum hP \\ S_2 = \sum (h_p P - JW) \\ S_3 = \sum \left(\dfrac{h_p^2}{h}P - 2J\dfrac{h_p}{h}W + J^2\dfrac{\phi}{h} \right) \\ S_4 = \sum \dfrac{J^2\pi}{h} \\ S_5 = \sum \left(\dfrac{h_p^3}{h^2}P - 2J\dfrac{h_p^2}{h^2}W + J^2\dfrac{h_p(3\phi+\pi)}{h^2} + J^2\dfrac{1}{h^2}\left(\dfrac{1}{n'^2}-\dfrac{1}{n}\right) \right) \end{cases} \quad (3-11)$$

初级色差系数为

$$C_1 = \sum h^2\varphi/\upsilon$$
$$C_2 = \sum hh_p\varphi/\upsilon \quad (3-12)$$

式中:$\upsilon = u_1/h\varphi = 1/l\varphi$,$\phi = \dfrac{u'}{n'} - \dfrac{u}{n}$,$\pi = \dfrac{n'u'-nu}{n'n}$;$l$ 为物点与折射面或反射面沿光轴方向的距离;φ 为光焦度;J 为拉格朗日-霍姆赫兹(Lagrange-Helmholtz)不变量;h 为轴上光线在每个面上的入射高度;h_p 为主光线在每个面上的入射高度。

当光学系统中引入了一个或多个非球面以后,非球面还会产生一定的初级像差系数的增量,总的结果就是球面的初级像差系数和非球面带来的增量之和,则有[41]

$$S_1 = \sum_1^k hP + \sum h_p\Delta P$$

$$S_2 = \sum_1^k (h_p P - JW) + \sum h_p\Delta P$$

$$S_3 = \sum_1^k \left(\dfrac{h_p^2}{h}P - 2J\dfrac{h_p}{h}W + J^2\dfrac{\phi}{h} \right) + \sum \dfrac{h_p^2}{h}\Delta P$$

$$S_4 = \sum_1^k \dfrac{J^2\pi}{h}$$

$$S_5 = \sum_1^k \left(\dfrac{h_p^3}{h^2}P - 2J\dfrac{h_p^2}{h^2}W + J^2\dfrac{h_p(3\phi+\pi)}{h^2} + J^2\dfrac{1}{h^2}\left(\dfrac{1}{n'^2}-\dfrac{1}{n}\right) \right) + \sum \dfrac{h_p^3}{h^2}\Delta P$$

$$(3-13)$$

式中：$\sum\limits_{1}^{k}$ 为总数为 k 的所有面相关量的求和；非球面像差系数增量 ΔP 可表示为

$$\Delta P = h^3(n-n')e^2/r_0^3 \tag{3-14}$$

式中：e^2 为二次曲面的非球面系数；r_0 为非球面顶点半径。

4）两反射镜系统设计理论基础

两反射镜系统示意图如图 3-3 所示，一般主镜 M1 选用凹面反射镜将进入系统的光线汇聚在次镜上，次镜 M2 一般为凸面反射镜，将光线进一步汇聚在主镜后面。在设计时，一般将光阑设置在主镜上，物体位于无限远处，即 $l_1 = \infty$，$u_1 = 0$。

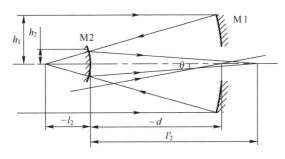

图 3-3　两反射镜光学系统

引入参数，α 表示次镜对主镜的遮拦比，归一化情况下，也表示次镜离第一主镜焦点的距离，β 为次镜的放大倍率，得

$$\alpha = \frac{l_2}{f_1'} = \frac{2l_2}{r_{01}} = \frac{h_2}{h_1}$$

$$\beta = \frac{l_2'}{l_2} = \frac{u_2}{u_2'} \tag{3-15}$$

$$r_2 = \frac{\alpha \cdot \beta}{1+\beta} \cdot r_1$$

对于两反射镜系统，$n_1 = n_2' = 1$，$n_1' = n_2 = -1$。归一化后，$h_1 = 1$，$f' = 1$，$u_{p1} = -1$，$J = 1$，$u_2' = 1$，$h_2 = \alpha$，$u_1' = u_2 = \beta$，$f_1' = 1/\beta$。

主光线与主次镜面的交点高度为

$$y_1 = 0, \quad y_2 = \frac{\alpha-1}{\beta} \tag{3-16}$$

主次镜的顶点曲率半径和两镜间距分别为

$$r_1 = \frac{2}{\beta}, r_2 = \frac{2\alpha}{\beta+1}, d = \alpha - 1 \tag{3-17}$$

上述参数代入初级像差表达式中,得单色像差系数表示式为

$$S_1 = \frac{\alpha(1+\beta)}{4\beta}\left[(1-\beta)^2 - (1+\beta)^2 e_2^2\right] - \frac{\beta}{4}(1-e_1^2)$$

$$S_2 = \frac{(1-\alpha)(1+\beta)}{4\beta}\left[(1-\beta)^2 - (1+\beta)^2 e_2^2\right] - \frac{1}{2}$$

$$S_3 = \frac{(1-\alpha)^2}{\alpha^2}\left[-\frac{\alpha(1-\beta)^2}{4\beta^2} - \frac{\alpha(1+\beta)^3}{4\beta^2}e_2^2\right]$$

$$+ \frac{(1-\alpha)(1-\beta)^2}{\alpha\beta} + \frac{\beta(1-\alpha)+1}{\alpha} \tag{3-18}$$

$$S_4 = \beta - \frac{1+\beta}{\alpha}$$

$$S_5 = \frac{(1-\alpha)^3}{\alpha}\left[-\frac{\alpha(1-\beta)^2(1+\beta)}{4\beta^2} + \frac{\alpha(1+\beta)}{4\beta^2}e_2^2\right]$$

$$+ \frac{3}{2}\frac{(1-\alpha)^2(1-\beta)^2}{\alpha^2\beta^2} + \frac{2(1+\beta)(1-\alpha)}{\alpha^2\beta}$$

5 种单色像差表示式中,有 α、β 和 e_1^2、e_2^2 四个变量,两反射镜系统最多可以消 4 种像差。通过设定消像差组合可以设计出多种两反射镜系统,但并非所有结构都有实际意义,下面介绍几种经典常用的两镜系统:①卡塞格林系统[48];②格里高利系统[49];③RC 系统[50];④马克苏托夫系统[51]。

(1)卡塞格林系统。主镜为凹抛物面,即 $e_1^2 = 1$;系统只消球差,即 $S_1 = 0$。将此两个条件代入式(3-18),得

$$e_2^2 = \frac{(1-\beta)^2}{(1+\beta)^2} \tag{3-19}$$

此时,次镜的 conic 系数只与次镜放大率有关。卡塞格林系统中,次镜为凸面,$\beta < -1$,则 $e_2^2 > 1$,次镜为凸双曲面。将(3.19)代入式(3.18),慧差系数 $S_2 = \frac{1}{2}$。

(2)格里高利系统。主镜为凹抛物面,即 $e_1^2 = 1$;系统只消球差,即 $S_1 = 0$,仍有式(3-18)成立。次镜位于主镜焦点之后将主镜焦距放大,即 $0 > \alpha > -1$,$\beta > 1$,因此 $0 < e_2^2 < 1$。慧差系数 $S_2 = \frac{1}{2}$。

（3）RC 系统。RC 系统即卡塞格林等晕系统,同时消球差和像散,即 $S_1=S_2=0$。

$$\begin{cases} e_1^2 = 1 + \dfrac{4\alpha(1-\alpha+\beta)}{(1-\alpha)^2\beta^2} \\ e_2^2 = \dfrac{4\beta(1-\alpha+\beta)/(1-\alpha)^2 + (1+\beta)(1-\beta)^2}{(1+\beta)^3} \end{cases} \tag{3-20}$$

若 $1>\alpha>0$,即次镜在主镜焦点之前,则 $e_2^2>1$;$\beta<-1$,则 $e_2^2>1$。因此,RC 系统主次镜均为双曲面镜,且主镜为凹面镜,次镜为凸面镜。

（4）马克苏托夫系统。马克苏托夫系统即格里高利等晕系统,同时消球差和像散,即 $S_1=S_2=0$,仍有式(3-20)成立。若 $0>\alpha>-1$,即次镜在主镜焦点之后,若 $\beta>1$,则 $e_2^2<1$;由式(3-20)的各种极端情况分析可知,$0<e_2^2<1$。因此,马克苏托夫系统主次镜均为椭球面,且主镜为凹面镜,次镜亦为凹面镜。

5）三反射镜系统设计理论基础

三反射镜系统是在两反射镜系统基础上发展而来,通过引入第三个反射镜来增加光学系统的可调节自由度以实现更好的像质。三反射镜系统如图3-4所示。

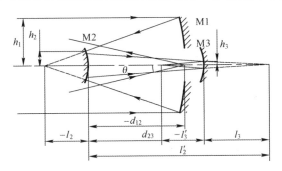

图 3-4　三反射镜光学系统

两反射镜系统的理论也适用于三反射镜系统。在设计过程中,同样一般将光阑设置在主镜上,物体位于无限远处,即 $l_1=\infty$,$u_1=0$。

引入参数,α_1 表示次镜对主镜的遮拦比,α_2 表示三镜对次镜的遮拦比,β_1 为次镜的放大倍率归一化情况下,也表示次镜离第一主镜焦点的距离,β_2 为三镜的放大倍率,则

$$\begin{cases} \alpha_1 = \dfrac{l_2}{f_1'} = \dfrac{h_2}{h_1}, \quad \beta_1 = \dfrac{l_2'}{l_2} = \dfrac{u_2}{u_2'} \\ \alpha_2 = \dfrac{l_3}{l_2'} = \dfrac{h_3}{h_2}, \quad \beta_2 = \dfrac{l_3'}{l_3} = \dfrac{u_3}{u_3'} \end{cases} \tag{3-21}$$

根据初级像差理论,有

$$S_1 = \frac{1}{4} \big[(e_1^2-1)\beta_1^3\beta_2^3 - e_2^2\alpha_1\beta_2^3 (1+\beta_1)^3 +$$

$$e_3^2\alpha_1\alpha_2(1+\beta_2)^3 + \alpha_1\beta_2^3(1+\beta_1)(1-\beta_1)^2 -$$

$$\alpha_1\alpha_2(1+\beta_2)(1-\beta_2)^2 \big]$$

$$S_2 = -\frac{e_2^2(\alpha_1-1)\beta_2^3(1+\beta_1)^3}{4\beta_1\beta_2} +$$

$$e_3^2 \frac{[\alpha_2(\alpha_1-1)+\beta_1(1-\alpha_2)](1+\beta_2)^3}{4\beta_1\beta_2} +$$

$$\frac{(\alpha_1-1)\beta_2^3(1+\beta_1)(1-\beta_1)^2}{4\beta_1\beta_2} -$$

$$\frac{[\alpha_2(\alpha_1-1)+\beta_1(1-\alpha_2)](1+\beta_2)(1-\beta_2)^2}{4\beta_1\beta_2} - \frac{1}{2}$$

$$S_3 = -\frac{e_2^2(\alpha_1-1)^2\beta_2(1-\beta_1)^3}{4\alpha_1\beta_1^2} +$$

(3-22)

$$e_3^2 \frac{[\alpha_2(\alpha_1-1)+\beta_1(1-\alpha_2)]^2(1+\beta_2)^3}{4\alpha_1\alpha_2\beta_1^2\beta_2^2} +$$

$$\frac{(\alpha_1-1)^2\beta_2(1+\beta_1)(1-\beta_1)^2}{4\alpha_1\beta_1^2} -$$

$$\frac{[\alpha_2(\alpha_1-1)+\beta_1(1-\alpha_2)]^2(1+\beta_2)(1-\beta_2)^2}{4\alpha_1\alpha_2\beta_1^2\beta_2^2} +$$

$$\frac{(\alpha_1-1)\beta_2(1+\beta_1)(1-\beta_1)}{\alpha_1\beta_1} -$$

$$\frac{[\alpha_2(\alpha_1-1)+\beta_1(1-\alpha_2)](1+\beta_2)(1-\beta_2)}{4\alpha_1\alpha_2\beta_1\beta_2} -$$

$$\beta_1\beta_2 + \frac{\beta_2(1+\beta_1)}{\alpha_1} - \frac{1+\beta_2}{\alpha_1\alpha_2}$$

$$S_4 = \beta_1\beta_2 - \frac{\beta_2(1+\beta_1)}{\alpha_1} + \frac{1+\beta_2}{\alpha_1\alpha_2}$$

以上 4 个消像差公式中一共有 7 个自由变量 $e_1, e_2, e_3, \alpha_1, \alpha_2, \beta_1, \beta_2$,后 4 个

与外形尺寸相关。令各个像差等于 0,结合高斯光学可以得出系统初始结构
参数:

$$r_1 = \frac{2f}{\beta_1 \beta_2}$$

$$r_2 = \frac{2\alpha_1 f}{\beta_2 (1+\beta_1)}$$

$$r_3 = \frac{2\alpha_1 \alpha_2 f}{1+\beta_2} \tag{3-23}$$

$$d_1 = \frac{r_1}{2}(1-\alpha_1)$$

$$d_2 = \frac{r_1}{2}\alpha_1 \beta_1 (1-\alpha_2)$$

式中:d_1,d_2 表示主次、次三镜之间的间隔。

4. 设计案例

1) 消色差透镜组

下面介绍一种中视场的透射式前置光学的设计。设计要求:设计一个能对
接用于芬兰 Specim 公司的 PGP 光谱仪的透射式前置光学,成像光谱仪瞬时视
场 0.2mrad。PGP 光谱仪的具体参数如表 3-2 所列,入瞳在视场光阑前方
100mm 处。

表 3-2　N25M 成像光谱仪性能参数

工作波长范围	900~2500nm
波长分辨率(30μm 的狭缝)	<7nm
F 数	3.2
平场图像 (max detector size)	30.0(空间) mm× 7.7(空间) mm
最大输入狭缝长度	30.0mm
标称放大率(输入狭缝/探测器)	1:1

设计分析:从表 3-2 中数据分析可知,光谱仪 F 数 3.2,探测器参数为 1024
元×256 元、像元尺寸为 30μm×30μm,狭缝长 1024×30μm = 30.72mm。则望远
物镜的 F 数略小于光谱仪,设为 $F/3$,焦距 $f = p/\text{IFOV} = 30\mu m/0.2mrad = 150mm$,
通光口径 $D = f/F = 150mm/3 = 50mm$,视场角 $2w = 2\arctan(1024×30\mu m/150mm) = $
11.574°,半视场 $w = 5.757°$,如图 3-5 所示。

第一片透镜材料选用熔石英,空间应用可抗辐射,其他透镜尽量选用透过率较高的玻璃;透镜面型全部为球面,易于加工检测;前面两组透镜采用折射率相近、色散差异大的透镜组,材料选用利于消色差设计;最后一片透镜采用高折射率材料有利于后截距控制盒畸变校正。

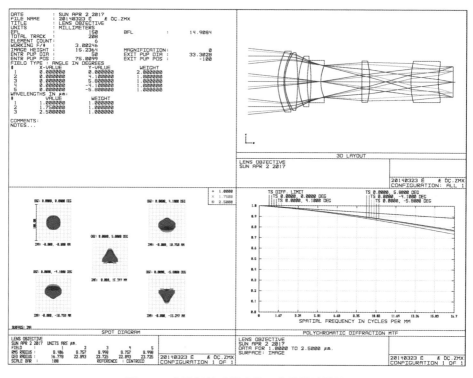

图3-5 中视场的透射式前置光学设计结果

设计结果表明:像方后截距为15mm,出瞳在像面前100mm处,点列图RMS半径小于1/3像元,全视场光学传函MTF>0.7。狭缝最长端畸变为0.127‰,穿轨全视场的累计畸变为1/8像元,而狭缝弯曲可忽略不计。

2) 离轴两反系统

下面介绍一种大视场的离轴两反前置光学的设计。该设计案例参照美国NASA的UCIS成像光谱仪的指标要求。

为适应火星上恶劣的探测环境,UCIS采用全反射式光学结构,它在较远探测距离情况,其前置光学是一个离轴两反望远镜。工作谱段为500~2500nm,光谱仪F数为4,光谱仪采用1倍offner结构,探测器参数为640元(光谱维)×480元(空间维实际用380元)、像元尺寸为27μm×27μm,瞬时视场为1.35mrad。

设计分析:光谱仪 F 数为 4,则两反望远镜的 F 数略小于光谱仪,设为 $F/3.8$;瞬时视场 1.35mrad,探测器像元尺寸为 $27\mu m \times 27\mu m$,则两反望远镜的焦距为 20mm;空间维实际用 380 元,则视场角 $2w = 2\arctan(380 \times 27\mu m/20mm) = 27.158°$,按视场角 $30°$,半视场 $15°$ 设计,如图 3-6 所示。

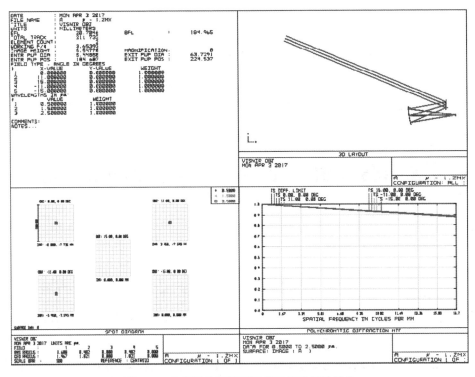

图 3-6　大视场的离轴两反前置光学设计结果

由于该火星探测光谱仪的空间分辨率不高,前置光学属于短焦系统,考虑光学结构简单,有利于加工和装调,因此采用离轴两反系统。虽然体积比同等参数下的离轴三反要大,但是焦距短、重量小。孔径光阑为虚拟光阑,在次镜右侧。

设计结果表明:视场离轴 $21.94°$,主镜和次镜面型均为扁球面,$k_1 = 6.014$,$k_2 = 0.172$。出瞳在像面前 224mm 处,由于系统尺寸很小,非远心度不大,满足后方 offner 光谱仪的瞳位匹配需求。从全视场点列图和光学传函来看,光学设计像质很好。但是两反系统存在畸变,狭缝弯曲达到 0.264mm。

3) 同轴三反系统

美国 OberView4 的 WarFighter-1 成像光谱仪和美国 TacSat-3 战术小卫星

超光谱系统的前置望远镜都是同轴三反光学系统,含有多个高光谱通道。设计要求:光谱覆盖450~5000nm;轨高500km,仪器空间分辨率为8m;探测器像元尺寸30μm×30μm。

设计分析:系统 F 数设为4,假设光谱仪放大倍率-1,则三反望远镜的 F 数可略小于4;空间分辨率为8m,则瞬时视场为16μrad,探测器像元尺寸为30μm×30μm,则三反望远镜的焦距为1875mm,望远镜口径500mm;视场角 $2w = 2\arctan(L/2H) = 2\arctan(16km/500km) = 1.83°$,按半视场0.92°设计,如图3-7所示。

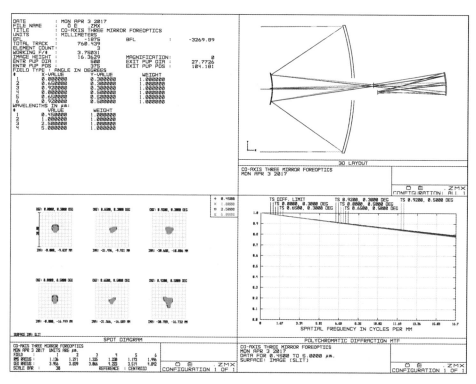

图3-7 同轴三反系统设计结果

孔径光阑置于主镜上,视场离轴设计,主镜和次镜同轴使用,三镜离轴使用。考虑到望远镜后方有多个光谱通道,视场设计为面视场,并且分离间隔不能过小,要有利于后方的光机布局。

设计结果表明:视场离轴0.3°和0.5°,主镜、次镜和三镜面型分别为椭球面、双曲面、椭球面,$k_1 = -0.943$,$k_2 = -1.825$,$k_3 = -0.488$。这种系统无法做到非远心设计,出瞳在像面前104mm处。从全视场点列图和光学传函来看,光学设计像质很好。但是同轴三反系统存在畸变,视场离轴 0.3°的狭缝弯曲达到 0.168mm,视场离轴 0.5°的狭缝弯曲达到 0.281mm。

4）离轴三反系统

设计案例参照美国 NASA 的 M3 成像光谱仪的指标要求。M3 采用全反射式光学结构,其前置光学是一个离轴三反望远镜,光谱仪采用 Offner 凸面光栅结构。工作谱段为 430~2500nm,光谱仪 F 数为 3.55,空间维探测器 600 元、像元尺寸为 27μm×27μm,瞬时视场 0.7mrad。其望远镜设计参数如表 3-3 所列。

表 3-3　M3 成像光谱仪望远系统参数与性能

焦　距	40.18mm
F 数	3.55
出瞳位置（近轴）	-2600mm
视场角（X 方向）	±12°
几何光斑尺寸（均方根值）	<2.1μm（所有视场）
狭缝图像的曲率（Y 方向）	0.31°

由于这个望远镜是短焦距长线视场离轴三反系统,要求出瞳位置在狭缝前 2600mm 处,接近远心,因此将孔径光阑设置在次镜上,再设定出瞳位置进行优化。

设计结果表明(图 3-8):视场离轴 14°,主镜、次镜和三镜面型分别为双曲面、接近于球面的椭球面和扁球面,$k_1 = -6.954$,$k_3 = 0.17$,$k_2 = -0.013$。出瞳在像面前 2600mm 处,满足后方 Offner 光谱仪的瞳位匹配需求。该系统设计中为兼顾像质和望远镜像方工作空间,并未进行消畸变设计。从全视场点列图和光学传函来看,光学设计像质很好,点列图 RMS 小于 2μm,传函接近衍射限;但是存在较大畸变,狭缝弯曲达到 0.222mm,相当于 0.31°。

用二次曲面或者高次非球面都无法兼顾畸变和准远心设计,尤其是畸变,一旦优先控制畸变,系统像质下降很快。对于上面这个设计案例,引进自由曲面进行畸变校正,同时保持出瞳位置。从全视场点列图和光学传函来看,光学设计像质几何像斑有所增大,但 RMS 变化很小,MTF 变化很小。畸变校正效果显著,狭缝弯曲不到 1μm,因此,自由曲面解决了瞳位和像质间设计矛盾。

5）离轴五反系统

该设计案例参照美国 Raytheoy 公司设计的 Landat 卫星成像光谱仪的指标要求。该系统是一个五反射式 RT 光谱仪的光学结构,其前置光学是一个离轴

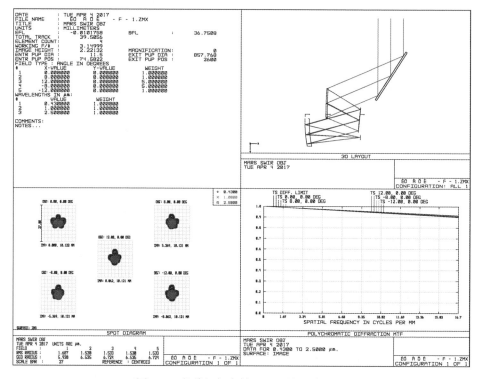

图 3-8　长线视场离轴三反系统设计结果

五反望远镜。工作谱段为 400~2500nm,太阳同步轨道高度 705km,地面采样距离为 30m,幅宽 185km。望远镜设计参数如表 3-4 所列。

表 3-4　Landat 卫星成像光谱仪望远系统参数与性能

孔　　径	1.2inch
有效焦距	3.6inch
F 数	3.0
沿扫描方向视场角	0.2°
垂直扫描方向视场角	36.0°
图像尺寸(空间)	2.25inch
场失真	<0.25%(全 FOV)
设计残留 WFE	0.07μm RMS

孔径光阑设置在次镜和三镜之间,出瞳为实出瞳,在距离像面前方一定位置,可以与 RT 光谱仪出瞳完好匹配,如图 3-9 所示。设计结果表明:全视场系统的波前 RMS 不高于 0.186 波长@632.8nm,平均波前 RMS 为 0.07 波长

@632.8nm。

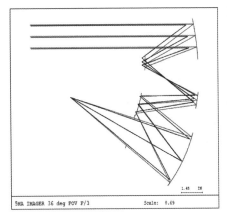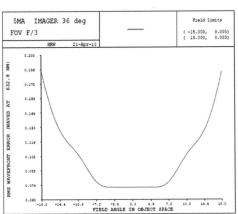

图 3-9　高分辨率离轴五反前置光学设计结果

3.2.2　光谱仪设计

1. 设计要求

光谱仪部分是成像光谱仪系统的核心。光谱仪部分的任务就是实现不同波长色光的分光,使得像面能够探测到目标在不同波长的像。通常,光谱仪部分设计目标要达到:

(1) 良好的像质和较高的空间分辨率。

(2) 平像场设计。

(3) 消畸变设计。

(4) 光瞳的良好匹配性。

(5) 消 smile 和 keystone 设计。

(6) 狭缝尺寸与探测器尺寸的良好匹配性。

(7) 较为宽松的与后方探测器系统对接的空间。

2. 常用光谱仪结构构型

常用的光谱仪结构主要有 6 种构型,即 CT(Czerny–Turner) 构型[52]、PGP(棱镜–光栅–棱镜) 构型[53]、Offner 型[54]、Dyson 构型[55]、Fery 棱镜构型[56]和RT(Reflective Triplet) 构型[57]。

1) CT 构型

由于平面光栅的制作工艺相较于曲面光栅而言更为成熟,技术上易于实现,因此基于平面光栅分光的成像光谱仪更为通用。其中,较为传统的是 CT 构型,在商用光谱仪和分光仪器中应用最为广泛。CT 构型光谱仪由狭缝、准直镜、平面反射光栅、会聚镜和探测器组成,它是由 Ebert-Fastie 构型发展而来。CT 构型用两块凹球面镜取代了 Ebert-Fastie 型的单一凹面镜,分别作为准直镜和会聚镜,两块凹球面镜同心,分光元件为平面反射光栅。这种构型简单,且球面镜加工装调方便。图 3-10 所示为交叉 CT(Crossed Czerny-Turner)构型,它是对水平 CT 构型做了一些变换,狭缝和像面接近垂直布局,但离轴角度变大。

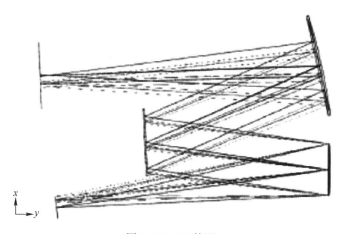

图 3-10　CT 构型

2) PGP 构型

1992 年,芬兰国立技术研究中心实验室报道了基于棱镜-光栅-棱镜(Prism-Grating-Prism,PGP)组合分光器件的成像光谱仪,并且于 1993 年首次应用于空中推帚光谱成像遥感实验[58]。90 年代后期,对此种光谱仪有了进一步的发展以及更广的应用,除了应用在空中成像光谱仪外,由于它具有直视性和结构紧凑等优点,还用于显微超光谱成像系统。我国海洋水色仪和"天宫"二号上的多角度偏振光谱仪也采用了 PGP 构型。

PGP 构型光谱仪是基于棱镜和光栅的一种光谱仪,其分光元件是采用了棱镜和光栅光谱弯曲相反互为补偿的原理而设计的,其主要色散元件为体位相光栅,光栅前后的棱镜作为光谱弯曲校正和光路光轴直视的补偿元件。如图 3-11 所示,PGP 光谱仪由狭缝、准直镜、PGP 分光器件、会聚镜和探测器组成。

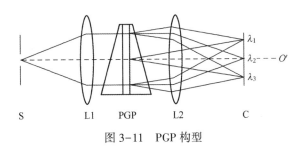

图 3-11　PGP 构型

3) Offner 构型

Offner 构型是由 Offner 反射中继系统演变而来。20 世纪 70 年代,Thevenon 首先建议用凸面衍射光栅代替 Offner 反射中继系统中的凸面反射镜,得到光谱 Offner 光谱仪。如图 3-12 所示,Offner 构型光谱仪由两个凹球面镜和一个凸面衍射光栅组成的三反射系统,系统孔径光阑位于凸反射镜上。O 为狭缝,I 为像面,C 为球心,G 为凸面衍射光栅。此光学系统属于同心系统,结构简单对称、固有像差小,可获得好的像质和高的分辨率。Offner 光谱仪由于具有固有初级像差小、适用光谱范围宽、相对孔径大、谱线弯曲和色畸变小等特点,在成像光谱仪中应用广泛。1995 年,意大利 Galileo Avionica 公司研制出了世界上第一台 Offner 型成像光谱仪(Visual and Infrared Mapping Spectrometer, VIMS)[59];2003 年,JPL 实验室为印度研制的 Offner 成像光谱仪 M3 发射升空。国内上海技术物理研究所和苏州大学等对该构型的光谱仪都有研究。

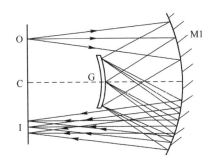

图 3-12　Offner 构型光谱仪

4) Dyson 构型

Dyson 构型由 Dyson 中继系统发展而来,它是由一个平凸透镜和一个凹面衍射光栅组成的折反射系统,系统孔径光阑位于凹反射镜上,平凸透镜的凸面曲率中心与凹面反射镜的曲率中心在同一点。该系统属于同心系统,在中心波长放大倍率为1:1,结构对称、固有像差小,可获得好的像质和大数值孔径,如图3-13所示。自从Mertz提出这种系统可以用来作为高光学效率的光谱仪,并且设计出了一个数值孔径为0.66(f/0.7)的系统以来,直到20世纪90年代,该系统才出现了空间应用,Mouroulis和Green将Dyson系统用到可见成像光谱仪中[60]。此外,由于Dyson构型光谱仪体积小,在热红外成像光谱仪中应用很有优势,JPL实验室在其QWEST和HyTES热红外成像光谱仪中均采用该构型的光谱仪,与量子阱探测器配合用。Dyson构型光谱仪的缺点在于它的工作距和后截距都非常小,往往需要做后截距增大设计[61]。

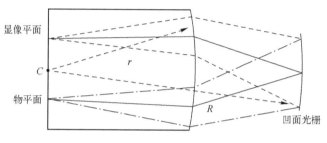

图3-13 Dyson构型光谱仪

5) Fery 棱镜构型

Fery棱镜构型光谱仪由德国人C. Fery首先提出,它与Offner构型相似,近似同心结构,次镜不再是光栅而是球面反射镜,结构紧凑、像质好、畸变小。Fery棱镜设计中也引入了罗兰圆概念,如图3-14所示,图(a)是单个球面反射镜的罗兰圆,C_1、C_2、C_3为球面反射镜在纸面上的圆弧的3点,D为球面反射镜的曲

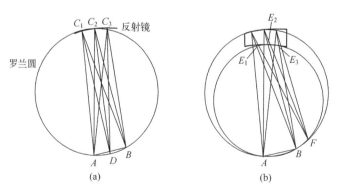

图3-14 Fery棱镜构型曲面棱镜的罗兰圆

(a)单个球面反射镜的罗兰圆;(b)单个曲面棱镜的罗兰圆。

率中心,则从 A 点发出的一束发散光经球面反射镜后会聚到 B 点,$\angle AC_1B = \angle AC_3B$,$\bigcirc C_2ADB$ 为罗兰圆。图(b)是单个曲面棱镜的罗兰圆,用一块曲面棱镜取代了图(a)的反射镜,曲面棱镜的前后两个面也是球面,其曲率中心为 A,从 A 点发出的光束经曲面棱镜的前表面后不偏折,经曲面棱镜背面反射后仍成像于点 B。后表面反射回的 3 条光线与前表面相交于 E_1、E_2、E_3,通过 ABE_2 做罗兰圆,与第一个罗兰圆类似,经前表面再次折射后聚焦到 F 点,则 $\angle BE_1F = \angle BE_3F$。由于在子午面(纸面)上的像点 A、聚焦点 F 与罗兰圆并不对称,因此,点 A 在弧矢面上的会聚点与 F 并不重合,与 Offner 构型像差校正相比,该构型存在一定的像散和部分慧差像差。

Fery 棱镜构型光谱仪航天成功应用实例为德国的 Enmap,在三反望远镜焦面附近通过视场分离器分为 VNIR 和 SWIR 通道,如图 3-15 所示[62]。在 VNIR 通道中,Offner 构型的 M1 和 M3 反射镜均用一块曲面棱镜替代,而在 SWIR 通道中为降低棱镜的光谱非线性,均用两块曲面棱镜替代,两块棱镜为石英和火石玻璃。

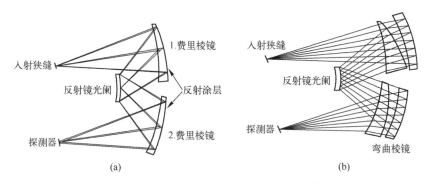

图 3-15　Enmap VNIR 和 SWIR 通道光谱仪

(a) VNIR 通道;(b) SWIR 通道。

6) RT 构型

RT 系统包括一个平面反射镜和一个往返复用的三反射镜系统,孔径光阑位于平面反射镜上。Cook 于 1993 年,用平面光栅或棱镜替换平面镜设计成了 RT 构型光谱仪,如图 3-16 所示。RT 构型光谱仪的特点在于:①较高的聚光能力,即有较大的相对孔径和较小的 F 数;②入瞳在光谱仪狭缝前方,即望远镜往往需要设计成实出瞳;③分光元件光栅或棱镜在准直光路中;④像质优良,且光谱畸变 smile 和 keystone 低;⑤相比于 Dyson 构型,有较为宽松的后工作空间,便于探测器布局;⑥全反射式,全谱段适用,光学效率较高,尤其在红外波段,且光学系统热适应性能好。

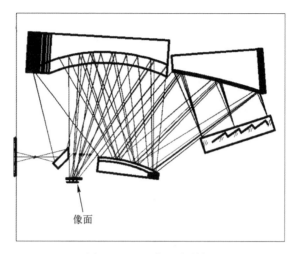

图 3-16　RT 构型光谱仪

雷声公司在美国 Landsat-7 卫星的成像光谱仪中采用该构型光谱仪。上海技术物理研究所在航空高分全谱段多模态成像光谱仪的热红外谱段也应用了该构型的光谱仪,在低温 100K 工作。

3.3　成像光谱仪光学设计评价

成像光谱仪是集成像和光谱探测为一体的系统,其光学设计要从空间成像质量和光谱特性两方面来评价,包括前置光学的像质评价和光谱仪系统的光谱特性评价。

像质评价是判断成像光学系统设计质量的重要手段。成像光谱仪光学设计阶段的像质评价方式主要包括[63]:波像差、点列图、能量集中度和光学传递函数。像质评价通常采用波像差、点列图和光学传递函数等指标,而光谱特性主要是指光谱畸变[64],另外由于成像光谱仪系统是由前置光学和后端光谱仪组合而成,因此也需要对光学设计中所涉及的畸变和光瞳匹配进行考虑。

3.3.1　波像差

对于成像质量理想的光学系统,其各种几何像差都为零,同一物点发出的光线经其成像会聚在同一理想像点。理想情况下,波面作为与光线垂直的曲面,是一个以物点为球心的球面[41]。但是,由于光学系统存在像差,如图3-17(b)所示,实际波面不再是球面而是有一定形状的曲面,它与理想波面之间会存在光程差。这种差异称为波像差,它可以用来衡量光学系统的成像质量[41]。波像差和几何像差之间存在一定的对应关系,可由几何像差算出波像差,也可由波像差求出几何像差。瑞利判据表明:波像差小于1/4波长,则实际光学系统可以认为是近似理想的。该判据是通用的评价高质量光学系统的经验判据。

图3-17(a)所示为光学设计软件中整个瞳面内的波像差分布,图(b)为整个波面的三维立体图。可见,波面是一个近似马鞍形曲面,则几何像差主要表现为像散。值得一提的是,波像差不能反映光学系统的畸变情况。

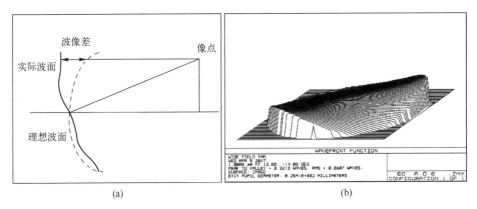

图 3-17　波像差示意图

波像差适合小像差光学系统的像质评价。对于高空间分辨率成像光谱仪的前置光学,一般结合波像差来评价像质。

3.3.2　点列图

来自同一物点的光线,经过光学系统后,由于光学系统的像差作用,不能聚集在同一点,而是弥散成一定大小和形状的弥散斑点。在光学设计软件中,用点列图查看弥散斑情况,用来判断光学系统的几何像差[65]。

如图3-18所示,在点列图界面设置的各视场的光斑信息有两个指标,即RMS半径和GEO半径。RMS半径是指30%能量集中的圆斑半径,GEO半径是指所有能量集中的圆斑半径。光斑形状与系统的几何像差相对应。成像光谱仪光学设计中,一般选用质心光线或者主光线为中心。前置光学可以参考一般望远镜的评价标准,对于中高分辨率系统尽量压缩到衍射光斑大小;光谱仪由于有像质和光谱特性双重要求,RMS 半径一般不超过 1/2~1/3 像元,GEO 半径尽量控制在像元以内。

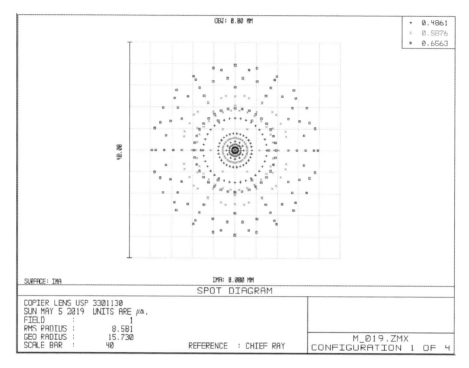

图 3-18　光学系统点列图

点列图适合大像差光学系统的像质评价,Zemax 设计软件中的点列图可以显示艾里斑,艾里斑半径为 $1.22\lambda F$,当系统的点列图都在艾里斑以内,说明像质接近衍射极限,此时用波像差评价像质更为合适。

3.3.3　光学传递函数

几何像差是在空域中分析光学系统的成像质量,而光学传递函数是在频域中描述光学系统的成像质量。光学传递函数能全面、定量地反映光学系统的衍射和像差所引起的综合效应,是最能充分反映光学系统实际成像质量的评价指标。

光学系统的作用是将物面的光场分布转换成像面上的光场分布。光学传递函数是基于理想光学系统符合线性和空间不变性的前提下,利用傅里叶分析法将物面上光场分布分解成各种空间频率的谱,即把物面上光场展开为傅里叶级数(物函数为周期函数)或傅里叶积分(物函数为非周期函数),对这种转化关系进行研究,分析光学系统对各种空间频率亮度成余弦分布的目标传递能力[66]。通常,高频反映对物体细节传递情况,中频反映对物体层次传递情况,低频反映对物体轮廓传递情况。

在光学设计软件中,光学传递函数一般用 MTF (Modulation Transfer Function)评价。成像光谱仪的光学系统设计,根据光电探测器的像元尺寸 p,计算奈奎斯特频率 $f_N = 1/2p$,根据奈奎斯特频率处的 MTF 值判断光学系统的像质。光电探测器的分辨率制约了仪器的分辨能力,光学设计要根据实际使用的探测器要求进行光学系统的像差校正。如图 3-19 所示,A、B 两条 MTF 曲线,若用 f_a 频率的探测器,则 A 曲线更好;若用 f_b 频率的探测器,则 B 曲线更好。一般要求光学系统在奈奎斯特频率处的 MTF 高于 0.4,且在奈奎斯特频率前的 MTF 尽量饱满。

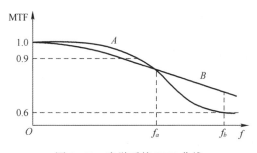

图 3-19　光学系统 MTF 曲线

3.3.4　畸变

这里的畸变评价主要针对前置光学系统,实际在成像光谱仪光学设计中,可将光谱仪的这类畸变在光谱畸变控制中也一并做约束和校正,其评价往往含在光谱畸变评价中。

畸变可认为是主光线的像差,是指不同视场的主光线经过光学系统后,与高斯像面的交点与理想的像高的差异[41]。理想的光学系统,其各视场的垂轴放大率是一个常数。但实际光学系统只在很小视场范围内垂轴放大率才不变,当视场变大时,垂轴放大率会变化,导致物像失去相似性,表现为畸变,它是视场的函数。

畸变分为正畸变及负畸变。正畸变,即枕形畸变,这种情况下放大倍率随视场的增大而增大,如图 3-20(a)所示;负畸变,即桶形畸变,这种情况下放大倍率随视场的增大而减小,如图 3-20(b)所示。

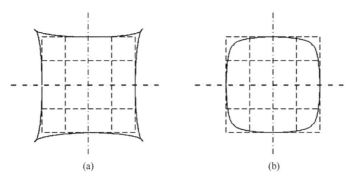

图 3-20 两种典型畸变表现形式

（a）枕形畸变;（b）桶形畸变。

为减小畸变标定工作量以及方便数据处理,成像光谱仪的前置光学一般也要进行畸变设计。需要注意的是,对于线视场使用的前置光学,其畸变评价需要注意是用线视场来分析计算的,往往需要在绩优函数中设定操作数来控制和观察。对于多视场拼接的仪器,需要尽量控制畸变以免图谱融合时影响空间和光谱精度。

3.3.5 光瞳匹配

严格而言,光瞳匹配程度不属于像质评价的范畴。但光瞳匹配度差,则独立完好成像的前置光学和光谱仪对接后,会出现周外视场像质恶化的情况。为方便起见,光瞳匹配也列入成像光谱仪像质评价里面,要求前置光学和光谱仪的光学设计评价中要考虑到光瞳匹配问题。

成像光谱仪的前置光学和光谱仪光瞳不匹配,系统光阑位置发生变化,光阑移位后对初级像差系数中的慧差、像散和畸变都有影响,从而造成像质恶化。此外,光瞳不匹配,还会导致轴外视场的边缘光线不能通过光谱仪最终到达探测器,而会产生渐晕,引入杂散光并且影响该视场的信噪比。

成像光谱仪由前置光学和光谱仪两个光学系统通过光瞳匹配组成,最简单的光瞳匹配方式是前置光学设计成像方远心系统,而光谱仪设计成物方远心系统。将前置光学和光谱仪设计成远心光学系统,既有利于成像光谱仪光学系统对接,也有利于在探测器和分光技术受限的情况下,通过视场分割进行后端光谱仪模块的对接实现大视场或宽幅设计。

如图 3-21(a)所示,物方远心系统是指各视场的物方主光线相互平行;如图 3-21(b)所示,像方远心系统是指各视场的像方主光线相互平行。

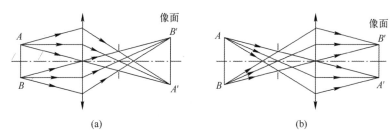

图 3-21　两种远心光路示意图

（a）物方远心；（b）像方远心。

有些前置光学和分光系统的光学结构理论上做不到像方远心或者物方远心设计,则需要根据先设计的光谱仪或者前置光学的光学系统的光瞳位置来约束后设计的前置光学或者光谱仪的光学系统,使得前置光学的出瞳在光谱仪的入瞳位置且口径和 F 数匹配,如图 3-22 所示。如果最终两者的光瞳还存在微量程度的不匹配,则需要注意增大前置光学或者光谱仪的有效通光口径。

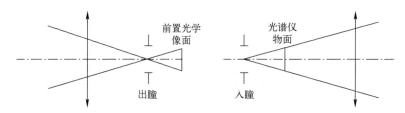

图 3-22　非远心光瞳匹配示意图

3.3.6　光谱特性

光谱畸变是评价成像光谱仪光学设计的重要内容之一。这种畸变主要包括两种,即光谱弯曲和空间畸变。光谱畸变通常都针对推帚式成像光谱仪。通常用绝对长度或者以探测器像元为单位来描述这两种畸变的大小。图 3-23 所示为光谱畸变示意图。

1. 光谱弯曲

光谱弯曲[67]是指直线目标单色像与直线的偏离程度。主要是由于分光器件对目标不同位置的色散率不一致造成的,随视场、波长而变化。光谱弯曲具体表现为单色光入射时,狭缝在探测器上成一条弯曲的谱线,通常也称为狭缝弯曲或者 Smile。推帚式成像光谱仪采用面阵探测器,像元按矩形栅格排列,光谱弯曲的存在会导致狭缝的单色像表现为弯曲形状,偏离了探测器上的直线

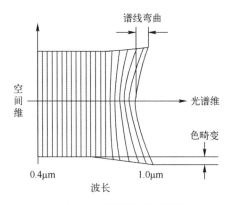

图 3-23　光谱畸变示意图

行,而成像在探测器的多行上。光谱弯曲影响每一个像元的光谱响应峰值位置,造成目标特征成分识别的误差。

2. 空间畸变

空间畸变是指成像目标的不同波长图像间像高的偏离程度,是光学系统对成像目标不同波长的放大倍率不一致造成的,随视场、波长而变化。空间畸变具体表现为复色光点。目标光线入射时,光谱像在探测器上不是直线的,通常也称为色畸变或者 Keystone。空间畸变的存在会导致狭缝处不同位置目标的光谱像表现为弯曲形状,偏离了探测器上的直线行,而成像在探测器的多行上。空间畸变影响每一个像元与目标的对应几何位置,造成目标特征成分识别的误差。

推帚式成像光谱仪,无论是设计还是装调,都难以完全消除光谱畸变。因此,在用户对获得的超光谱数据进行应用反演和数值分析之前,需要对仪器进行精确标定。基于定标数据,对每行上的图像数据进行重采样。

▶▶▶ 3.4　成像光谱仪光学仿真分析

由于成像光谱仪的光学设计结果通常只是描述了理想环境下光学组件的成像特性,而实际成像光谱仪的加工、装调以及运行时,受到加工和装调工艺,以及实际环境的影响,成像光谱仪的光学特性通常会低于设计值,因此在完成成像光谱仪的光学设计后,还需要对仪器进行光学仿真分析,以评估成像光谱仪的实际性能。成像光谱仪光学仿真分析主要包括公差分析、杂散光分析和环境适应性分析 3 个方面。以下将分别对这 3 个方面进行简要介绍。

3.4.1 公差分析

对于光学设计人员来说,除了要保证设计的系统指标达到设计要求以外,还需要考虑实际加工和装调与光学设计的结果之间存在一定的偏差。这种偏差的存在容易导致最终加工出来的系统指标会达不到设计要求。因此,设计人员需要合理地给出光学系统的各个结构参数,如曲率半径、厚度、间隔、偏心、材料折射率等的公差。公差给的合理与否直接关系到系统的质量和成本。

公差分析[38]主要是分析各个结构参数的公差对系统成像质量的影响,根据不同结构参数对系统成像质量影响的大小,对不同参数的公差进行分配。通常采用蒙特卡罗方法模拟生产和装配过程,对分配的公差进行检验。现在的光学设计软件中,已经包含了该部分功能,能够帮助设计人员快速、方便地进行公差分析和分配。

3.4.2 杂散光分析

在进行光学设计的时候,设计人员往往针对的是人们所希望的那部分光线进行优化设计,但在实际环境中,还存在着大量人们所不希望的光线,如机械结构的表面反射光、光学表面的多次反射光等。这部分光线经过光学系统后有可能照射到探测器上形成干扰,降低图像质量。因此,需要对系统进行杂散光分析[68],确定杂散光对像面的影响,必要时需要加入消杂光结构来抑制杂散光的影响。

由于杂散光除了与光学结构有关外,很大一部分来自于机械结构,因此进行杂散光分析时,需要将相应的机械结构一并进行分析。目前,常用的杂散光分析软件一般是通过对大量光线进行逐个的光线追迹,计算经过光学元件和机械结构表面的反射后,最终到达像面的光线的分布情况。

3.4.3 环境适应性分析

环境适应性分析主要针对成像光谱仪在实际工作时面临的环境因素对系统的影响。这些因素主要包括温度、湿度、机械振动、重力变化、结构应力释放、宇宙辐射等。对于机载成像光谱仪,一般主要考虑机械振动和温度变化。机械振动主要影响结构的稳定性。结构稳定性不足,轻则导致系统各零部件产生结构位移致使成像质量降低,重则导致结构坍塌,整个系统彻底失效。温度变化主要是影响光学元件的结构尺寸发生变化,降低成像质量,以及探测器暗噪声增大,降低图像信噪比。提高结构稳定性一般是通过对关键支撑部位进行加强,抑制温度变化一般是通过增加温控系统,这两种方式都会带来重量增加和结构复杂度增加。因此,当成像光谱仪设计完成以后需要借助于相关软件进行环境适应性分析,量化环境变化对成像质量的影响,根据分析结果进行相应的优化设计。

3.5 机载成像光谱仪光学系统设计案例

3.5.1 设计要求

下面以某成像光谱仪为例进行光学系统设计。项目总体技术指标分解到光学设计中的技术指标如表3-5所列。

表3-5 与光学相关的主要技术指标

项 目	指 标 参 数			
波段	可见近红外 (VNIR)	短波红外 (SWIR)	热红外(TIR)	
光谱范围/μm	0.4~1.0	1.0~2.5	8~10.5	10.5~12.5
视场角	40°			
光谱分辨率/nm	5	5	32	
波段数	256	512	64	4
瞬时视场/μrad	250	500	1000	1000

探测器指标如表3-6所列。

表3-6 探测器性能指标

	可见近红外	短波红外	热红外
像元尺寸/(μm×μm)	16×16	25×25	30×30
像元规模	2048×256	640×512	320×256

3.5.2 方案优选

1. 大视场方案

从表3-5中的系统技术指标要求可知,成像光谱仪的主要特点之一是大视场。表3-7中比较了两种大视场的实现方式:一种是用单一大视场方式,即由一个单机承担全部视场;二是 3 个小视场的单机完成整个视场拼接的方式。从像质校正、光谱性能以及探测器获取的角度考虑,采用 3 个单机视场拼接的方式既能保证拼接后的系统视场达到 40°,又便于实现较优的像质。

表 3-7　大视场方案比较

	单　　机	3 个单机
全视场/(°)	40	40
单机视场/(°)	40	14
像质	校正较难	校正较易
光谱弯曲及畸变	校正较难	校正较易
光谱仪光学排布	空间局促	空间较易排布
探测器规模最低需求: 可见近红外(0.25mrad) 短波红外(0.5mrad) 热红外(1mrad)	2792×256 1396×512 698×64	931×256 466×512 117×64

备注:瞬时视场可见近红外(0.25mrad),短波红外(0.5mrad),热红外(1mrad);波段数可见近红外(256),短波红外(512),热红外(8~10.5μm,64;10.5~12.5μm,4)。

2. 分光方案

分光组件是成像光谱仪系统中的关键组件,分光技术直接影响着整个成像光谱仪的性能、结构的复杂程度、重量和体积。综合考虑视场、光谱分辨率和空间分辨率的要求,根据分光技术性能特点、技术成熟度,以及对结构和平台的要求,可见短波 0.4~2.5μm 通道选用平面反射光栅棱镜组合(PG)分光技术。该技术具有以下优点:

(1)分光组件采用光栅棱镜组合,可获得线性色散光谱,也有利于校正光谱弯曲和色畸变。

(2)采用平面闪耀反射光栅,能得到较高的衍射效率,成本相对较低,获取渠道畅通。

(3)准直镜为单反结构,一定程度上有利于提高系统光学效率。

(4)系统结构紧凑,方便构型布局。

(5)对平台要求低,适用于大视场和精细分光的推帚式光谱成像系统。

热红外 8~12.5μm 通道选用平面反射光栅分光技术,结合 RT 三反,实现全反射式 RT 光谱仪设计。该技术具有以下优点:

(1)全反射式结构,热适应性能好。

(2)系统变量多,易于像差和光谱畸变校正,便于结构布局和探测器布局。

（3）采用平面闪耀反射光栅，能得到较高的衍射效率，成本相对较低，获取渠道畅通。

3. 系统方案

1）子视场模块布局方式

采用 3 个单机视场外拼接的方式实现全视场 40°的大视场，每个单机视场超过 14°，3 个单机在穿轨方向并排，中心单机视场垂直向下，左右两个单机对称地按一定角度倾斜排布在中心单机两侧。每个谱段的三视场拼接模块在沿轨方向排布（图 3-24）。

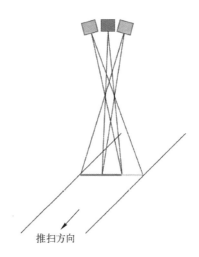

推扫方向

图 3-24　高光谱成像仪各子视场模块布局方式示意图

2）VNIR、SWIR 单机光学系统

从温度适应性和宽波段的角度考虑，物镜选用离轴三反射镜系统。光谱仪采用折反结构和棱镜光栅组合（PG）分光技术。每台单机中的 VNIR 及 SWIR 模块的光路图如图 3-25 所示。

3）TIR 单机光学系统

从降低背景辐射、实现成本和光谱仪制冷结构对接方便考虑，热红外物镜采用小巧紧凑的透射式结构。定性分析反射镜片在温度变化时无折射率变化，光学镜片、镜座和光学底板采用相同的材料，可以适合宽的温变范围。基于温度适应性考虑，同时在分光器件和探测器件获取渠道有限的情况下，可以采用二次三反+平面光栅（TP）结构，采用全铝光机镜基一体化方案。单机的光路图如图 3-26 所示。

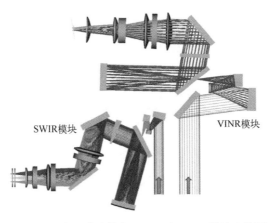

图 3-25　高光谱成像仪 VNIR 及 SWIR 模块光路图

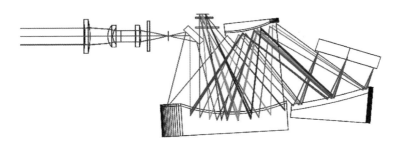

图 3-26　TIR 单机光学系统光路图

3.5.3　光学设计结果

1. VNIR 谱段

VNIR 谱段的主要技术参数与光学设计结果如表 3-8 所列。

表 3-8　VNIR 光学设计结果

光谱范围/nm	400~1000
单机视场/(°)	15
相邻单机安装交汇角度/(°)	2.5
瞬时视场/mrad	0.25
F 数	3.6
探测器/(μm×μm)	16×16, 2048(二合一)×256
波段数	256
狭缝/(mm×mm)	33.7×0.032
光谱分辨率/nm	≤5
系统光学传函	0.62 (@31.25pl/mm)
光谱仪变倍比	−1

续表

光谱仪结构	PG
光谱弯曲/μm	<3
光谱畸变/μm	<3
畸变/μm	<3

1) VNIR 望远物镜

物镜的设计遵循仪器轻小紧凑、与光谱仪光瞳匹配的原则,设计为离轴三反形式。主镜为标准 8 次偶非球面,次镜为凸椭球面,三镜为凹椭球面。设计过程中,除考虑结构排布是否相干扰外,为便于系统集成视场配准,尽量在设计上减低畸变。VNIR 望远物镜光学设计结果如图 3-27 所示。

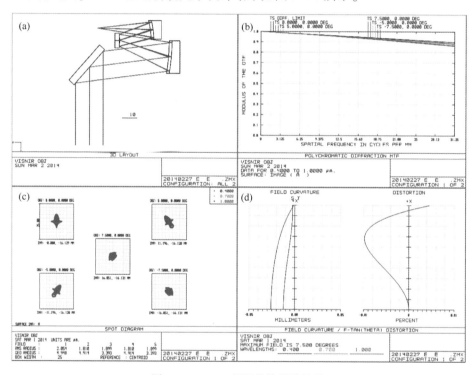

图 3-27　VNIR 望远物镜设计结果

(a) 光路图;(b) MTF 曲线;(c) 弥散斑图;(d) 畸变图。

离轴三反主光学的光学传函在 31.25pl/mm 处全视场高于 0.85,全视场内的弥散斑 RMS 半径在 2.5μm 以内,接近衍射极限。离轴三反主光学的畸变小于 0.1%,有利于控制成像光谱仪的系统畸变。

2）VNIR 光谱仪

　　光谱仪采用折反射式结构,准直镜为一块凹球面反射镜,会聚镜采用透镜组折反射式结构,通过转折镜优化结构排布;分光组件由棱镜和光栅组合而成,光谱呈线性;棱镜设计为直角棱镜,顶角作为变量用来校正光谱仪的光谱弯曲和光谱畸变;狭缝较长,像面倾斜有利于校正像质和优化光谱性能。棱镜的直角边与会聚镜坐标垂直,准直镜与会聚镜坐标平行,利于光学装调。VNIR 光谱仪设计结果如图 3-28 所示,光谱仪的光学传函在 31.25pl/mm 处全视场高于

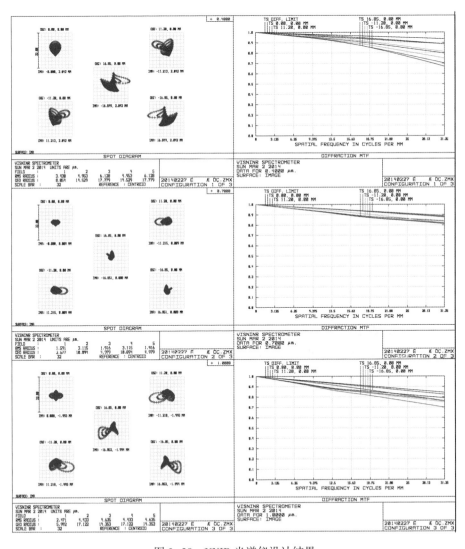

图 3-28　VNIR 光谱仪设计结果

0.66,全视场内的弥散斑 RMS 半径在 7μm 以内。光谱畸变 Smile 和 Keystone 如图 3-28 所示,均能控制在 1/10 像元以内。

3) VNIR 光学系统

VNIR 系统集成之后的设计结果如图 3-29 和图 3-30 所示。成像光谱仪的光学传函在 31.25pl/mm 处全视场高于 0.62,全视场内的弥散斑 RMS 半径在 7μm 以内。

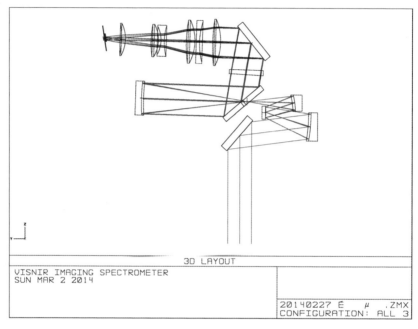

图 3-29　VNIR 系统光路图

2. SWIR 谱段

SWIR 谱段的主要技术参数与光学设计结果如表 3-9 所列。

表 3-9　SWIR 光学设计结果

光谱范围/nm	950~2500
单机视场/(°)	15
相邻单机安装交汇角度/(°)	2.5
瞬时视场/mrad	0.5
F 数	3.6
探测器/(μm×μm)	25×25,640×512
波段数	512
狭缝/(mm×mm)	12.8×0.025
光谱分辨率/nm	≤5

续表

系统光学传函	≥0.4(@ 20pl/mm)
光谱仪变倍比	−1
光谱仪结构	PG
光谱弯曲/μm	<3
光谱畸变/μm	<3
畸变/μm	<3

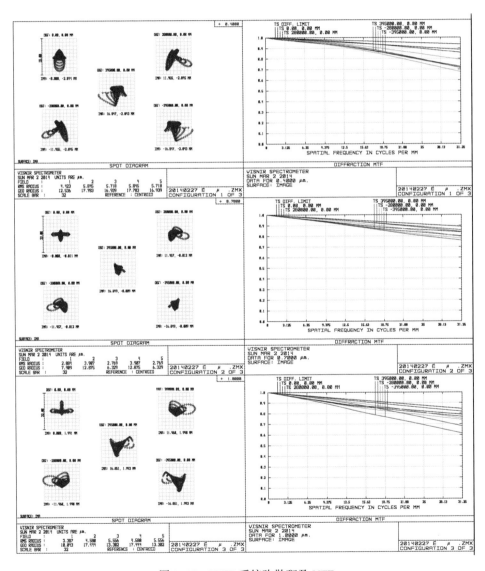

图 3-30　VNIR 系统弥散斑及 MTF

1）SWIR 望远物镜

SWIR 主光学为离轴三反系统,低畸变设计。主镜为标准 8 次偶非球面,次镜为凸椭球面,三镜为球面。由于三反尺寸较小,三镜采用球面。离轴三反主光学的光学传函在 20pl/mm 处全视场高于 0.82,全视场内的弥散斑 RMS 半径在 2.5μm 以内,接近衍射极限。离轴三反主光学的畸变小于 0.1%,有利于控制成像光谱仪的系统畸变。SWIR 望远物镜光学设计结果如图 3-31 所示。

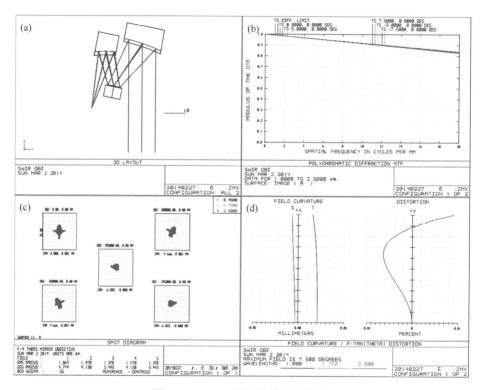

图 3-31　SWIR 望远物镜设计结果

(a) 光路图;(b) MTF 曲线;(c) 弥散斑图;(d) 畸变图。

2）SWIR 光谱仪

光谱仪的设计结果如图 3-32 所示,光学传函在 20pl/mm 处全视场高于 0.63,全视场内的弥散斑 RMS 半径在 7μm 以内。

光谱仪的光学传函在 31.25pl/mm 处全视场高于 0.66,全视场内的弥散斑 RMS 半径在 7μm 以内。

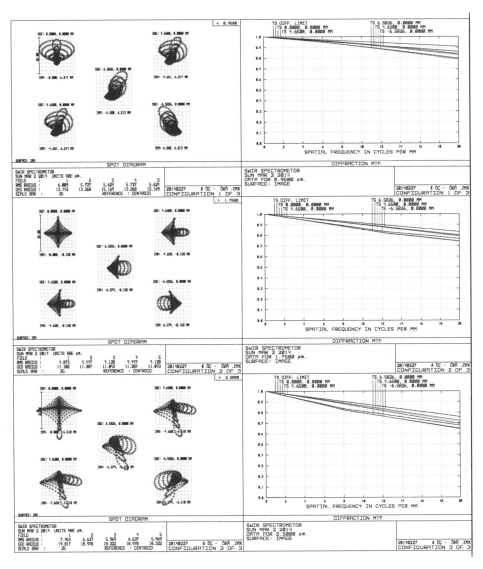

图 3-32　SWIR 光谱仪弥散斑及 MTF

3) SWIR 光学系统

SWIR 系统集成之后的设计结果如图 3-33 和图 3-34 所示。成像光谱仪的光学传函在 20pl/mm 处全视场高于 0.6,全视场内的弥散斑 RMS 半径在 8μm 以内。

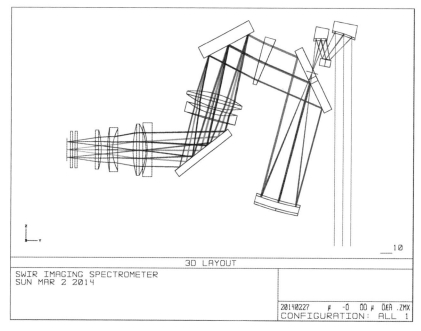

图 3-33　SWIR 系统光路图

3. TIR 谱段

TIR 谱段的主要技术参数与光学设计结果如表 3-10 所列。

表 3-10　TIR 光学设计结果

光谱范围/μm	8.0~12.5
单机视场/(°)	15
相邻单机安装交汇角度/(°)	2.5
瞬时视场/mrad	1
F 数	2.08
探测器/(μm×μm)	30×30,320×256
波段数	180
狭缝/(mm×mm)	7.5×0.03
光谱分辨率/nm	≤40
光学传函	0.38（@20pl/mm）
光谱仪变倍比	−1
光谱仪结构	PG
光谱弯曲/μm	<5
光谱畸变/μm	<5
畸变/μm	<5

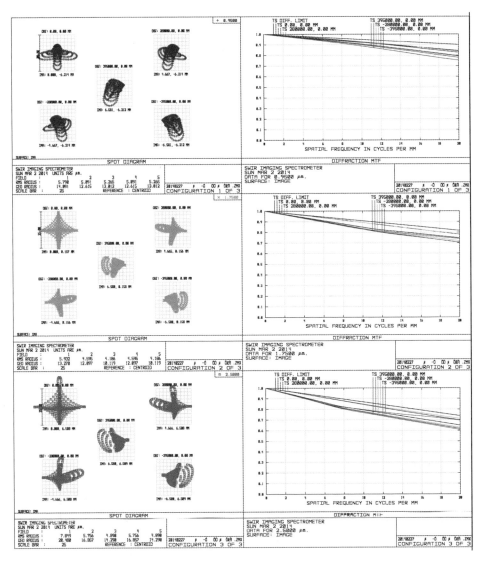

图 3-34　SWIR 系统弥散斑及 MTF

1）TIR 望远物镜

为便于与制冷光路集成,主光学采用透射镜组形式,低畸变设计。主光学的包含衍射效应的几何光学传函在 16.7pl/mm 处全视场高于 0.5,全视场内的弥散斑 RMS 半径在 4μm 以内。主光学的畸变小于 0.1%,有利于控制成像光谱仪的系统畸变。TIR 望远物镜光学设计结果如图 3-35 所示。

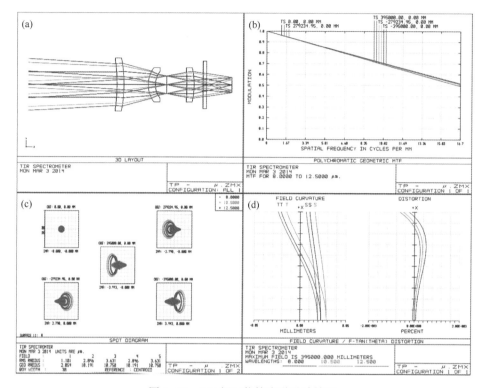

图 3-35　TIR 望远物镜光学设计结果

（a）光路图；（b）MTF 曲线；（c）弥散斑图；（d）畸变图。

2）TIR 光谱仪

热红外背景辐射严重,采用低温光学抑制背景;TIR 光谱仪采用二次用三反结构,减小光谱仪体积,减小背景辐射,减轻制冷负担;减小低温光学的热应力变形影响,选用相同材料的光机材料。光谱仪的设计结果如图 3-36 所示,8～10.5μm 包含衍射效应的几何光学传函在 20pl/mm 处全视场接近 0.5;10.5～12.5μm 是四波段多光谱,其包含衍射效应的全视场内的几何光学传函在 20pl/mm 处全视场接近 0.4。

3）TIR 光学系统

TIR 光学系统集成之后的设计结果如图 3-37 和图 3-38 所示。成像光谱仪的 8～10.5μm 包含衍射效应的几何光学传函在 16.7pl/mm 处全视场接近 0.5;10.5～12.5μm 是四波段多光谱,其包含衍射效应的全视场内的几何光学传函在 16.7pl/mm 处全视场接近 0.4。

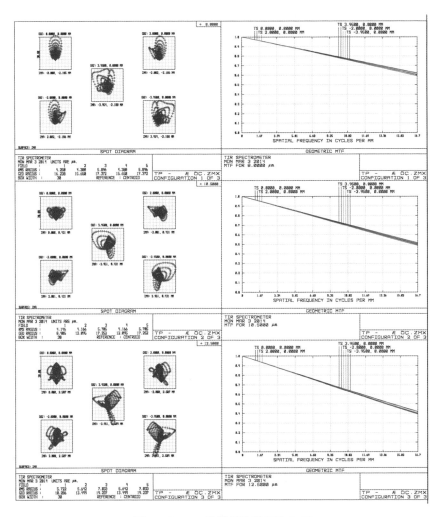

图 3-36　TIR 光谱仪弥散斑及 MTF

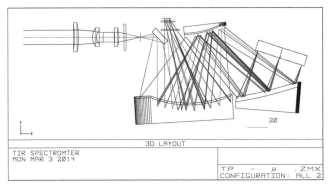

图 3-37　TIR 光学系统光路图

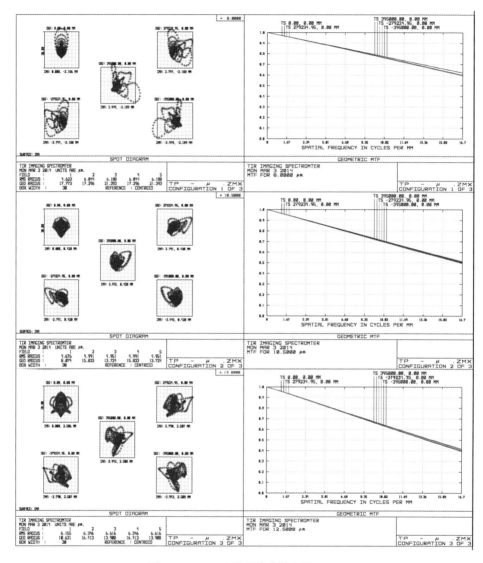

图 3-38　TIR 光学系统弥散斑及 MTF

第 4 章
机载成像光谱仪结构设计

机载成像光谱仪所处的工作与存储环境条件复杂,需要经历不同温度、湿度、压力与力学环境。为了保证可靠性及成像质量,要求光机结构自身设计合理,并与机载稳定平台具有合理的机械接口。本章从结构设计原则、结构分系统组成和平台接口设计 3 个部分对机载成像光谱仪的结构设计进行简要介绍。

4.1　结构设计原则

机载成像光谱仪的结构设计约束主要由任务书指标规定、载机平台、工作环境以及各个子系统的外包络尺寸等约束条件限制。由于机载成像光谱仪需要重复使用,每次使用都会经历飞机起降引起的振动和冲击,以及由高度变化引起的温度和压力变化。因此机载成像光谱仪光机结构有以下几个基本设计原则:

(1)具有优良的结构刚度。保证光学设施结构变形引起的光学元件面形精度和各元件之间相对位置变化不会超出由光学设计规定的允许值。

(2)具有优良的热稳定性。合理选择材料,使光学零件与支撑结构材料之间的线膨胀系数尽量匹配。

(3)在保证以上机械与热学特性的基础上,具有最小的质量,满足稳定平台承重需求。

(4)便于装配、检验。

4.2　结构分系统组成

根据总体方案规划,全谱段多模态成像光谱仪主要包括光学本体、电子学模块、控制机柜、稳定平台四大基本组成部分。光学本体部分分为 3 个模块，即紫外模块、可见短波模块和热红外模块。3 个模块相互独立，既可以一起搭载飞行，也可以根据任务需要选择单个模块独立进行遥感作业。此外，为了提高热红外谱段的观测性能，为热红外模块配备了低温光学设计。

每个模块均采用三拼形式，形成 40° 的视场，如图 4-1 所示。视场主要受稳定平台开口尺寸影响。通过合理布局与优化设计，沿轨方向依次分布热红外、紫外、可见及短波模块，视场无遮挡。可见三拼结构在穿轨方向位于平台开口处的视场最大，通过合理调整可见短波模块的高度，设计满足穿轨方向视场无遮挡，如图 4-2 所示。

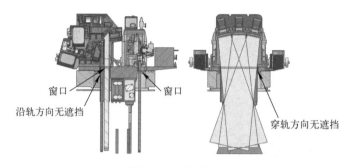

图 4-1　视场分布

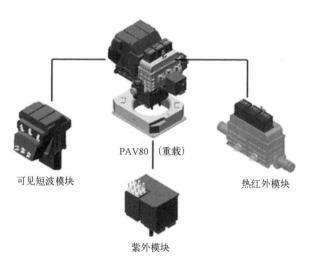

图 4-2　全谱段多模态成像光谱仪 3 个光学模块位置分布

4.2.1　紫外模块

紫外成像光谱仪光机头部包括光学箱体和成像电子学箱体两个模块。紫外成像光谱仪光机头部结构紧凑、布局合理,满足机载平台空间约束条件,满足光学、电子学安装要求,满足电子学走线要求,如图 4-3 所示。

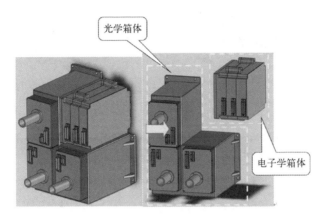

光学箱体

电子学箱体

图 4-3　紫外成像光谱仪光机头部构型图

成像电子学箱体安装在光学箱体外部,为保证紫外成像光谱仪光学系统工作的稳定性,成像电子学箱体与光学箱体隔热安装,光学箱体与飞机平台导热安装,平台热设计的温度范围为 5~20℃。

紫外成像光谱仪由 3 个构型相同的光学系统组成,结构设计在考虑总体空间约束的基础上,将 3 个光学系统集成在一个 L 形光学箱体上。反射镜镜架、光栅镜架安装在光学箱体底板上,狭缝及滤光片安装在光学箱体前端,探测器安装在线路盒背面,探测器前置驱动线路板安装在铜制盒体内并与光学箱体连接,前置镜筒与盒体的盖板相连,如图 4-4 所示。

光学箱体是光机头部的主承力结构,需具备一定的刚度和强度以保证整机工作的可靠性。探测器工作时需制冷,功耗较大,局部温度较高,要求箱体导热良好并具有较大的热容量。综合以上需求,光学箱体采用整体设计,箱体材料选用锻造铝合金 5A06,该合金不需要进行热处理提高材料力学性能,加工工艺成熟,加工变形量小,抗腐蚀性好。

光学箱体表面除热控要求外,还需对有搭接要求的安装面进行保护,其余表面采用黑色阳极化处理,表面辐射率≥0.85,表面杂光吸收率≥0.85。

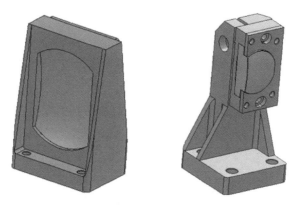

图 4-4 光谱仪内部光学镜架结构

根据环境试验条件,对光学箱体进行有限元分析,从力学分析结果看,光学箱体在各种试验条件下,所受最大应力<20MPa,而该材料的抗拉强度为340MPa[69],屈服强度为150MPa,能够满足结构裕度要求。

光学元件的安装采用支架式结构,便于光谱仪光路调试。镜架结构均设计了注胶孔。装配时镜片装入镜框,将注胶孔注满黑色硅胶后,将盖板与镜片之间灌注硅胶,安装固定,使盖板与镜片、镜架随着硅胶的固化成为一体。调试时以入射狭缝为装调基准,在光学箱体底板上依光路逐次进行光学调试,调试到理想状态后将螺钉固紧,并用黑色硅胶进行固封。

因为成像电子学箱体内部安装线路板为 CCD 驱动与通信线路板,需与光学箱体前端面的 CCD 前置驱动线路板保持较近的距离,所以将成像电子学箱体安装在光学箱体侧面,以满足引线距离要求。3 个独立成像电子学箱体垒叠在一起,通过一侧两个凸耳及另一侧两块连接板连接在一起,再通过加装箱体底板、隔热板、箱体盖板组成成像电子学箱体,如图 4-5 所示。

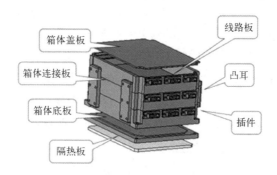

图 4-5 成像电子学箱体组成示意图

由于电子学箱体内部安装的数据采集与传输电路板功耗较高,为避免电子学箱体的温度剧烈变化对光学箱体的温度产生扰动,影响光学系统的稳定性,成像电子学箱体组件与光学箱体之间加装了 5mm 玻璃钢阻断两箱体之间的热量传导。

3 个独立的温控箱体,通过箱体侧面的四处凸耳垒叠连接成整体,再通过加装底板和盖板,构成紫外成像光谱仪温控箱体。温控箱体组件材料均选用 5A06 铝合金,除插件安装面及结构搭接面外,其余表面均进行黑色阳极化处理。

3 个独立的电源箱体,通过底板连接成一体,构成紫外成像光谱仪电源箱体,如图 4-6 所示。

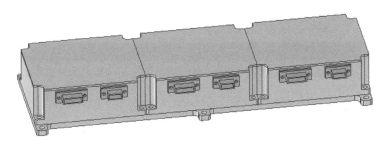

图 4-6　紫外成像光谱仪电源箱体

4.2.2　可见短波模块

可见短波模块由可见模块、短波模块、支架、保护罩及遮光罩组成,如图 4-7 所示。考虑到减重需求,在满足光学对结构稳定性要求的前提下,可见短波支架、保护罩、遮光罩材料选择碳纤维,如图 4-7 所示。

图 4-7　可见短波模块

可见模块与短波模块均采用3个单机通过一块拼接底板集成一体,然后分别固定于可见短波支架上,可见模块与短波模块如图4-8所示。

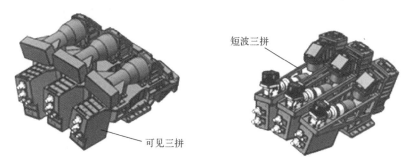

图4-8　可见短波三拼示意图

可见单机和短波单机如图4-9和图4-10所示,主要由望远镜、转折反射镜、准直镜、棱栅、会聚镜、探测器与电子学组件组成。以上组件单独光校完毕后,以模块形式光校固定于可见单机支架上。光学镜子结构支撑材料选择2A12,表面发黑处理。

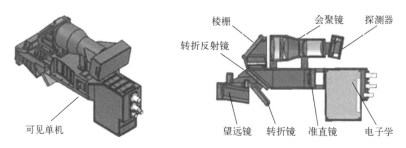

图4-9　可见单机结构示意图

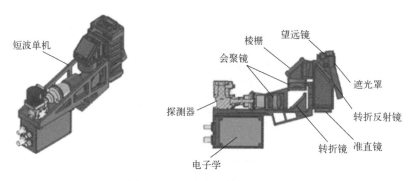

图4-10　短波单机结构示意图

4.2.3　热红外模块

热红外模块采用 3 个低温光学拼接成低温光学组件,置于低温真空冷箱中,由两台制冷机对光学组件进行制冷,探测器通过波纹管装配于冷箱外壁底部,减小不同海拔高度气压变化对探测器相对焦面位置的影响。图 4-11 和图 4-12 所示为外形和内部组件构成图。光学主体位于真空冷箱内,冷箱内表面镀金,光学组件外罩隔热屏,隔热屏与冷箱间包覆隔热多层。由制冷机对多层包裹的光学组件进行制冷,制冷机压缩机采用风扇散热。

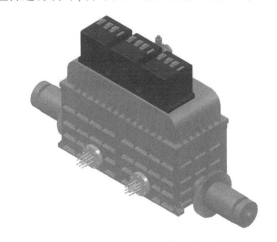

图 4-11　热红外单机整体包络示意图

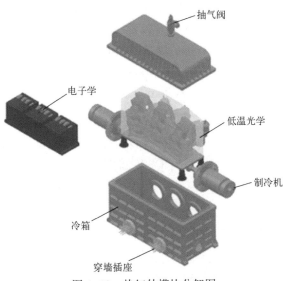

图 4-12　热红外模块分解图

4.2.4 低温光学模块

低温光学模块的主要部件是真空冷箱系统。真空冷箱是低温光学组件的载体,为低温的实现提供一个真空环境,用于减小气体导热与辐射换热。对真空冷箱的要求如下:

(1) 长时间的高真空维持。

(2) 内表面具备低发射率表面特性。

(3) 光学相关安装面微变形。

(4) 较轻的质量。

真空冷箱的真空维持主要受冷箱漏率与内部组件表面放气影响,为了使冷箱长时间处于高真空状态,一是冷箱壳体密封形式采用金属密封,二是采用活真空方式,在仪器工作期间,外接真空机组,对真空冷箱进行持续排气。同时,在真空箱体内部设置活性炭等吸气颗粒,增加对所放气体的吸除。

为了减少真空冷箱内表面发射率对辐射漏热的影响,真空冷箱内壁进行镀金处理,在降低放气率的同时,可以减小内壁的发射率。

仪器在地面光校时,真空冷箱外壁受到一个大气压的压力,引起真空冷箱壳体变形,虽然光校可以在变形后的低温下进行,但是仪器作业时,不同的海拔高度,大气压力存在变化,在高空 12000m 时,压力降为 20000Pa,约为地面压力的 1/5。因此,若冷箱壳体刚度较弱,则随着飞机飞行高度的不同,冷箱壳体变形存在着相应的变化。若光学相关组件安装在变化着的冷箱壁上,会对光学成像带来离焦,影响成像质量。所以,设计冷箱壳体时,对光学安装面进行加强设计,使其变形满足不同高度对成像质量的需求。

由于受稳定平台载重约束,整机重量要设计在 100kg 以内,常规的真空箱体不锈钢材料因密度较大,出于减重需求,在这里不能使用。钛合金(TC4)材料密度较小,强度高于不锈钢,且具有耐腐蚀性,故选其作为冷箱壳体材料。通过优化设计,使光学安装壁满足不同海拔高度对变形的要求,同时其他壁面按照强度校核理论进行轻量化设计。

热红外模块是一个小型真空系统,由真空箱体、抽气系统、制冷系统、加热控温系统、内部低温光学系统组成,如图 4-13 所示。

真空腔体用盒形壳体比筒形少,但盒形壳体内部可利用空间大,结合结构布局需求,真空冷箱壳体采用盒形结构。为了减轻冷箱重量,冷箱侧板本体厚

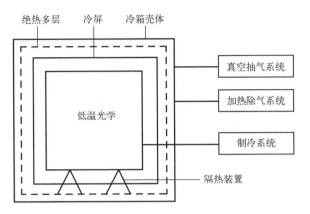

图 4-13　热红外真空系统

度设计为 4mm,外加加强筋。冷箱材料选择钛合金(TC4),在满足壳体强度校核的前提下,光学安装面提高刚度,其余面允许适当变形,总重 20kg。设计的冷箱壳体如图 4-14 所示。对冷箱进行有限元分析,最大变形为 0.48mm,位于顶盖中部。光学安装面位置变形为 0.024mm。最大应力为 108.6MPa,小于钛合金 827.3 MPa 的屈服极限,如图 4-15 所示。

图 4-14　真空冷箱壳体

为减少不同材质因膨胀系数不同带来的影响,低温光学组件光学镜体与其支撑采用同种材料(6061T6)加工装配,光学组件由 3 个独立分光组件拼接而成,如图 4-16 所示。拼接后的光学组件外罩冷屏,用隔热支撑安装于冷箱内部底板上。冷屏外部与冷箱内壁之间包覆绝热多层,减少辐射漏热。

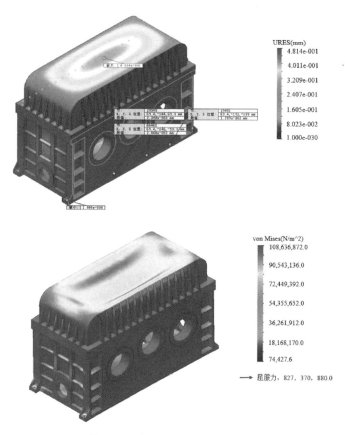

图 4-15　真空冷箱变形与应力分析

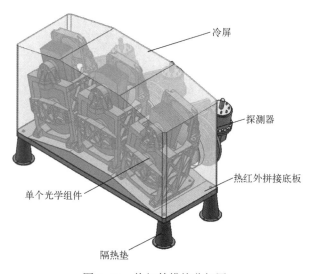

图 4-16　热红外模块分解图

4.2.5　电子学机箱模块

电子学机箱集成了光学主体与机柜之外的电子学,分别与光学主体及机柜之间用电缆连接。箱体设计充分考虑屏蔽、散热与轻量化设计,如图 4-17 所示。

图 4-17　电子学机箱

4.2.6　控制机柜模块

机柜中含有工控机、交换机、存储模块、电源模块。箱体设计充分考虑屏蔽、散热与轻量化设计,如图 4-18 所示。

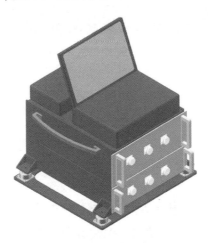

图 4-18　控制机柜

4.3 平台接口设计

4.3.1 典型飞机平台装机约束

考虑全谱段多模态成像光谱仪的作业主要针对大面积民用遥感,遥感平台主要是运-5、运-12、塞斯纳208、"新舟"60飞机。目前,国内大部分运-5[70]、运-12[71]、塞斯纳208飞机[72]均在飞机舱内开有光学遥感窗口,其开窗为非气密舱,光学窗口无玻璃,底部配有滑动门,可通过手动拉杆拉开或闭合,且一般适用于在开口上安装PAV30/PAV80稳定平台,能满足对电源、窗口、承载、姿态控制的使用要求。图4-19所示为运12飞机的对地航摄窗口。

图4-19 运12飞机开口尺寸

4.3.2 稳定平台适应性

考虑全谱段多模态成像光谱仪的外形尺寸和重量,选用Leica PAV80作为设备的稳定平台。

Leica PAV80稳定平台的主要技术参数如表4-1所列[73],其外形如图4-20所示。光机主体将通过48颗内六角M5螺钉固定安装于PAV80上。PAV80与飞机平台之间可采用4颗内六角M8~M10螺钉固定。

表 4-1　Leica PAV80 主要技术参数

技 术 指 标		技 术 特 性
稳定范围	横滚/(°)	−7~+7
	俯仰/(°)	−8~+6
	偏航/(°)	−30~+30
负荷质量/kg		65~100
控制接口		RS232
POS 接口		RS232
输入电压		22~30.3V DC
最大电压纹波允许		1.4Vpp(1~15kHz)
工作温度/℃		−20~+55
存储温度/℃		−40~+85
最大功耗 @ DC28V		平均:<50W;峰值:250W, <0.3s
最大电流		15A
外形尺寸/(mm×mm×mm)		673×532×167.5($L×W×H$)
质量/kg		36.9

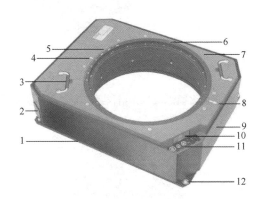

图 4-20　Leica PAV80 稳定平台

1—PAV80 底板;2—安装固定孔位区盖板;3—把手;4—偏航零位标志;5—偏航刻度;
6—传感器通用机械安装孔;7—外壳固定螺丝;8—标准安装时的飞行方向指示标志;
9—保护外壳;10—型号标签;11—接口面板;12—安装固定孔。

根据 PAV80 技术参数信息,Leica PAV80 稳定平台的负载质量为 65 ~ 100kg,因 PAV80 电动机驱动力矩为 PAV30 的 5 倍量级,PAV80 允许传感器具有一定的偏心而不需加配重。这里所研制的全谱段多模态成像光谱仪总质量小于 100kg,在俯仰与侧滚方向相对平台旋转中心进行配平,质心相对平台旋转中心虽有一定偏离,根据调研资料,全谱段多模态成像光谱仪整机对PAV80平台仍具有一定的适应性。

4.3.3 安装接口设计

全谱段多模态成像光谱仪系统与飞机平台之间的安装主要是通过转接板+螺钉来实现。光学主体通过螺钉安装在PAV80稳定平台上,PAV80稳定平台再通过安装基板由螺钉与飞机机舱内底板固定。控制机柜安装在减震垫上,通过螺钉与飞机机舱内底板固定,如图4-21、图4-22所示。

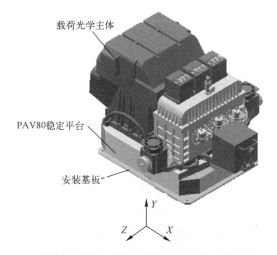

图4-21　全谱段多模态成像光谱仪系统光学主体安装示意图

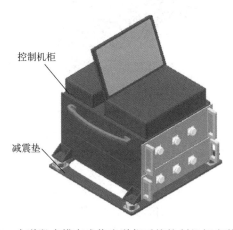

图4-22　全谱段多模态成像光谱仪系统控制机柜安装示意图

第 5 章
机载成像光谱仪电控系统设计

机载成像光谱仪的电控系统相当于机载成像光谱仪的大脑,控制成像光谱仪的相机自检、探测器驱动、各模块工作时序协调、数据采集、数据存储和平台姿态等关键步骤,是机载成像光谱仪能够完成遥感作业的核心。本章主要介绍机载成像光谱仪电控系统的组成,以及有关成像信号的采集部分的设计。

5.1 电控系统组成

机载成像光谱仪的电控系统主要包括以下部分:相机控制系统、稳定平台控制系统、高精度定位定向系统和数据采集系统,如图 5–1 所示。

相机控制系统是电控系统的核心组件,控制着成像探测器将光学系统收集的目标光信息转换成电信号。相机控制系统设计的好坏,直接决定了机载成像光谱仪的成像质量。

稳定平台控制系统负责控制机载成像光谱仪在工作过程中的姿态始终维持在设定的范围内,以降低飞行时载机平台的机体振动造成的成像光谱仪视轴指向飘移。

高精度定位定向系统负责记录飞行过程中系统的 GPS 坐标、速度、横滚角、俯仰角、偏流角等外方位元素数据,是遥感图像几何校正与拼接的关键。

数据采集系统是机载成像光谱仪采集信息的载体,主要实现高光谱数据的传输、存储、显示。

机载成像光谱仪在工作时,由相机控制系统对各个相机模块发出控制指令,完成对相机的上电、参数设置、制冷机上电等操作。RS422 串行通信及秒脉冲同步信号以总线的方式传输,各相机也将状态信息反馈至相机控制系统。各

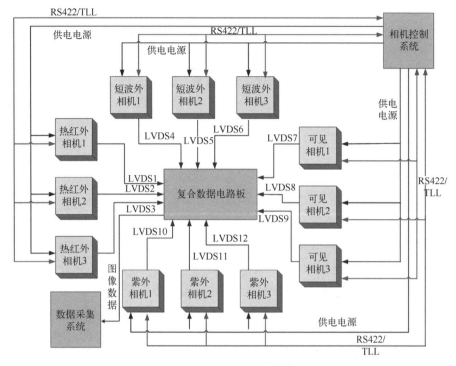

图 5-1　机载成像光谱仪电控系统

相机的图像数据通过 LVDS 线输出至数据采集系统的复合数据电路板中进行数据整合。数据采集系统将整合后的数据经高速光纤传输至数据存储器中,并完成数据显示回放。稳定平台控制系统和高精度定位定向系统一般直接采用商业设备,作为独立模块工作。

5.2　相机控制系统设计

对于机载成像光谱仪而言,探测器信号的处理是电子学的关键部分。探测器与信号处理电路是成像光谱仪电子学系统的最前端,探测器的信号处理技术主要包括探测器的驱动、读出以及前置放大电路。根据机载成像光谱仪的原理,分为光机扫描型和推帚式成像光谱仪两类,其中光机扫描型成像光谱仪一般选用线列探测器或单元探测器,而推帚式成像光谱仪则采用面阵 CCD 或红外焦平面探测器。下面就两种类型成像光谱仪分别介绍探测器前置放大器与信号处理技术。

5.2.1　光机扫描型成像光谱仪信号处理技术

1. 光导型探测器前置放大器

光导型探测器[74-75]经常被用作光机扫描型成像光谱仪的红外波段探测器。通过掺杂工艺,光导型探测器具有一定的电导率。在没有光辐照的条件下,给光导探测器加上一个偏置电压,回路中将产生一个电流,该电流被称为暗电流。当光导探测器接受光辐照,并且入射光辐照的波长足够短,光子能量大于禁带能量时,光导探测器中将激发出光生载流子,在偏置电压的作用下,回路的电流增加。电流中的光电流信号是由于探测器接受光辐照而产生的,通常情况下,光电流比探测器的暗电流要小得多,大约在千分之几量级。从相对很大的暗电流中提取出小信号光电流是前置放大器的主要任务。

光导型探测器的前置放大器[76-78]可以分为两类:一类是电压模放大器(Voltage Mode Amplifiers);另一类是电流模放大器(Current Mode Amplifiers)或称为跨导放大器(Transimpe Dance Amplifiers)。基本的跨导放大器如图 5-2 所示。运算放大器的同相输入端通过电阻 R_{gnd1} 与地相接,从而减小放大器的直流偏置。探测器 R_{det} 一端接偏置电压 V_{bias},另一端与运算放大器虚地的反相端短接,因此通过探测器的电流可以表示为

$$I = \frac{V_{bias}}{R_{det}} \qquad (5-1)$$

电流通过放大器的反馈电阻 R_f,电路的输出电压为

$$V_{out} = -\frac{R_f}{R_{det}} \cdot V_{bias} \qquad (5-2)$$

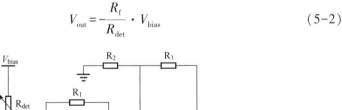
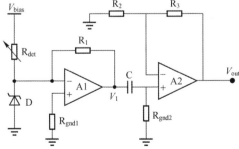

图 5-2　光导探测器交流耦合跨导放大器

电路增加击穿电压约 1V 的齐纳二极管 D 的目的是为了保护运算放大器,

因为光导型探测器的响应率是探测器材料内部电场的函数,并且每种探测器都有最佳的偏置电压。许多探测器为了获得最佳性能,都需要一个较大的偏置电压。运算放大器的反相输入端通常处于虚地状态,如果反馈电阻出现失效或管脚虚焊,此时,探测器偏置电压 V_{bias} 直接加在放大器的反相输入端,很容易造成放大器损坏。如果探测器的偏置电压小于运算放大器的最大允许输入电压,则齐纳二极管 D 可以不用。

原理上,可以采用减法器直接减去暗电流,提取光电流。定义探测器暗电阻为 R_{dark},暗电流可以表达为

$$I_{dark} = \frac{V_{bias}}{R_{dark}} \tag{5-3}$$

由于回路的总电流可以表达为

$$I_{total} = I_{signal} + I_{dark} \tag{5-4}$$

总电流与暗电流的差即为光电流。但由于暗电阻 R_{dark} 与探测器的工作温度密切相关,入射光辐射使价带电子被激发到导带以及探测器工作温度发生小的变化都会引起暗电流的涨落,这种涨落,往往能够淹没光生电流。为了避免这种问题,探测器的工作温度一般要求控制精度达到 0.01℃ 或更好的水平。但通常情况下,这样的控制精度是很难做到的。最常用的方法是将入射辐射调制到一个特定的频率,以利于信号的提取,这样光生信号也被调制到了相同的频率,而缓慢变化的暗电流仍然近似于直流信号。通常在探测器增加一个机械斩波器。

跨导放大器与探测器是直流耦合的,因此需要再引入交流耦合环节。第一级放大器输出信号包含暗电流信号和光生电流信号,输出的信号与探测器电阻 R_{det} 成反比例关系,与入射的辐照度呈线性关系(式(5-5))。第一级与第二级之间通过隔直电容交流耦合。必须注意,第一级放大器的增益必须足够小,以确保放大器不饱和。

$$R_{det} = R_{dark} - cH \tag{5-5}$$

式中:R_{dark} 为探测器不受光辐照情况下的电阻值;c 为与探测器面积相关的常数;H 为辐照度。

探测器接受的光功率可以表示为

$$P_{det} = A_{det} \cdot H \tag{5-6}$$

式中:A_{det} 为探测器的光敏面积。

由于 $R_{dark} \gg cH$,故

$$V_{1out} = -\frac{R_1}{R_{dark}}\left(1+\frac{cH}{R_{dark}}\right) \cdot V_{bias} \tag{5-7}$$

可以推出第二级放大器的增益为

$$G_2 = \frac{(R_2+R_3)R_{gnd}}{R_2\sqrt{R_{gnd2}^2+(2\pi fC_{input})^{-2}}} \tag{5-8}$$

选择合适的元件参数,令 $R_{gnd2}\gg(2\pi fC_{input})^{-1}$,则第二级放大器增益变为

$$G_2 = \frac{R_2+R_3}{R_2} \tag{5-9}$$

只有第一级放大器输出的交流成分被第二级放大器处理,因此第二级放大器的输出为

$$V_{2out} = -\frac{R_1}{R_{dark}^2} \cdot \frac{R_2+R_3}{R_2}cH \cdot V_{bias} \tag{5-10}$$

提取出来的光生信号 V_{2out} 可以经后续滤波、调理、A/D 放大。与电流模放大器相比,电压模放大器的优点是可以只用一级放大器。如图 5-3 所示,探测器电阻 R_{det} 与电阻 R_{load} 串联,在偏置电压的作用下,通过探测器的电流为

$$I = \frac{V_{bias}}{R_{det}+R_{load}} \tag{5-11}$$

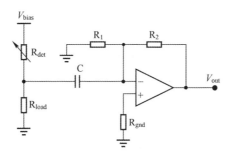

图 5-3 电压模交流耦合前置放大器

电阻 R_{load} 两端的电压为

$$V_{load} = \frac{V_{bias}R_{load}}{R_{det}+R_{load}} \tag{5-12}$$

V_{load} 被交流耦合到运算放大器的同相端,如果所选元器件参数满足:

$$R_{gnd}\gg R_{load}, \quad R_{gnd}\gg[2\pi fC_{input}]^{-1} \tag{5-13}$$

放大器的增益将近似与信号频率无关,即

$$V_{\text{out}} = \frac{R_{\text{load}}}{(R_{\text{dark}}+R_{\text{load}})^2} \cdot \frac{R_1+R_2}{R_1} \cdot cH \cdot V_{\text{bias}} \tag{5-14}$$

可以看出,当 $R_{\text{load}}=R_{\text{dark}}$ 时,信号 V_{out} 最大。电流模放大器和电压模放大器两种放大器具有相同的性能。电压模放大器只需要一级放大器,而电流模放大器却需要两级放大器,但两级放大器可以更好地进行噪声抑制,并且跨导电流模探测具有更好的边界性能。采用哪种前置放大器取决于具体的应用。表5-1所列为上海技术物理研究所研制的中波红外碲镉汞光导探测器的性能。

表5-1 中波20元MCT红外探测器性能参数

项　目	参　数
工作波长	$3.5\sim3.9\mu m$
波段探测率	$D^*_{\Delta\lambda}\geqslant2.2\times10^{11}\,\text{cm}\cdot\text{Hz}^{1/2}\cdot\text{W}^{-1}$
工作温度	$85\sim95K$
焦耳热	$\leqslant20mW$
输出噪声	$\geqslant5nV/Hz^{1/2}$
响应率均匀性	$\geqslant\pm10\%$
光敏元间串音	$\leqslant5\%$
通道间不平行度	$\leqslant1°$
最大入射功率	$1.5\times10^{-8}W$

探测器前置放大器包括探测器桥路与仪用差分放大器INA163,如图5-4所示。差动放大器输出为

$$V_{\text{out}} = AV_{\text{in}} = A(V_A-V_B) = AV_b\left(\frac{R_{\text{MCT}}}{R_{\text{MCT}}+R_2}-\frac{R_3}{R_1+R_3}\right) \tag{5-15}$$

式中:A 为放大器的电压放大倍数;R_{MCT} 为光导碲镉汞探测器的低温电阻。

在桥路平衡的条件下,有

$$R_1=R_2\gg R_{\text{MCT}}, \quad R_{\text{MCT}}\approx R_3 \tag{5-16}$$

因此放大器的输出表达式为

$$V_{\text{out}} = AV_b\left(\frac{R_{\text{MCT}}}{R_{\text{MCT}}+R_2}\right) = AI_b\Delta R_{\text{MCT}} \tag{5-17}$$

式中:I_b 为探测器的偏流,偏流的选取主要考虑探测器的最佳工作条件。

放大器电压放大倍数的选择主要考虑在探测器工作温度漂移的情况下放大器仍然需有足够的动态范围。由于制冷机的制冷温度在后期会有一定的升

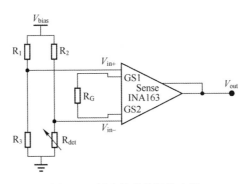

图 5-4 桥路差分前置放大器

高,使桥路失衡,形成固定直流电平输入放大器的输入端,因此必须保证在这种条件下的直流放大器在整个动态范围内不致饱和,所以该前置放大器的增益不宜过大。为了降低后级放大器对整个电路的噪声贡献,希望放大器放大倍数的设置将综合考虑上述因素。

2. 光伏型探测器前置放大器

光伏型探测器的基本部分是一个 P-N 结二极管,波长比截止波长短的光辐射被光二极管吸收后产生电子-空穴对,引起 P-N 结两端出现开路电压[79]。光伏型探测器响应速度一般较光电导探测器快,有利于做高速检测。它既可用于直接探测也可用于外差接收,而且其结构有利于排列成两维面阵。

常见的光伏探测器有 Si 光电二极管、P-I-N Si 光电二极管、雪崩光电二极管(APD)、肖特基势垒光电二极管、HgCdTe 光电二极管、光子牵引探测器以及光电三极管等。

图 5-5 所示为光二极管的伏—安特性曲线,在没有光辐射时,伏—安特性曲线通过原点。当入射波长小于截止波长的光辐射时,由于光生伏特效应,P-N 结两端产生光电压,曲线向下偏移。电流为 0 时的电压称为开路电压 V_{oc},电压为 0 时的电流称为短路电流 I_{sc}。

光二极管前置放大器可以采用电流放大器(图 5-6(a))。从原理上讲,光二极管可以工作在短路条件下。为了获得较好的性能,通常给光二极管加一个参考电压 V_{ref}。短路电流正比于入射的辐照度,即

$$I_{sc} = RA_{det}H \tag{5-18}$$

式中:R 为探测器响应率(A/W);A_{det} 为光敏面大小(cm^2);H 为辐照度(W/cm^2)。

探测器总电流等于光生电流与参考电压产生的暗电流之和,即

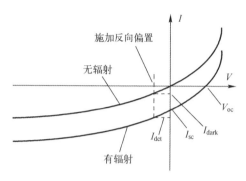

图 5-5　光二极管 $V-I$ 特性曲线

$$I_{det} = I_{sc} + I_{dark} \tag{5-19}$$

运算放大器的输出正比于探测器电流,有

$$V_{out} = RA_{det}HR_f + I_{dark}R_f + V_{ref} \tag{5-20}$$

式中:R_f 为运算放大器的反馈电阻。

如果不加反向偏置电压 V_{ref},显然暗电流 $I_{dark} = 0$。

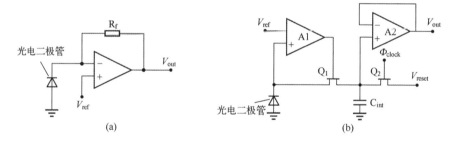

图 5-6　光二极管前置放大器

（a）电流放大器;（b）积分型集成前置放大器。

前置放大电路的噪声通常包括三部分,即入射光辐射扰动、探测器噪声和电子学噪声。宽禁带探测器的噪声通常可以忽略,而对于窄禁带红外探测器往往不能忽略。在入射辐射较强的情况下,电子学噪声往往相对较小。当探测器噪声和电子学噪声都较小时,总噪声只有入射光辐射扰动噪声,称为背景限。不考虑暗电流,探测器噪声随着探测器阻抗增加而减小。给探测器加一个偏置参考电压 V_{ref},光二极管的伏—安特性曲线斜率减小(图 5-5),探测器动态阻抗增加,而此时暗电流散粒噪声也增加。当阻抗增加产生的噪声抑制作用与暗电流散粒噪声相当时,放大器的噪声水平最佳。当这两种噪声的叠加仍然比入射光辐射的光子噪声小时,就可以认为获得了背景噪声限性能。

禁带减小、探测器噪声增加。在探测器截止波长小于 $5\mu m$，并且入射能量足够时，可以忽略探测器噪声。图 5-6(a) 中的运算放大器同相端可以接地。而对于 $10\mu m$ 或更长波长应用，通常需要设置一个 $1\sim50mV$ 量级的偏置参考电压。

背景限性能还能通过电容对探测器电流进行积分，并对结果进行采样来获得。如图 5-6(b) 所示。电容 C_{int} 通过开关管 Q_2 被一个较高的偏置电压 V_{reset} 复位。晶体管 Q_1 控制探测器的电流通断。运算放大器 A_1 保持探测器工作在反向偏置电压 V_{ref}。当 Q_2 管开路时，光二极管工作电流在电容 C_{int} 上积分。积分时间由时钟 ϕ_{clock} 决定，当 ϕ_{clock} 闭合晶体管 Q_2 时，电容 C_{int} 复位；当 Q_2 开路，电容 C_{int} 重新积分。电压跟随器 A_2 读出电容上的积分电压，该电压信号通常会在电容 C_{int} 复位之前被采样保持芯片保持住。因为电容 C_{int} 被探测器电容放电，因此放大器 A_2 输出 V_{out} 与光二极管接受的光辐照能量呈线性关系。噪声与电容 C_{int} 积分信号的平方根呈线性关系，因此尽可能延长积分时间是提高信噪比的途径之一。

S4111-46Q 是日本 Hamamatsu 公司生产的线列光伏型探测器，常用于可见近红外的光谱探测器，其主要性能参数如表 5-2 所列。图 5-7(a) 所示为探测器外形结构。该探测器由 46 元光二极管构成，探测器前置放大器如图 5-7(b) 所示。46 路集成电流前置放大器的输出由多路开关并-串转换为一路进行处理。

表 5-2　S4111-46Q 探测器性能参数

项　　目	参　　数
工作光谱范围/nm	190～1000
峰值相应波长/nm	800
像元数	46
光敏元大小/(mm×mm)	4.4×0.9
灵敏度/nm	0.08A/W@200
	0.43A/W@633
	0.50A/W@800
最大反向偏压/V	$V_R = 16$
最大暗电流	$I_D = 60pA @ V_R = 10mV$
	$I_D = 300pA @ V_R = 10V$
噪声等效功率	$2.5\times10^{-15}W/Hz^{1/2} @ V_R = 10mV$
	$8.0\times10^{-15}W/Hz^{1/2} @ V_R = 10V$

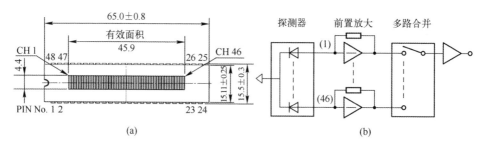

图 5-7　线列光伏型探测器

（a）探测器外形结构；（b）探测器前置放大器。

5.2.2　推帚式成像光谱仪信号处理技术

与光机扫描型成像光谱仪不同,推帚式成像光谱仪一般采用面阵探测器作为光电探测器件。面阵探测器利用探测器自身的二维结构完成几何成像,因此又被称为固态成像器件。固态成像器件有很多种,例如:电荷耦合器件(CCD)、电荷注入器件(CID)、电荷耦合光电二极管器件(CCPD)、自扫描光电二极管阵列(Self-Scanned Photodiode Arrays)、电荷扫描器件(CSD)、红外焦平面组件等。它们的主要区别在于读出电路及读出电路与光敏元的耦合方式。在机载推帚式成像光谱仪设备中最常用的是 CCD 面阵探测器、红外焦平面组件。

从探测器光敏元的本质上讲,CCD 探测器和红外焦平面组件均属于光伏型探测器。CCD 探测器的读出电路是电荷耦合器件(CCD)与光伏探测器光二极管直接耦合,红外焦平面组件通常是光二极管通过铟柱焊接工艺与 CMOS 读出电路进行耦合。在推帚式成像光谱仪系统设计中,探测器应用与信号处理关键要解决的是探测器的驱动和信息获取电路的设计,下面分别介绍 CCD 探测器和红外焦平面组件驱动与信号处理技术。

1. CCD 探测器信号与噪声模型

采用硅工艺的 CCD 探测器主要工作在 400～1000nm 光谱范围,面阵 CCD 探测器是可见近红外推帚式成像光谱仪的常用光电探测元件。下面首先研究 CCD 探测器的信号与噪声模型。

聚焦成像的辐射度幅值与光谱分量基于探测器设计和系统工作参数。足够小的太阳辐照景物,在不考虑主动发射时,景物光谱辐射度 $R_S(x,y,\lambda)$ 为

$$R_S(x,y,\lambda)=(1/\pi)\left[T_A^{\text{down}}(\lambda)I_S^{\text{exo}}(\lambda)\rho(x,y,\lambda)+I_A^{\text{diffuse}}(\lambda)\rho(x,y,\lambda)\right]$$

$$(5-21)$$

式中:$T_A^{down}(\lambda)$ 为大气层外太阳光谱辐照度;$I_S^{exo}(\lambda)$ 为通过地球大气层到达地面的光谱透过率;$\rho(x,y,\lambda)$ 为空间变化的景物光谱反射率(假设为朗伯反射体);$I_A^{diffuse}(\lambda)$ 为入射到地面的下行漫射辐照度。$R_S(x,y,\lambda)$ 的单位为 $W \cdot cm^{-2} \cdot sr^{-1} \cdot nm^{-1}$,坐标 (x,y) 参照地面空间坐标。

景物光谱辐照度 $R_S(x,y,\lambda)$ 作为探测器系统成像的辐射源,探测器焦平面成像的连续辐照度分布 $I_{fp}(x,y,\lambda)$ 为

$$I_{fp}(x,y,\lambda) = \Omega_{aper} T_{opt}(\lambda) [T_A^{up}(\lambda) R_S(x,y,\lambda) + R_H(\lambda)] * PSF_{opt}(x,y,\lambda)$$

$$(5-22)$$

式中:Ω_{aper} 为光学孔径有效收集立体角;$T_{opt}(\lambda)$ 为光学系统光谱透过率;$T_A^{up}(\lambda)$ 为上行大气光谱透过率;$R_H(\lambda)$ 为大气层内散射辐射度贡献;$PSF_{opt}(x,y,\lambda)$ 为基于波长的固定空间的光学系统点扩散函数;符号 $*$ 表示二维卷积。

在机载成像光谱仪的信息获取过程中,CCD 根据二维辐照度分布获取电子。形成式(5-22)所描述的连续辐照度分布的二维采样形式,其中采样距离等于像元中心距。信号响应 $S_e(x,y)$ (其中 x 和 y 表示连续空间变化)可描述为

$$S_e(x,y) = \frac{A_{pix} t_{int}}{hc} \int_{\lambda_1}^{\lambda_2} \lambda \cdot \eta(\lambda) \cdot I_{fp}(x,y,\lambda) * PSF_e(x,y,\lambda) d\lambda \quad (5-23)$$

式中:A_{pix} 为像元面积;t_{int} 为像元积分时间;λ 为光学波长;$\eta(\lambda)$ 为 CCD 光谱量子效率;h 为普朗克常数;c 为光速;$PSF_e(x,y,\lambda)$ 为与 CCD 图像采集过程关联的"电学"点扩散函数;符号 $*$ 表示 $I_{fp}(x,y,\lambda)$ 与 $PSF_e(x,y,\lambda)$ 的二维卷积。

由式(5-22)、式(5-23)得

$$S_e(x,y) = \frac{A_{pix} t_{int} \Omega_{aper}}{hc} \int_{\lambda_1}^{\lambda_2} \lambda \eta(\lambda) T_{opt}(\lambda) [T_A^{up}(\lambda) R_S(x,y,\lambda) + R_H(\lambda)] * PSF_{sys}(x,y,\lambda) d\lambda$$

$$(5-24)$$

式中

$$PSF_{sys}(x,y,\lambda) = PSF_{opt}(x,y,\lambda) * PSF_e(x,y,\lambda) \quad (5-25)$$

其中:$PSF_{sys}(x,y,\lambda)$ 为定义在像素 (x,y) 位置波长为 λ 的整个传感器系统的 PSF;$S_e(x,y)$ 单位为电子数/像元,它包含了单个像元面积 A_{pix} 的"空间积分"效应。

CCD 的扫描成像过程对 $S_e(x,y)$ 进行采样,采样表达式为

$$S_e(x_n,y_m) = \iint \delta(x - x_n) \delta(y - y_m) S_e(x,y) dx dy \quad (5-26)$$

式中:$\delta(\cdot)$ 为单位脉冲函数;$x_n = n\Delta x$,$y_m = m \cdot \Delta y$,n 为第 n 个穿扫方向像元,

Δx 为穿像素方向像素中心距,m 为第 m 个沿扫描方向像元,Δy 为沿扫描方向像素中心距,一般情况下,Δx 等于 Δy。

使用电子数计量信号是 CCD 应用领域的惯例,而信号在 CCD 处理电路中以电压形式出现。出现在模拟数字转换器(ADC)的电平 V_{sig} 为

$$V_{\text{sig}} = G_{\text{conv}} G_{\text{ap}} S_e \qquad (5-27)$$

式中:G_{conv} 为 CCD 输出转换增益,通常单位为 $\mu V/e^-$;G_{ap} 为 CCD 到 ADC 的信号处理电路的电压增益(无量纲)。

输出信号电压 V_{sig} 与其数字化后的数字量 N_{ADC} 的关系为

$$N_{\text{ADC}} = V_{\text{sig}} / V_{\text{LSB}} \qquad (5-28)$$

式中:V_{LSB} 为对应 ADC 最低有效位(LSB)的电压。

ADC 使用最大输入范围和分辨率来分类,ADC 的 V_{LSB} 为

$$V_{\text{LSB}} = V_{\text{ADC}}^{\max} / 2^n \qquad (5-29)$$

式中:$V_{\text{ADC}}^{\max}$ 为最大值;n 为分辨率位数。

式(5-21)~式(5-29)表示 CCD 探测器信号信息:物空间光谱辐射度 $R_S(x,y,\lambda)$;焦平面辐射度 $I_{\text{fp}}(x,y,\lambda)$;CCD 采样信号电子数 $S_e(x_n,y_m)$;ADC 输入电压 V_{sig};数字量 N_{ADC}。

从本质上讲,CCD 是一种低噪声器件,因为信息电荷包在 CCD 内存储和转移时,与外界是隔离的。CCD 的主要噪声源包括光注入噪声、电注入噪声、转移噪声、输出放大器噪声[80]。分析 CCD 的噪声对于成像光谱仪设计是十分必要的。

当 CCD 对探测目标进行成像时,目标本身辐射/反射光子数的涨落产生光子噪声。光注入噪声(光子噪声)表示光子向光电子转换的泊松过程。光子噪声的起源可归结为玻色-爱因斯坦统计分布的起伏,当 $hv/kT \geqslant 1$ 时,可以忽略光子之间的相互作用而将光子辐射过程作为泊松过程处理,即当光子波长 $\lambda \times hc/kT$ 时,光源辐射光子数起伏的方均值等于辐射光子数的平均值。光子噪声的均方根值 n_{ph} 简化为收集到的景物和阴霾电子数的平方根:

$$n_{\text{ph}} = \left[S_{e,\text{sig}} + S_{e,\text{haze}} \right]^{1/2} \qquad (5-30)$$

式中:$S_{e,\text{sig}}$,$S_{e,\text{haze}}$ 分别为景物和阴霾电子数。暗电流噪声来源于半导体内部的电子-空穴对的热激发,平均暗电流为

$$\bar{s}_{\text{dc}} = r t_{\text{int}} \alpha \exp\left(-\frac{E_g}{2kT} \right) \qquad (5-31)$$

式中:α 为暗电流常数(电子数/s),是每个像元的特性常数;E_g 为硅的禁带宽度;k 为玻耳兹曼常数;T 为热力学温度;r 为一常数,表示电荷在 CCD 中的停留时间与积分时间 t_{int} 的倍数关系。

暗电流的产生也可以被描述为泊松过程,因此暗电流噪声可以表示为

$$n_{dc} = \sqrt{\bar{s}_{dc}} = \sqrt{rt_{int}\alpha\exp\left(-\frac{E_g}{2kT}\right)} \qquad (5-32)$$

电荷转移噪声是电荷从一个势阱转移到另外一个势阱过程中的随机涨落引起的,因为界面态释放电荷的过程具有随机性,电荷转移噪声可以定量表示为

$$n_t = \left(2\gamma n_\phi \sigma \bar{s}_{total}\right)^{1/2} \qquad (5-33)$$

式中:γ 为势阱之间的转移失效率;n_ϕ 为 CCD 的相数;σ 为读出一个像元的电荷包需要经过的转移次数;$\bar{s}_{total}$ 为一个电荷包平均的信号量,包括图像电荷和暗电流电荷,$\bar{s}_{total} = \bar{s}_i + \bar{s}_{dc}$。

n_t 是由于 CCD 的转移失效率引入的噪声,还有一种和电荷转移相关的噪声是寄生电荷噪声。相关研究表明,寄生电荷噪声约 $10e^- \sim 30e^-$。

输出放大器噪声是 CCD 最终将电荷转换为电压输出给信号处理电路的过程中引入的噪声。CCD 有两种常见的输出方法,即浮置扩散放大器和浮置栅放大器。浮置扩散放大器的噪声主要来自复位开关管的复位噪声以及 MOS 放大管的沟道热噪声和 $1/f$ 噪声,但沟道热噪声和 $1/f$ 噪声与复位噪声相比均可忽略。因为复位开关管的复位噪声来源于开关管导通和截止过程中的沟道电阻的热噪声,在浮置扩散区电容和 MOS 放大管输入电容的影响下,成为 kTC 噪声。kTC 噪声的等效噪声电子数为

$$n_{out} = 400\sqrt{C} \qquad (5-34)$$

通常浮置扩散区电容约为数个皮法,可以看出 kTC 噪声是一个不可忽略的噪声源。一般情况下,CCD 的读出速度越快,势阱容量越大,浮置扩散区电容也需要相应较大,由此引起的复位噪声可以通过相关双采样电路加以抑制,如图 5-8 所示。

对于浮置栅输出放大器,其输出噪声主要是 MOS 管的 $1/f$ 噪声和热噪声,没有 kTC 噪声,因此其输出噪声较小。对于 CCD 成像系统,其信号处理电路中的 ADC 数字化处理会引入量化噪声,等效到 CCD 输出端口处的等效噪声电子数为

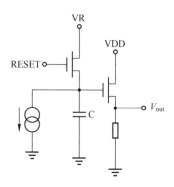

图 5-8　浮置扩散放大器

$$n_q = V_{\mathrm{LSB}} / G_{\mathrm{conv}} G_{\mathrm{ap}} \sqrt{12} \qquad (5-35)$$

系统的总噪声为

$$\Delta n = \sqrt{(n_{\mathrm{ph}})^2 + (n_{\mathrm{dc}})^2 + (n_t)^2 + (n_{\mathrm{out}})^2 + (n_q)^2} \qquad (5-36)$$

2. CCD 探测器驱动电路设计

CCD 探测器具有噪声小、动态范围宽的优点[81],实现这些优点的关键在于驱动电路。因为采用的是电荷耦合的信号读出方式,CCD 探测器(特别是高速大面阵 CCD)需要较大的驱动电流,高速大功率驱动是设计 CCD 驱动电路的难点。

根据电荷转移过程的不同,CCD 可以分为二相 CCD、三相 CCD、四相 CCD 三种。二相 CCD 的优点是驱动电路简单,但它的势阱容量,在同样脉冲幅度下,比三相、四相 CCD 小。而四相 CCD 的势阱容量是最大的,像元面积的 50% 可以作为势阱,三相 CCD 只有 33%。在要求大动态范围的科学级 CCD 中,一般采用三相或四相 CCD。四相 CCD 驱动结构较为复杂,因此大规模面阵器件多数还是三相驱动结构。对于动态范围较小的线列 CCD 则多为两相结构。

驱动电路为 CCD 探测器正常工作提供驱动电压,在驱动时钟作用下,CCD 内部建立收集光生电荷的势阱和互相耦合的电荷转移沟道。驱动电路对 CCD 的电荷转移效率起着决定性的作用,并且好的驱动电路不应该引入干扰,降低视频信号的信噪比。足够的驱动能力和驱动时钟的良好电气特性是高帧频面阵 CCD 发挥成像性能的必备条件。驱动电路的驱动能力包含 3 个方面的因素[82]:①像元光积分时间的驱动能力;②时钟加载的驱动能力;③电荷转移所需要的驱动能力。驱动电路设计的目标是将时序控制系统提供的 TTL/CMOS 或者差分数字驱动时序进行电平变化,使之满足 CCD 的电荷收集和电荷转移的需求,并提升其驱动脉冲的驱动能力。

上海技术物理研究所研制的某推帚式成像光谱仪在可见光波段工作于 400~1050nm,采用了 E2V 公司的面阵帧转移 CCD 芯片 CCD47-20(近红外增强型 NIMO),该型号 CCD 产品采用背照结构,量子效率高,光谱响应范围 200~1100nm,并且有成熟的近红外增强型货架产品,器件的读出噪声非常小,读出速率 1MHz 时典型读出噪声约为 6e⁻,器件最高读出速率可达 5MHz,且具备双口同时读出的能力。CCD47-20 的详细参数如表 5-3 所列,其光谱响应曲线如图 5-9 所示。CCD47-20 的面阵规模为 1024×1024,在推帚式成像光谱仪实际应用中根据需要使用 1024×512,其中行方向 1024 元为成像光谱仪空间维,列方向 512 元为成像光谱仪光谱维,像元读出时行列方向分别两元合并成为 512×256。

表 5-3　近红外增强型 CCD47-20(NIMO)参数表

参 数 名 称	CCD47-20
光谱响应范围/nm	200~1150
有效像元	1024×1024
像元尺寸/(μm×μm)	13×13
成像区域尺寸/(mm×mm)	13.3×13.3
器件封装尺寸/(mm×mm)	22.7×42.0
最大读出频率/MHz	5(双口可同时输出)
动态范围	50000:1
灵敏度/(μV/e⁻)	4.5
最大输出电压值/mV	540
最大存储电荷量/pixel	120k e⁻
读出噪声(@253K,@1MHz)/pixel	6rms e⁻
暗电荷@293K/(pixel·s)	20k e⁻
暗电荷非均匀性@293K/(pixel·s)	2k e⁻

CCD47-20 探测器的电路构造如图 5-10 所示,该器件采用帧转移成像探测模式,无需加机械快门,该器件在国外的 INTEGRAL、SELENE、MOST、LORRI、Rosetta、ATV 等任务中都有成功应用经历。

对于 CCD47-20 探测器驱动电路的设计,系统中利用 LM117 为其提供所需的偏压,并由 FPGA 主控模块为 CCD 面阵探测器提供相应的时序脉冲信号,经

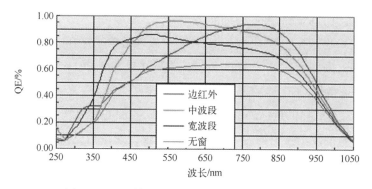

图 5-9　近红外增强型 CCD47-20 光谱响应曲线

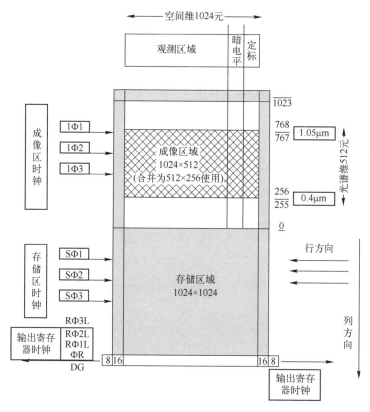

图 5-10　CCD47-20 探测器电路结构和仪器应用示意图

驱动芯片 EL7457 驱动后控制 CCD47-20 的曝光时间和光谱数据的转移输出,再利用内部集成了 CDS、PGA 和 14 位 ADC 芯片 LM98640 对 CCD 输出的模拟信号进行相关采样、增益调理和模数转换。信息采集电路设计框图如图 5-11 所示,下面进行介绍。

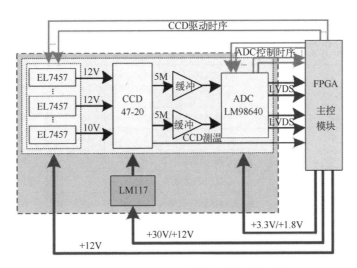

图 5-11　CCD47-20 探测器驱动与采集电路

CCD47-20 工作所需的偏置电压如表 5-4 所列,为了在获得稳定、低噪、高精度偏置电压的同时保证电流驱动能力,采用 LDO 芯片 LM117 将系统二次供电+30V、+12V 转换为 CCD 所需的偏压,其中将 V_{ABD}、V_{ODL} 和 V_{ODR} 的偏压电平直接设置为 30V,17V 由+30V 经 LM117 转换而来,9V 和 3V 均由+12V 经 LM117 转换而来,其中+30V 和+12V 是由一次电源+29V 经 DC/DC 模块产生的。

表 5-4　CCD47-20 的偏置电压一览表

名称	描　　述	最小值/V	典型值/V	最大值/V
V_{ABD}	Anti-blooming 漏极偏压	V_{OD}		
V_{ABG}	Anti-blooming 栅极偏压	0	0	5
V_{ODL}	左输出晶体管漏极偏压	27	29	32
V_{ODR}	右输出晶体管漏极偏压	27	29	32
V_{RDL}	左复位晶体管漏极偏压	15	17	19
V_{RDR}	右复位晶体管漏极偏压	15	17	19
V_{SS}	衬底偏压	0	9	10
V_{OG}	输出栅极偏压	1	3	5

CCD47-20 共需要 15 路时序驱动信号,脉冲幅度分别如表 5-5 所列,其中感光区转移脉冲 IΦ1、IΦ2、IΦ3,存储区转移脉冲 SΦ1、SΦ2、SΦ3,读出放大器复位脉冲 ΦRL、ΦRR 和清除栅脉冲 DG 的低电平均为 0V;而读出区转移脉冲 RΦ1L、RΦ2L、RΦ3L、RΦ1R、RΦ2R 和 RΦ3R 的低电平为 1V。

表 5-5　CCD47-20(NIMO)时序驱动信号一览表

序号	脉冲名称	脉冲功能	幅度(NIMO型)/V
1	IΦ1	感光区转移脉冲	12
2	IΦ2	感光区转移脉冲	12
3	IΦ3	感光区转移脉冲	12
4	SΦ1	存储区转移脉冲	12
5	SΦ2	存储区转移脉冲	12
6	SΦ3	存储区转移脉冲	12
7	RΦ1L	左读出区转移脉冲	10
8	RΦ2L	左读出区转移脉冲	10
9	RΦ3L	左读出区转移脉冲	10
10	RΦ1R	右读出区转移脉冲	10
11	RΦ2R	右读出区转移脉冲	10
12	RΦ3R	右读出区转移脉冲	10
13	ΦRL	左读出放大器复位脉冲	12
14	ΦRR	右读出放大器复位脉冲	12
15	DG	清除栅脉冲	12

　　因此,时序驱动电路设计中采用 Intersil 公司的 40MHz 四通道 MOSFET 同相驱动器 EL7457,将 FPGA 输出的 LVCMOS33 电平的驱动信号转换为相应电平的 CCD 驱动信号。为简化 CCD 驱动脉冲电路设计,根据同型号 CCD 使用经验,将 1~11V 驱动脉冲 RΦ1L、RΦ2L、RΦ3L、RΦ1R、RΦ2R 和 RΦ3R 的幅度调整为 0~10V,并已经过验证。具体驱动脉冲电路设计如图 5-12 所示,为了减小驱动信号的反射、降低过冲,在驱动信号的输入端串接 100Ω 的电阻,在输出端串接 33Ω 的电阻。

　　由于 CCD 行读出驱动之间寄生电容(约 120pF)的影响,驱动线间的串扰较强,而且高频行读出驱动脉冲对 CCD 输出信号的串扰也较明显,因此设计中在行读出驱动引脚前添加 RC 滤波,以使驱动信号的上升和下降时间符合要求。

　　CCD 输出分别实现了横纵方向的两像元合并,即 4-binning,输出峰值电压为单元电压的 4 倍,约为 2V,由于该款 ADC 输入幅度为 2.85V,所以模拟信号交流耦合之后叠加 1.42V 的直流偏置,如图 5-13 所示,保证了 ADC 输入范围符合标准。此外,CCD 的模拟信号中存在大量的复位噪声和其他低频噪声,需

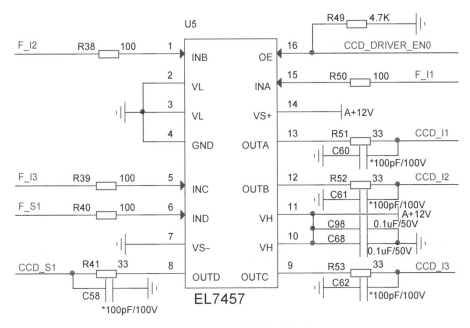

图 5-12 CCD 脉冲驱动电路

要采用相关双采样(CDS)技术加以抑制,因此选用 TI 公司的双路、14 位、40M
采样/s 模拟前端 LM98640,内部集成了双路 CDS、PGA 和 14 位 ADC,并通过
LVDS 输出采样数据,其详细构造和典型电路如图 5-14 所示,详细设计电路根
据实际需求在典型电路的基础上进行改进。

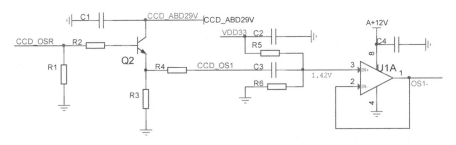

图 5-13 CCD 输出端三极管射级跟随与交流耦合电路示意

由于 CCD 输出为 5MHz 离散信号,ADC 的采样速率不需要遵守奈奎斯特采
样定律,设定采用速率为 5M 采样/s;对于离散信号的定点采样,ADC 提供调节
采样位置的接口寄存器和采样位置输出引脚,可通过该引脚实现可视化调节采
样位置与 CCD 输出信号的对应关系;CCD 采用双通道输出,ADC 双通道全部使
能;ADC 内置 PGA 具有连续可调的功能,提供了不同倍数增益,该增益的提高

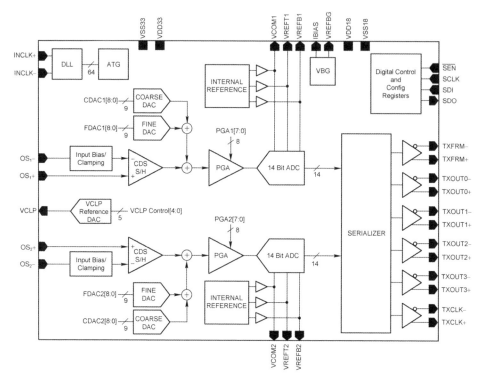

图 5-14　LM98640 内部结构图

可有效地提高信噪比;LVDS 输出偏置与幅度要符合 FPGA 接口电压,这里采用 1.1V 偏置,350mV 输出。以上所有参数的配置通过 ADC 的 SPI 接口输入寄存器来配置,SPI 协议通信速率小于 ADC 的采样频率。

3. 红外焦平面组件的信号读出电路与噪声模型

红外焦平面组件一般采用 CMOS 类型的读出电路模型,这里的 CMOS 器件不同于可见光的 CMOS 图像传感器。CMOS 图像传感器是光敏元与读出电路在同一硅片上制成的,而 CMOS 焦平面读出电路与光敏元(光二极管)的耦合通常是通过铟柱工艺连接。CMOS 图像传感器的光学填充因子一般只有 20% 左右,而采用铟柱工艺的 CMOS 焦平面器件的光学填充因子可以在 90% 以上。与 CCD 模型的读出电路相比,红外焦平面采用的 CMOS 读出电路具有以下优点:

(1) 可以集成更多信号处理功能。

(2) 驱动电路简单,简化用户使用。

(3) 容易实现探测器的可编程能力。

(4) 抗晕能力强,没有 CCD 的串音拖尾现象。

（5）CMOS 工艺成本低。

（6）低功耗,大大降低器件对系统制冷量的要求。

采用 CMOS 读出电路的面阵探测器又称混合型焦平面阵列,因其显著优点,利用 CMOS 读出集成电路可以制成多种传感器芯片组件。图 5-15 所示为混合型器件 CMOS 读出电路的典型结构。光电信号输入前置放大器是焦平面读出电路的关键,对探测器性能的更高要求和硅工艺的发展促进了焦平面读出电路不断改进。

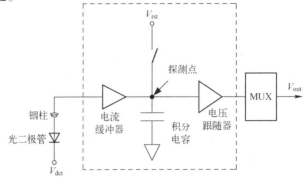

图 5-15　CMOS 读出电路典型结构

下面分别详细介绍:

1) 直接注入耦合方式(Direct Injection,DI)[83]

如图 5-16 所示,直接注入电路作为 CCD 器件的输入耦合电路很多年后,被应用于第二代焦平面探测器的集成读出前置放大器。直接注入电路通过MOS 管实现积分通道。通常,电路不对探测器进行直接复位,而是对积分电容进行周期性的复位。DI 方式在应用范围内的响应是线性的。为了减小探测器噪声,探测器的偏置电压接近 0V。DI 方式的缺点是均匀性较差。

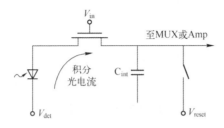

图 5-16　直接注入读出电路

2) 逐像元源级跟随器(Source Follower Per Detector,SFD)[84]

如图 5-17 所示,SFD 是一个直接积分的高输入阻抗放大器。因为探测器被直接复位,因此不存在探测器偏置不均匀性的问题。随着输入节点的电荷积分,探测器的偏置电压也在发生变化,因此响应是非线性的,并且动态范围较小。电路的增益由探测器和 MOS 管的输入电容决定。主要的噪声是 kTC 噪声、MOS 管的 $1/f$ 噪声和 MOS 管的通道热噪声。

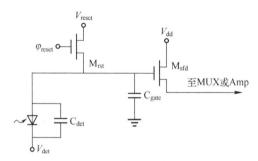

图 5-17　源级跟随读出电路

3) 电阻负载门调制(Resistor Load Gate Modulation,RL)[85]

为了扩展 SFD 在高辐照度和暗电流条件下的性能,采用了如图 5-18 所示的 RL 电路。RL 电路采用光电流调制门电压,使 MOS 管产生一个输出电流,这种电路抑制了 $1/f$ 噪声,具有很好的温度稳定性。但在小输出电流的情况下,这种电路的均匀性和线性度很差,在很多应用中,需要进行增益和偏置的校正。

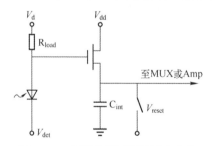

图 5-18　电阻负载门调制读出电路

4) 反馈增强直接注入(FEDI)[86]

如图 5-19 所示,FEDI 利用反相放大器减小输入阻抗,提高电荷注入效率、偏置稳定性与频率响应。减小输入阻抗扩展了低背景条件下 FEDI 的工作范围。在中、高背景条件下能保持探测器偏置不变。与 DI 相比,FEDI 在更大的范围内是线性的。与前面的几种方式相比,FEDI 功耗更大些,需要探测器的像元面积也大些。

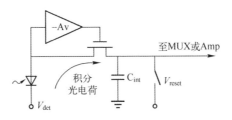

图 5-19　反馈增强直接注入读出电路

5) 电流镜门调制(Current Mirror Gate Modulation, CM)

如图 5-20 所示,电流镜门调制扩展强背景条件下的读出。在电流镜前置放大器中,MOS 管代替了 RL 电路中的电阻。能够抑制强背景和大暗电流。CM 只需要较小的探测器像元面积。CM 不能提供低 $1/f$ 噪声所需要的稳定一致的探测器偏置电压。较差的均匀性和线性度限制了性能,在很多应用中,CM 都需要增益和偏置校正。与 RL 相比,在一定程度上提高了线性度,并且不需要电阻。

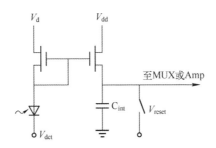

图 5-20　电流镜门调制读出电路

6) 电容反馈跨导放大器(Capacitor Feedback Transimpedance Amplifier, CTIA)

如图 5-21 所示,电容反馈跨导放大器包含一个复位积分器,输入阻抗低并且探测器工作在恒定电压。无论弱背景还是强背景条件下,CTIA 的噪声都是比较小的。CTIA 与 FEDI 有着相同的元件数,但性能更稳定。可以控制在 15fF ~ 50pF 之间的反馈电容决定了电路的增益。与其他方式相比,CTIA 的功耗较大。

另外,在 CTIA 的输出可以设计相关双采样(CDS)功能,主要用于减小信号漂移和调制信号到某个合适的电平。CDS 还能抑制复位电容产生的 kTC 噪声,CDS 抑制或消除了低频噪声,但引入了高频噪声。在动态范围、噪声、均匀性、线性度、频率响应等方面,CTIA 具有较好的性能指标,CTIA 是目前应用最广的一种焦平面探测器前置放大器。

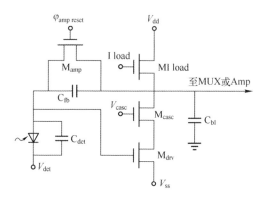

图 5-21 电容反馈跨导放大器读出电路

在详细列举了 6 类读出电路的基础上,下面分析探测器的噪声特性,并以探测器所产生的噪声电子数来衡量其噪声水平。探测器产生的总的噪声电子数由两部分组成,即散粒噪声电子数和读出噪声电子数,两者是不相关的,所以总的噪声电子数可以表示为这两种噪声电子数的形式:

$$N_{\text{total}} = \sqrt{N_{\text{shot}}^2 + N_{\text{read}}^2} \tag{5-37}$$

式中:N_{read} 为读出噪声电子数,是由红外焦平面探测器读出电路以及后续的试验中使用的信号采集、处理电路引进的噪声电子数,与积分时间无关;N_{shot} 为探测器的散粒噪声电子数,是由照射到红外焦平面上的光子起伏以及光生载流子流动的不连续性和随机性而形成载流子起伏变化引起的,其包括目标信号光的光子噪声、背景光的光子噪声和暗电流的散粒噪声。因此,散粒噪声电子数可表示为

$$N_{\text{shot}} = \sqrt{N_{\text{signal}}^2 + N_{\text{b}}^2 + N_{\text{dark}}^2} \tag{5-38}$$

式中:N_{signal} 为目标信号光的光子噪声电子数,有

$$N_{\text{signal}} = \frac{P(\lambda) T_{\text{int}} \lambda \eta(\lambda)}{hc} \tag{5-39}$$

其中:$P(\lambda)$ 为焦平面像元上接收到的光谱辐射功率;T_{int} 为焦平面探测元的积分时间;$\eta(\lambda)$ 为焦平面的光谱量子效率;h 为普朗克常数;c 为光速。

由式(5-39)可以看出,总的信号电子数与积分时间成正比。N_{b} 是由背景光产生的电子数,其表达式与 N_{signal} 的表达式相仿,只是将 $P(\lambda)$ 改成由背景辐射产生的光谱辐射功率即可。N_{dark} 表示暗电流产生的电子数,可由下式得出:

$$N_{\text{dark}} = \frac{I_{\text{dark}} T_{\text{int}}}{q} \tag{5-40}$$

因此,探测器产生的总的噪声电子数可表示为

$$N_{\text{total}} = \sqrt{N_{\text{signal}}^2 + N_{\text{b}}^2 + N_{\text{dark}}^2 + N_{\text{read}}^2} \qquad (5-41)$$

4. 焦平面探测器驱动电路设计

上海技术物理研究所研制的某推帚式成像光谱仪在短波红外谱段使用了如表 5-6 所列的短波红外焦平面探测器制冷组件。该探测器的主要技术特点如下:

(1) 规格:640×512,输出信号路数为 4/2/1 可选;中心距 25μm,电荷容量为 0.2Me、2.5Me 两挡。

(2) 具有可选 Snap Shot 方式的 IWR 和 ITR 积分模式,STIR(特短强信号积分),积分时间控制通过帧同步信号(FSYNC)控制,适合 N-on-P 的 MCT、SLS 等探测器。

(3) 窗口选择、工作模式、图像 Invert/Revert、Gain 控制、参考信号等通过串行 DATA 数字控制。

(4) 水平窗口最小分辨率(像元和坐标)分别为 16Pixels(4 路输出)、8Pixels(2 路输出)、4Pixels(1 路输出),垂直窗口最小分辨率(像元和坐标)均为 4Pixels。

表 5-6　短波红外焦平面探测器制冷组件技术参数

参　数　名　称		参　数　值
组件基本性能	材料	MCT
	面阵规模	640×512
	像元尺寸/(μm×μm)	25×25
	光谱响应范围/μm	1.0~2.5
	组件质量/g	<800
制冷机工作特性	制冷量	1.2W@90K@25WDC
	供电/VDC	24 和 12
	可控温度范围	80/90/150K 可控
	输入峰值功率	≤25WDC(1.2W@90K)
	输入稳定功率	≤12WDC(>0.7W@90K)
	制冷机颤振力	≤1N(rms)@20~200Hz
	温度稳定性/min	±0.3K@30
	降温时间/min	≤20
	控温精度/K	±2

续表

参 数 名 称		参 数 值
探测器响应特性	非均匀性	≤10%
	量子效率	2.5μm 处≥30%；1.0μm 处≥10%
	盲元率	≤1%
	非线性度	≤2%（10%~90%动态范围内）
探测器读出方式	读出模式	积分读出同时进行
	输出端口	4 路
	输出饱和电压	≥2V
	帧频	≥60Hz
	积分电容	两挡可选
	信噪比	≥120

根据探测需求,利用面阵规模 640×512 的 MCT 红外焦平面制冷组件进行近中波红外 1000~2500nm 谱段的光谱成像或光谱探测,其中行方向 640 元为空间维,列方向 512 元为光谱维,如图 5-22 所示。

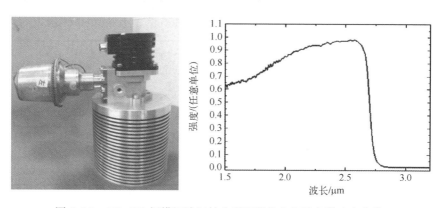

图 5-22　640×512 规模短波红外焦平面照片和组件光谱响应曲线

驱动电路所需的模拟 5V VPOS、VPOSOUT、VPOSCORE 和数字 5V VPD 分别由两片可控线性电源芯片 MSK5101 产生,其所需的偏压则由基准芯片 AD584 和放大器 LM124、LM158 产生;同样由 FPGA 主控模块为 MCT 焦平面探测器及其外围电路提供工作所需的时序驱动信号,并再利用得州仪器(TI)公司的 THS1408 对光谱数据进行模数转换,然后传入 FPGA 进行后续处理。近中波红外模块中具体包括探测器时序驱动、偏置电压产生、A/D 转换、探测器测温及制冷机,如图 5-23 所示,利用制冷机控制 MCT 焦平面探测器的工作温度,通过

4 路 THS1408 将模拟光谱信号转换为数字信号,并将采集得到的光谱图像数据上传 FPGA。

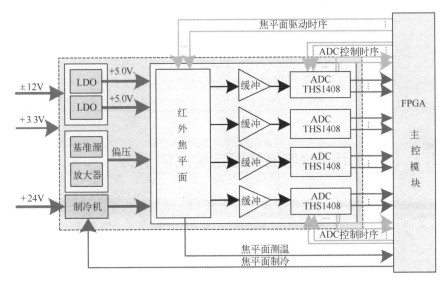

图 5-23　短波红外焦平面组件驱动电路设计框图

短波红外焦平面组件工作所需的模拟偏置电压如表 5-7 所列,为获得稳定、低噪、高精度的偏置电压,偏压产生电路与可见近红外模块相同,首先由基准电压芯片 AD584T 产生 5V 基准电压,经分压后再利用运算放大器 LM124A、LM158 进行放大,从而分别产生 MCT 探测器所需的偏置电压,其供电电压为 +12V。

表 5-7　短波红外焦平面组件工作所需偏压

符　号	名　称	电压值/V	典型值/V
VOUTREF	输出参考偏置调节	1.2~4.5	1.6
IMSRT-ADJ	总电流调节	0~0.5	2.5 (0V:最大。5V:最小)
VDETCOM	探测器偏置调节	1.5~3	
VREF	单元参考偏置调节	1.2~4.5	

短波红外焦平面组件共需要 5 路时序信号,如表 5-8 所列,均为 0~5V 的 TTL 信号,考虑到焦平面探测器所需的驱动电流非常小,设计中 FPGA 输出的时序信号经 164245 后直接驱动 MCT 焦平面探测器。

表 5-8　短波红外焦平面组件工作所需脉冲信号

符　　　号	名　　称	电压值/V	负载/pF
CLK	主时钟	0~5	<10
LSYNC	行同步	0~5	<10
FSYNC	帧同步	0~5	<10
DATA	数字控制位	0~5	<10
RESET-B	上电复位	0~5	<10

5.3　稳定平台与高精度定位定向系统

　　稳定平台有两轴、三轴以及多轴多种结构。三轴稳定平台能够隔离机体 3 个方向的扰动,对机载推帚式相机的姿态控制效果较好。三轴稳定平台由横滚、俯仰和偏流 3 个通道组成,3 个通道的组成基本相同。每个通道均由单片机、水平仪、控制电路、功放电路、直流电动机、光电编码器、相移补偿电路、陀螺、框架角传感器组成[87],如图 5-24 所示。

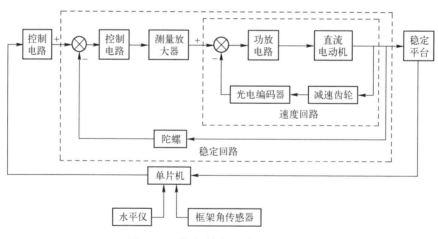

图 5-24　横滚/俯仰通道组成示意图

　　功放电路、电动机、光电编码器和减速齿轮构成稳定平台每个通道的速度回路,通过测速反馈可以减小稳定回路的非线性,提高回路的响应时间,使电动机平稳运转。速度回路、陀螺、控制电路和测量放大器构成稳定回路,用于稳定平台的去耦,抑制载机平台的运动对成像光谱仪造成的扰动[87]。水平仪为稳定平台提供地理水平基准,框架角传感器提供当前时刻稳定平台框架的角度信息。单片机根据当前位置的水平信息和稳定平台框架的角度信息控制稳定平台的姿态稳定,并对陀螺的漂移进行补偿。

目前,有人机的稳定平台系统主要有瑞士 Leica 公司的 PAV 系列稳定平台、中国航天科技集团公司某研究所的 RP02 型稳定平台、北京航空航天大学研制的轻量化快响应稳定平台等。其中,商业化程度较高、应用比较广泛的是 Leica 公司的 PAV 系列稳定平台,其主要技术参数如表 5-9 所列,实物照片如图 5-25 所示。

表 5-9　PAV 系列稳定平台技术参数

		PAV80	PAV100
操作运行	滚动角补偿范围/(°)	-7~+7	-5~+5
	俯仰角补偿范围/(°)	-8~+6	-5~+5
	偏流角补偿范围/(°)	-30~+30	-30~+30
	载重范围/kg	5~75	5~100
	垂直方向误差	<0.02°标准偏差	<0.02°标准偏差
	偏流角度误差	<0.02°标准偏差	<0.02°标准偏差
电源	输入电源/V	DC 22~30.3	DC 22~30.3
	功率/W	30(均值) 250(峰值)	35(均值) 250(峰值)
尺寸	外形尺寸/(mm×mm×mm)	673×532×168	673×532×168
	传感器放置直径/mm	410	410
	不带传感器总质量/kg	36	38
工作环境	工作温度/℃	-20~+55	-20~+55
	湿度/%	0~95	0~95

高精度定位定向系统(Position and Orientation System, POS)用于获取拍摄时刻传感器的高精度位置与姿态信息。POS 系统一般由四部分组成,即惯性测量装置(IMU)、GPS 接收机、计算机系统和数据处理软件。借助于 POS 系统提供的高精度位置和姿态信息,可以对航空遥感影像进行几何校正。POS 系统辅助航空摄影大大减轻了航测外业控制点布设与内业像控点测量的工作量,极大地提高了航测作业效率[88]。目前,比较著名的 POS 系统主要有加拿大 Applanix 公司的 POS/AV 系列、瑞士 Leica 公司的 IPAS 系列和德国 IGI 公司的 AERO-Contral 系列。全谱段多模态成像光谱仪采用了 Applanix 公司的 POS/AV 610 系列产品,其性能参数如表 5-10 所列。

图 5-25　Leica PAV80 稳定平台

表 5-10　POS/AV610 系列技术参数

POS AV	610 SPS	610 DGPS	610 XP
定位/m	1.5~3	0.5~2	0.1~0.5
速度/(m/s)	0.05	0.05	0.01
横滚与俯仰角度/(°)	0.008	0.008	0.008
航向/(°)	0.07	0.05	0.04

5.4　数据采集系统

　　数据采集系统是机载成像光谱仪采集信息的载体,图 5-26 所示为机载成像光谱数据采集系统的一般模式。

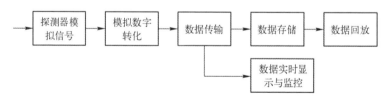

图 5-26　机载成像光谱仪数据采集系统

　　对于多通道的成像光谱仪,其数据量都比较大,必须考虑高速大容量的数据传输与记录技术。探测器模拟信号调理部分主要是根据信号的带宽对信号进行低通滤波,滤除模拟信号产生和传输过程中产生的高频噪声,避免信号混叠现象;模数转换部分把探测器模拟信号转换成数字信号传输;数据传输部分主要是涉及现在的一些大数据量远距离传输的方法和技术,如 PCIE 总线传输、光纤传输、差分传输等;数据存储部分主要涉及存储介质,早期是磁带、现在多数使用 IDE 硬盘、SSD 固态硬盘及阵列方式等;实时显示与监控部分主要是用于在机上数据采集的同时,监控数据采集系统的工作情况及数据质量;数据浏览回放部分用于数据采集完毕后再次查看采集的数据,实际系统中通常作为显示和监控部分的一个模块。

5.4.1　信号调理与模数转换

1. 信号调理

数据采集系统采样频率决定了采样信号的质量和数量,采样频率太大,会使数据量剧增;采样频率太小,会使模拟信号的某些信息丢失,出现失真。选择采样频率的依据就是采样定理。采样定理[89]指出:在一般情况下,对于一个具有有限频谱 $X(f)$ 的连续信号 $x(t)$ 进行采样,当采样频率大于等于奈奎斯特频率的 2 倍时,由采样得到的信号能无失真地恢复为原来的信号 $x(t)$。奈奎斯特频率就是信号的最高频率,又称截止频率。

探测器输出的信号一般都由三部分组成:复位信号耦合的部分、暗电平和探测器信号电平。有效信号为探测器信号,其他为噪声,信号调理就是要在进行模数转换之前,把会产生混叠效应的高频噪声消除,因此在模数转换前需要先对探测器信号进行低通滤波。设计合理的滤波器通带宽度可以有效滤除视频信号带宽外的噪声。常用的低通滤波器结构多采用 Sallen-key 结构[90]或者 MFB(Multiple-Feedback)结构[91],如图 5-27 所示。

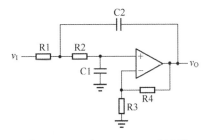

图 5-27　二阶 Sallen-key 滤波器

上述滤波器的传递函数为

$$H(f)=\frac{\dfrac{R_3+R_4}{R_3}}{(\mathrm{j}2\pi f)^2(R_1R_2C_1C_2)+\mathrm{j}2\pi f\left(R_1C_1+R_2C_1+R_1C_2\left(-\dfrac{R_4}{R_3}\right)\right)+1} \quad (5\text{-}42)$$

二阶 MFB 滤波器的电路原理如图 5-28 所示。

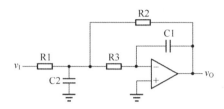

图 5-28　二阶 MFB 滤波器

上述滤波器的传递函数为

$$H(f) = \frac{-\dfrac{R_2}{R_1}}{(\mathrm{j}2\pi f)^2(R_2 R_3 C_1 C_2) + \mathrm{j}2\pi f\left(R_3 C_1 + R_2 C_1 + \dfrac{R_2 R_3 C_1}{R_1}\right) + 1} \tag{5-43}$$

滤波器按照其频率特性可分为 Butterworth、Chebyshev、Bessel 三种类型。其中,Butterworth 滤波器的幅频特性最平滑,在实际设计中应用最为广泛。

2. 模数转换

模数转换单元是成像光谱仪器数据采集系统的核心部分,模数转换就是把模拟信号量化,转换成数字信号。量化就是把采样信号的幅值与某个最小数量单位的一系列整数倍比较,以最接近于采样信号幅值的最小数量单位倍数来代替该幅值。最小数量单位称为量化单位。由量化的原理知道,任何方式的模数转换过程都会引入误差,由量化引起的误差称为量化误差,或者量化噪声。信号的量化误差与量化位数相关。设最大信号为 FSR,量化位数为 n,则最小量化单位 $q = \mathrm{FSR}/2^n$,则可分析得到量化信噪比(S/N)为

$$(\mathrm{S/N})_{\mathrm{dB}} = 6n + 10.8 \tag{5-44}$$

可见,量化位数每增加 1 位,信噪比将增加 6dB,所以,增加模数转换器的量化位数能减小量化误差。但是,另一方面,量化位数增加将会加大数据量,增加系统负担。实际应用中,通常采用下面的经验公式来确定最高的量化位数:

$$\mathrm{DNR} = \sqrt{6} \cdot 2^{n-1} \tag{5-45}$$

式中:DNR 为探测器的动态范围。

5.4.2　数据传输与记录

海量高速成像光谱仪数据要从前端信息获取系统传输到记录系统,硬件上

主要有两项关键技术,即总线传输技术和存储设备技术。很长一段时间,总线传输一直是计算机数据采集系统的瓶颈,但这种情况目前已经得到了很大的改变,如表 5-11 所列。在高速数据采集领域,PCI -Express、USB3.0 和光纤以太网可谓三枝共秀,为绝大部分系统的首选方案。

PCI-Express 总线与旧 PCI 之间的主要区别之一是总线拓扑。PCI 使用共享并行总线架构,其中 PCI 主机和所有设备共享一组通用的地址、数据和控制线。相比之下,PCI-Express 基于点到点拓扑,单独的串行链路将每个设备连接到根系统(主机)[92]。PCI-Express 最新的接口是 PCIe3.0 接口,其比特率为 8Gb/s,约为上一代产品带宽的两倍,并且包含发射器和接收器均衡、PLL 改善以及时钟数据恢复等一系列重要的新功能,用以改善数据传输和数据保护性能。

USB 总线以其即插即用、高速、传输电缆简单等显著优点成为移动设备数据交换的首选。只需在计算机与外设间连接简单一根数据线,同时 USB 总线的高速传输允许采集数据实时传至系统内存并显示,而不必在 USB 设备上另加昂贵的内存。USB3.0 是一种 USB 规范,该规范由英特尔等公司发起。USB3.0 引入全双工数据传输。5 根线路中 2 根用来发送数据,另 2 根用来接收数据,还有 1 根是地线。也就是说,USB3.0 可以同步全速地进行读写操作。以前的 USB 版本并不支持全双工数据传输。

光纤以太网指利用在光纤上运行以太网 LAN 数据包接入 SP 网络或在 SP 网络中进行接入。底层连接可以以任何标准的以太网速度运行,但在此情况下,这些连接必须以全双工速度(如双向 10Mb/s)运行。光纤以太网业务能够应用交换机的速率限制功能,以非标准的以太网速度运行。光纤以太网中使用的光纤链路可以是光纤全带宽(即"暗光纤")、SONET 连接或者 DWDM。光纤以太网可以在交换式 LAN 的基础上运行,可以是互联共享的 LAN。

表 5-11　流行传输总线性能比较表

名称	PC-XT	ISA (PC-AT)	EISA	STD	VISA (VL-BUS)	MCA	PCIE	USB3.0	光纤以太网
最大传输率	4MB/s	16MB/s	33MB/s	2MB/s	266MB/s	40MB/s	>1GB/s	500MB/s	100Mb/s
总线宽度	8 位	16 位	32 位	8 位	32 位	32 位	32 位	串行	串行
总线时钟	4MHz	8MHz	8.33MHz	2MHz	66MHz	10MHz	80MHz	2.5GHz	>100MHz

USB3.0 和光纤以太网因为协议相对复杂,组网传输成本较高。PCIE 总线采用并行工作方式,可以获得巨大的传输速率,且传输协议相对简单,硬件实现比较便捷,因此基于 PCIE 的总线传输技术是遥感图像海量高速实时采集的首选方案。

存储设备技术的发展虽然不像总线技术那么迅猛,但也已经取得了长足的进步,当前常用存储设备主要有磁盘阵列和硬盘。磁盘阵列全称是独立磁盘冗余阵列(Redundant Array of Independent Disks,RAID),以其高速存储性能和冗余设计取胜,但其体积庞大和价格不菲是其很大的缺点。

SCSI 硬盘和 IDE 硬盘也是常见的存储设备。SCSI 技术在硬盘市场上这些年来一直走在前面。最近 Adaptec 公司又推出了 ultra320SCSI 卡,提供极其优越的性能。曾有人预言,IDE 将成为硬盘市场上的明日黄花,但事实并不是这样,在低端领域,IDE 始终能够满足用户的需求,并紧跟 SCSI 不放,最新的 ATA133 技术应用于 IDE,使得 IDE 硬盘的存储效率极大提高。

固态硬盘(Solid State Drives),是用固态电子存储芯片阵列而制成的硬盘,由控制单元和存储单元(FLASH 芯片、DRAM 芯片)组成。固态硬盘在接口的规范和定义、功能及使用方法上与普通硬盘完全相同,在产品外形和尺寸上也完全与普通硬盘一致。其特点为读写速度快。采用闪存作为存储介质,读取速度相对机械硬盘更快。固态硬盘不用磁头,寻道时间几乎为 0。持续写入的速度也非常惊人,据厂商宣称持续读写速度超过了 500MB/s。同时还有极低的存取时间,最常见的 7200r/min 机械硬盘的寻道时间一般为 12~14ms,而固态硬盘可以轻易达到 0.1ms 甚至更低。

固态硬盘的众多优点使其被广泛应用于军事、车载、工控、视频监控、网络监控、网络终端、电力、医疗、航空、导航设备等领域,目前固态硬盘正在逐步成为遥感图像高速存储方案的首选。

5.4.3 数据显示与监控

目前,数据采集和显示主要依靠高速数据总线外加高性能的数据处理设备完成。机载成像光谱仪设备的特点决定了其采集设备的特点,主要是以下 3 个特点,即高速性、可靠性和便携性。由于机载成像光谱仪采用了推帚成像方式,每次成像仅获取线视场处目标的光谱信息,机上计算机不对高光谱数据进行处理,因此数据显示系统仅显示当前视场处每个空间位置处的光谱曲线,同时监控探测器的响应输出是否达到饱和。监控窗口可选取某一谱段所有空间维像

元的响应曲线,也可以显示某一空间维所有光谱维像元的响应曲线。显示窗口
同时显示所有空间维和光谱维当前时刻的响应输出。图 5-29 所示为机载成像
光谱仪的一种数据采集系统的结构图。

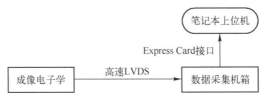

图 5-29　机载成像光谱仪数据采集系统结构图

成像电子学主要负责采集成像光谱仪采集的光谱数据,然后将其通过高
速 LVDS 总线进行传输。由于目前成像光谱仪的探测器规模越来越大,成像
频率也越来越高,为了将光谱数据及时传输,需要极高速率的传输通道给予
支持。

TLK2711 是一款高速数据传输接口芯片,它将输入的并行信号进行并串转
换,转换成高速的串行信号,输入端时钟为 80MHz、16 位并行数据输入,输出端
串行传输速率可达 1.6Gb/s,可以满足瞬时大数据量传输要求,同时为提高可靠
性,串行端采用差分输出,其数据传输波形图如图 5-30 所示。且芯片同时支持
收和发,使用的时候采用两个芯片配对使用,成像电子学设置为发送端,数据采
集系统设置为接收端。

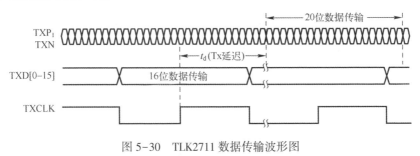

图 5-30　TLK2711 数据传输波形图

由于机载成像光谱仪试验环境的特殊性,对信息采集设备的可靠性提出了
很高的要求。为了保证数据采集稳定可靠,选取成熟稳定的硬件环境,显得尤
为重要。美国国家仪器(NI)公司生产的 PXI 机箱—PXIe-1073 专为各种测试
和测量应用而设计,并提供了一个高带宽背板和集成式 MXI-Express 控制器。
机箱具有紧凑、坚固的封装,且无声运行,是便携式和台式系统的理想选择。它
具备 5 槽,可以针对用户的数据接口需求,安装对应的采集模块,同时整个机箱的

传输速率高达 250MB/s,可以满足机载成像光谱仪大数据传输的需求。图 5-31
所示为 PXIe-1073 实物照片。

图 5-31　PXIe-1073 实物图

　　PXIe-1073 机箱卡槽中搭配了高速并行采集模块 NI-6581,该模块具备 54
个单端通道,可用于实时连接标准协议以及实现自定义协议。NI-6581 能够以
高达 100MHz 的时钟速率采样数字波形。NI-6581 实物如图 5-32 所示。它可
支持常见的晶体管到晶体管逻辑(TTL)电压电平或者通过前面板连接器提供
的其他外部。该模块接受机载成像光谱仪传输的数据后,经过内部 FPGA 处理
模块,然后通过 Express Card 接口连接至便携式计算机,然后在便携式计算机上
进行数据的实时显示,便携式计算机体积轻便,它与机箱一起组成了便携的信
息采集的硬件系统。图 5-33 所示为便携式计算机及 Express Card 模块。

图 5-32　NI-6581 实物图

图 5-33　Express Card 实物图

　　上位机显示也是信息采集系统的一个重要组成部分,它将光谱仪数据按照设定要求,转化为对应的光谱曲线或图像,使得我们能够直观地了解当前成像光谱仪采集到的信息数据。NI 公司针对自己开发的硬件产品,同时提供了相应的上位机界面开发环境 LabVIEW,使其配合硬件产品完成上位机界面搭建。LabVIEW 是一种程序开发环境,类似于 C 和 BASIC 开发环境,但是 LabVIEW 与其他计算机语言的显著区别是:其他计算机语言都是采用基于文本的语言产生代码,而 LabVIEW 使用的是图形化编辑语言 G 编写程序,产生的程序是框图的形式。

　　本设计中同样采用 LabVIEW 进行数据显示和监控界面开发。由于 LabVIEW 开发环境和数据采集的硬件环境均为 NI 公司,开发两者之间有较好的匹配性,利用 LabVIEW 进行开发,可以更稳定可靠地控制硬件设备,完成数据的接收和显示。显示界面一般为通信和数据采集两部分,通信用于控制设备的实际工作,数据采集则是将得到的数据进行显示。通信界面如图 5-34 所示。

　　机载成像光谱仪通信一般采用串行通信方式,这里采用 RS485 串行总线方式进行通信,该界面包含了上电后的端口及通信波特率选择。该界面集成了所有指令的列表,同时可对指令的参数进行修改。对于光谱仪反馈状态信息,该界面进行实时的解析,使其能够反映当前光谱仪的设备状态,起到监控的作用。数据采集界面如图 5-35 所示。

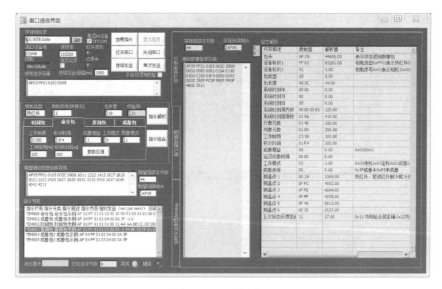

图 5-34　通信界面

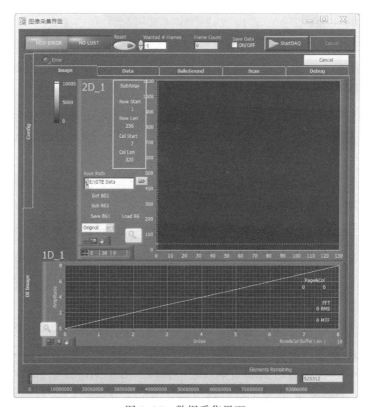

图 5-35　数据采集界面

数据采集界面是实时显示的核心部分,它将光谱仪传输的数据转化为对应的图像和光谱数据。图 5-36 所示数据回放界面包含图像显示和光谱曲线显示,并且可以设定当前显示的曲线的光谱维或空间维,同时针对机载成像光谱仪的特点,可以提取任意一维进行时间上的推帚叠加,满足飞行时光谱图像的实时显示。同时针对红外背景噪声大的特点,可以进行去背景显示,以此满足试验需求。此外,还可以通过设置,保存当前的光谱数据,对于保存的数据,可以通过回放界面进行回放,还可以根据不同的应用场景,进行相应的数据后处理,提取对应的信息。

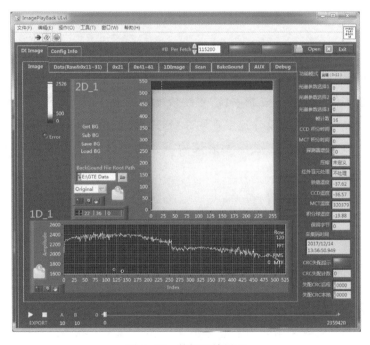

图 5-36　数据回放界面

第 6 章

机载成像光谱仪热控系统设计

机载成像光谱仪由于安装在飞机平台上,受飞机平台飞行高度的限制,一般主要开展中低空飞行作业,工作环境温度变化一般只有几十摄氏度的变化范围,一般不做主动温度控制系统,主要依赖结构设计来降低温度变化对系统造成的影响。热控系统设计建立在对系统进行不同工作环境下的热分析基础上,下面以全谱段多模态成像光谱仪为例介绍机载成像光谱仪的热控系统设计。

6.1 整机热分析与设计

6.1.1 整机热分析

全谱段多模态成像光谱仪采用一体化设计思路,紫外、可见/短波、热红外可以集成为一体,安装于同一个稳定平台上,处于非密封状态。在高空飞行时,环境温度较低,按照每升高 1000m 下降温度 6℃ 计算,夏季高温(40℃)情况,3000m 高空的温度在 20℃ 左右,与光机仪器实验室装调的工作温度相当。冬季低温(−10℃)情况,3000m 高空的温度在 −30℃ 左右。因此,当飞行高度进一步提高或温度进一步降低时,对光机仪器的工作性能将产生一定的影响,因此需要进行一定的热设计,以便将仪器温度控制在工作温度范围内。

考虑到仪器工作时会发热,特别是低温工况下,起到对自身加热的功能。在不另加补偿加热片的情况下,对整机进行了 3 种工况的仿真分析,结果如下:

工况 1:冬季,3000m,环境温度 −30℃,大气压 70000Pa,稳态温度场如图 6-1

所示。短波制冷机、长波制冷机与低温光学制冷机处温度较高,为 40~60℃,光学组件温度在 20℃ 左右。

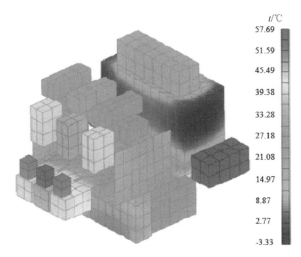

图 6-1　工况 1 条件下系统的热仿真分析

工况 2:冬季,6000m,环境温度-50℃,大气压 40000Pa,稳态温度场如图 6-2 所示。短波制冷机、长波制冷机与低温光学制冷机处温度较高,为 30~50℃,光学组件温度在 10℃ 左右。

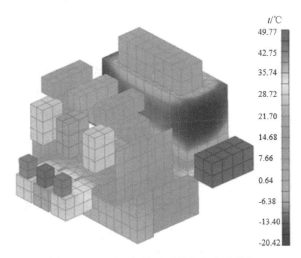

图 6-2　工况 2 条件下系统的热仿真分析

工况 3:夏季,3000m,环境温度 20℃,大气压 70000Pa,稳态温度场如图 6-3 所示。短波制冷机、长波制冷机与低温光学制冷机处温度较高,为 50~80℃,光学组件温度在45℃左右。

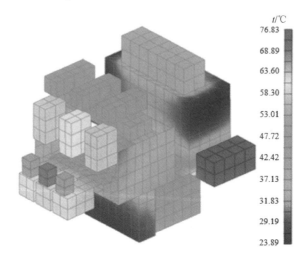

图6-3　工况3条件下系统的热仿真分析

根据以上仿真分析结果,可知在冬季情况下,3000~6000m高度飞行时,除制冷机温度较高外和外罩温度较低外,仪器自身工作产生的热量使得仪器光学组件温度处于10~20℃的工作温度。

6.1.2　整机热设计措施

根据整机热分析可知,在环境温度较低的情况下,由于全谱段多模态成像光谱仪的电子学部分在工作中产生的热量能够使光学组件部分的温度维持在10~20℃,因此不需要考虑额外设计加热部件来维持系统组件的温度。在此种工况下,只需要考虑对制冷机及电子学组件采用风扇散热即可。

在夏季情况下,由于环境温度较高,不利于仪器自身的散热。仪器自身工作产生的热量导致整机温度水平偏高,在此种工况下,需要考虑设计散热结构以降低系统的温度,避免温度过高导致系统出现故障或是系统性能下降。

综合以上设计与分析,对仪器在环境温度适应性方面将采取以下措施:

(1)整机结构设计上考虑热控需求,仪器内部采取导热设计、增强辐射能力、增大对流空间等方式,降低光学组件的温度梯度。

根据整机热分析的结果,在仪器内部的主要热量聚集部位,通过安装导热管、导热片等结构,将热量快速传导至温度较低的区域,以便于热量的快速排出。

（2）在热源位置设置风扇、水冷等，对电子学、制冷机进行风冷/水冷散热。

相较于风扇制冷，水冷的散热能力更为出众。因此，在电子学控制板等发热量大的部位，安装水冷散热片，利用外置的制冷箱经输入管道将冷却水输送至散热片，再经由输出管道导出至制冷箱中，实现高效导热，如图 6-4 所示。

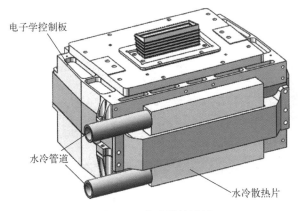

图 6-4　水冷结构设计

6.2　低温光学系统热设计

低温光学系统热设计能够有效降低热红外系统的工作温度，提高热红外波段的观测性能，全谱段多模态成像光谱仪热设计的重点是热红外谱段的低温光学热设计，下面着重介绍低温光学的热设计技术要求、技术方案与仿真分析。

6.2.1　热设计技术要求

根据光学组件的技术需求，对低温光学的热设计提出以下技术要求：

（1）光学组件的工作温度为（100±3）K。

（2）光学组件的温度梯度≤3K。

（3）光学组件的温度稳定性≤0.7K（2h 内）。

（4）制冷时间：2h。

低温光学组件的工作环境条件为：

（1）真空度（真空舱内）≤1×10^{-2}Pa。

（2）存储环境（真空舱外）：-55~70℃。

（3）工作环境温度（真空舱外）：-45~60℃。

6.2.2　低温光学技术方案

全谱段多模态成像光谱仪热红外低温光学系统具有热容量大、工作温度低、要求降温时间短的特点，基于此采取了"大冷量机械制冷+低温冷箱"的设计方案，如图6-5所示。

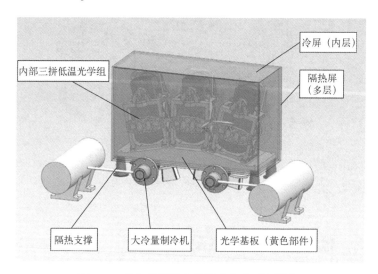

图6-5　热红外低温光学技术方案（见彩图）

具体低温光学设计方案如下：

1. 真空度维持

真空舱接口采用金属刀口法兰密封，在舱体上盖安装吸附泵，用来维持冷箱内真空度。

2. 低温形变因素

低温光学组件中所有反射镜、光学支架、光学基板全部采用铝合金加工，系统在低温下具有变形一致性。

3. 减小系统漏热

导热漏热：采用环氧树脂隔热支撑（图6-6）连接光学基板与真空舱；舱内测温引线采用 ϕ0.1mm漆包锰铜丝。

辐射漏热：在低温组件与真空舱之间采用双面镀金多层绝热屏。

4. 制冷机冷指振动影响

采用高导热柔性冷链（图6-7）连接光学基板与制冷机冷指，减小制冷机振动对光学系统的影响。

图 6-6　隔热支撑

图 6-7　柔性冷链

5. 减小低温光学组件温度梯度

低温光学组件除镜面外,所有表面发黑处理;在光学基板上安装冷屏,随光学基板一起降温,冷屏内表面发黑,增强与光学组件的辐射换热。冷屏外表面镀金,减小系统的辐射漏热。

6. 减小低温组件传热热阻

在不影响光学调校的情况下,在低温光学组件装配时接触部位垫铟片,减小传热热阻。

6.2.3　低温光学系统热仿真分析

　　为了验证低温光学热设计方案的有效性，采用 NX-TMG 及 Nastran 模块对热红外模块分别建立有限元热分析模型和结构热变形分析模型，如图 6-8、图 6-9 所示。

图 6-8　低温光学热分析模型

图 6-9　热变形分析模型

在进行热红外低温光学组件模型热仿真计算时,根据传热和热变形的需要,对模型进行适当简化,简化原则如下:

（1）清除模型中的螺钉孔及倒圆角,薄壁结构采用 shell 单元。

（2）保留对结构变形产生影响的加强筋,并对其进行实体网格划分。

（3）除镜面外,所有参与辐射换热表面作为灰体处理,表面热属性状态根据总体提供数据进行设定。

（4）考虑不同部件之间的接触热阻,干接触传热系数取 $100W/(m^2 \cdot K)$,垫导热填充物传热系数取 $1000W/(m^2 \cdot K)$。

仿真计算时光学系统的热物性参数由总体提供,具体参数如表 6-1 所列。

表 6-1　低温光学热计算物性参数

部 件 名 称	表面发射率	反 射 率
主镜	0.02	0.98
次镜	0.02	0.98
三镜	0.02	0.98
光栅	0.03	0.97
发黑表面	0.9	0.1
镀金表面	0.04	0.96
真空舱抛光内表面	0.09	0.91

根据热红外模块低温光学系统的工作环境及技术指标要求,对热模型进行了如下几个工况的热仿真分析。

（1）高温工况:环境温度为+60℃,稳态情况下制冷量需求分析,并给出了在光学部件(100±3)K 条件下的温度场分布云图。

（2）低温工况:环境温度为-45℃,稳态情况下制冷量需求分析,并给出了在光学部件(100±3)K 条件下的温度场分布云图。

（3）环境温度为 300K,稳态情况下制冷量需求分析,并给出了在光学部件(100±3)K 条件下的温度场分布云图。

（4）瞬态分析:环境温度为 300K,制冷机冷指设为定温边界(视为无限大冷源,能够满足任何制冷量需求,此为理想降温情况),给出光学部件在 5h 内的降温曲线。

各工况下热仿真分析结果如下:

1. 高温工况

热红外模块低温光学在环境温度为+60℃条件下,光学部件达到(100±3)K 的工作温度时,温度场云图如图 6-10、图 6-11 所示。

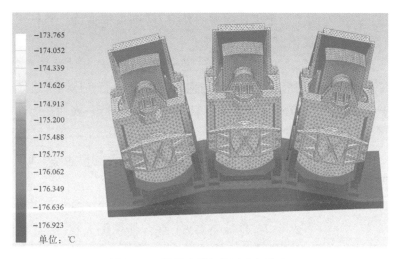

图 6-10　低温光学组件温度场分布

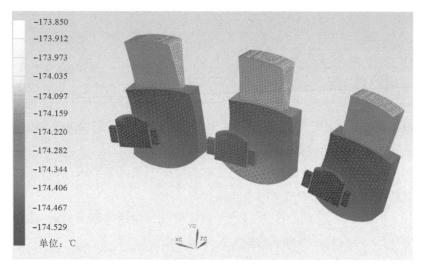

图 6-11　三反镜子的温度场分布

通过热仿真分析可知,在高温工况下,要想达到 100K 的工作温度,所需要的制冷量为 14W。从图 6-10 和图 6-11 可以看出:低温光学部件的整个温度场分布为 -177.21～-173.785℃,温度梯度为 3.425℃。三反镜子的温度分布为 -174.591～-173.85℃,温度梯度为 0.741℃,满足技术指标中光学组件温度梯度<3K 的要求。

2. 低温工况

热红外模块低温光学在环境温度为 -45℃ 条件下,光学部件达到(100±3)K

的工作温度时,温度场云图如图 6-12、图 6-13 所示。

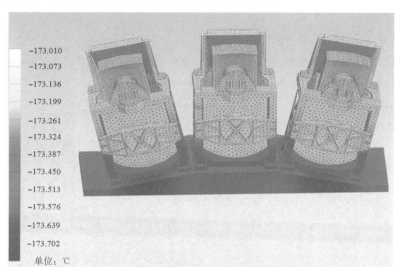

图 6-12　低温工况低温光学部件温度场分布

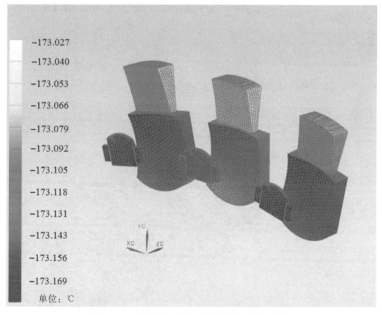

图 6-13　低温工况三反镜子温度场分布

通过热仿真分析可知,在低温工况下,要想达到 100K 的工作温度,所需要的制冷量为 3.5W。从图 6-12、图 6-13 可以看出:低温光学部件的整个温度场分布为−173.765～−173.01℃,温度梯度为 0.764℃。三反镜子的温度分布为

−173.182~−173.027℃,温度梯度为 0.155℃,满足技术指标中光学组件温度梯度<3K 的要求。

3. 稳态工况(环境 300K)

热红外模块低温光学在环境温度为 300K 条件下,光学部件达到(100±3)K 的工作温度时,温度场云图如图 6-14、图 6-15 所示。

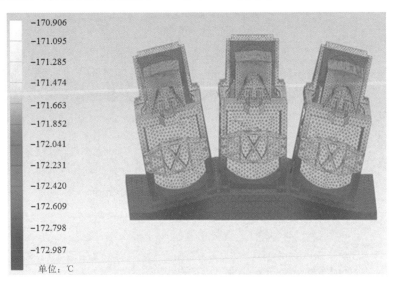

图 6-14 低温光学部件在 300K 环境下稳态温度场分布

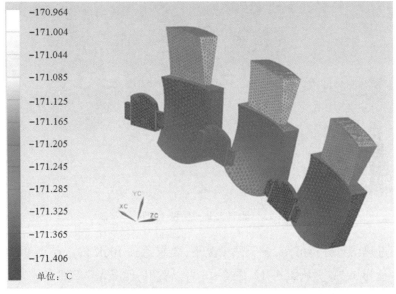

图 6-15 低温光学三反组件在 300K 环境下温度场分布

通过热仿真分析可知,在 300K 工作环境下,光学组件达到 101.704 ~ 102.186K 的工作温度,所需要的制冷量为9W。从图6.13、图6.14 可以看出:低温光学部件的整个温度场分布为−170.906 ~ −173.177℃,温度梯度为 2.271℃。三反镜子的温度分布为−170.964 ~ −171.446℃,温度梯度为 0.482℃,满足技术指标中光学组件温度梯度<3K 的要求。

4. 瞬态工况(环境300K)

热红外模块低温光学系统要求尽可能在较短的时间内获得所需要的 100K 工作温度。由于热红外低温光学系统的热容比较大(热负载等效为 6kg 铝合金),对低温光学系统的制冷时间提出了极大挑战。为了获取热红外低温光学组件随时间的降温曲线,对热模型在 300K 环境温度下,冷指温度为 95K 定温边界工况进行了瞬态分析,即假设存在一无限大冷源,能够提供足够的制冷量始终维持冷指温度为 95K,可以获得理想情况下低温光学组件的降温曲线及降低到某一温度时制冷量需求曲线,如图 6-16 所示。从图中曲线可以看出,2h 内,低温光学系统从室温降低到了 173K,降温 4h 后,低温光学系统温度达到了 122K,降温 8h 后系统温度趋于稳定,达到 104K,此时制冷量需求为 9.84W。

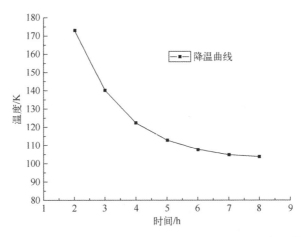

图 6-16　低温光学组件在 300K 环境下,冷指定温边界降温曲线

通过上述对低温光学系统的热仿真分析,不同工作状况下低温光学系统的制冷量需求如表 6-2 所列。

从表 6-2 可以看出:低温光学系统要达到(100±3)K 的工作温度,所需要的制冷量不能低于 14W,考虑到传导热阻及制冷余量,假设从冷指到光学基板之间温差为 5K,由于低温光学系统采用两台制冷机方案,要求单台制冷机制冷能力优于 8W@95K。

表 6-2　不同工况,低温光学制冷量需求

工　　况	制冷量/W	工作温度/K
60℃ 高温工况	14	100±3
-45℃ 低温工况	3.5	100±3
300K 环境工况	9	100±3

全谱段低温光学系统为机载航空设备,对制冷时间有特殊要求,为了尽量减小系统的制冷时间,这就要求制冷机在满足制冷量需求的前提下具有更大的制冷余量,为此基于 10W@77K(15W@95K)制冷机进行了瞬态分析,降温时间曲线如图 6-17 所示。

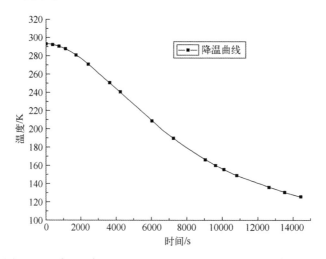

图 6-17　采用 2 台 10W@77K 制冷机对低温光学系统降温曲线

从图 6-17 可以看出,10W@77K 制冷机在制冷 4h 以后,低温光学组件温度达到 120K,与无限大热沉降温时间接近,说明受限于低温光学系统本身的热阻,在一定时间内所能传递到系统的冷量是一定的,这一传热过程取决于系统的热扩散系数。

将上述热红外低温光学系统在(100±3)K 工作温度下各部件温度场分布映射到结构分析模型中,得到了各光学组件的热变形结果。

为了得到光学组件沿镜片光轴方向变形数据,为各镜片建立了独立的子坐

标系统,根据光学设计人员的要求,将子坐标系的 X 轴垂直于镜子背面的平面,方向指向非球面一端,如图 6-18 所示。

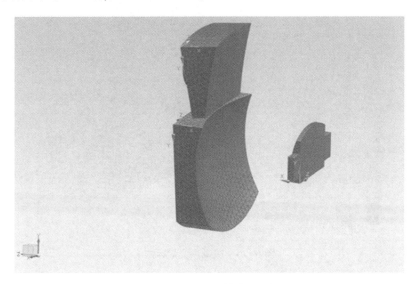

图 6-18　三反光学镜片子坐标系

三反镜子的热变形结果如图 6-19 至图 6-21 所示。

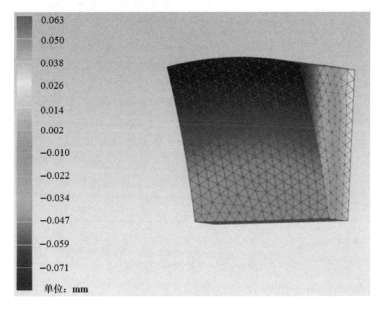

图 6-19　主镜热变形云图

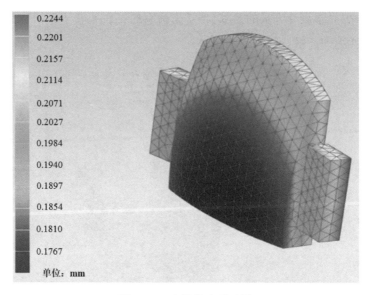

图 6-20　次镜热变形云图

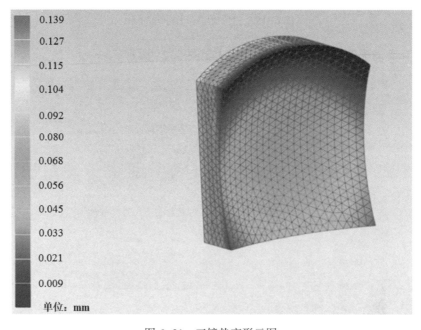

图 6-21　三镜热变形云图

从图中结果可以得出三反镜子的镜面最大最小变形量,如表 6-3 所列。

为了反映三反组件热变形前后相对位置的变化,对镜子之间的距离定义如图 6-22 所示,变形前后 D1~D4 的值如表 6-4 所列。

表 6-3　三反镜面在子坐标系下变形数据

名　称	坐　标	最大变形/mm	最小变形/mm
主镜	X	-18.816×10^{-3}	-83.050×10^{-3}
	Y	686.012×10^{-3}	441.732×10^{-3}
	Z	107.229×10^{-3}	-109.006×10^{-3}
次镜	X	205.188×10^{-3}	172.372×10^{-3}
	Y	-266.352×10^{-3}	-427.594×10^{-3}
	Z	474.263×10^{-3}	317.883×10^{-3}
三镜	X	65.190×10^{-3}	-2.638×10^{-3}
	Y	425.246×10^{-3}	52.764×10^{-3}
	Z	154.379×10^{-3}	-154.650×10^{-3}

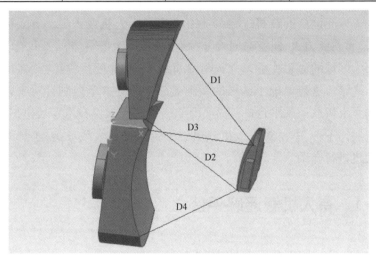

图 6-22　三反组件相对距离示意图

表 6-4　三反组件热变形前后相对位置变化

名　称	变形前/mm	变形后/mm	变化量/mm
D1	93.3794	93.3795	6.1502×10^{-5}
D2	78.6345	78.6345	-3.1857×10^{-5}
D3	68.3735	68.3735	-1.2897×10^{-6}
D4	70.4710	70.4709	-4.3275×10^{-5}

从表中数据可以看出,热变形前后,三反组件的相对位置变化为 1.29 ~ 61.5 μm,D1 变化为正,说明镜子之间距离增大,D3 ~ D4 皆为负值,说明镜子之间距离缩小。全谱段低温光学热设计方案合理,能够满足光学组件(100±3)K 的工作温度要求。

第 7 章

机载成像光谱仪平台适应性技术

机载成像光谱仪的载机平台分为有人机和无人机两大类。有人机具有飞行速度快、承载能力大、滞空时间长等特点,通常用于搭载体积和重量较大的光谱仪进行大区域的遥感作业。无人机具有载重轻、速度慢等特点,多用于搭载小型成像光谱仪进行局部小区域的精细遥感作业。本章分别针对有人机载遥感平台和无人机载遥感平台进行简要介绍。考虑无人机技术发展迅速,各种新型无人机层出不穷,本章对无人机载遥感平台仅进行大致分类,不针对具体型号的无人机进行介绍。

7.1 有人机载遥感平台

7.1.1 有人机载遥感平台技术特点

在无人机技术兴起之前,有人机载平台是航空遥感应用的主要手段之一,即使是今天,有人机载遥感平台仍然是航空遥感的主要力量。有人机载遥感平台具有以下优点:

(1) 有人机载平台载荷能力强,能够装载高性能的遥感仪器,装载仪器数量多,能够开展综合性遥感观测,或执行较大面积的遥感作业业务。

(2) 有人参与的机载遥感,具有较好的实时性,机上操作判读人员在设备运行过程中,可以参与图像的实时处理和判读,及时做出决策。这在执法检查、环境监测、搜救、军事侦察监视等应用中,具有重要作用。

7.1.2 典型有人机载遥感平台

目前我国生产的比较通用的有人遥感飞机平台有运 5 飞机、运 12 飞机,国外比较著名的有人遥感飞机平台包括 U2 飞机、塞斯纳奖状飞机等。

运-5(中国代号:Y-5,英文:Nanchang Y-5 或 Shijiazhuang Y-5)运输机,是中国航空工业南昌飞机制造厂生产的多用途单发双翼运输机,如图 7-1 所示。该机是按照苏联安东诺夫设计局设计的安-2 飞机的图纸资料,于 1957 年 12 月 23 日在中国制造成功,曾名"丰收"二号。

图 7-1　运-5 飞机照片

运-5 采用半硬壳式金属结构、后 3 点固定式起落架、普通双翼气动布局,其起落架使用大行程油液减震器和低压轮胎,可以在简易机场上起落。运-5 早期的动力装置为一台国产的九缸星形气冷式活塞发动机,额定功率为 820 马力。其主要性能参数如表 7-1 所列。

表 7-1　运-5 飞机性能参考数据

	运-5 基本型	运-5B
上翼展/m	18.176	18.176
下翼展/m	14.236	14.236
机长/m	12.688	12.688
机高/m	5.35	6.097
最大起飞质量/kg	5250	5250
最大载重/kg	1500	1500
最大平飞速度/(km/h)	256	256
最大航程/km	845	1560
巡航速度/(km/h)	160	160
实用升限/m	4500	4500

续表

	运-5 基本型	运-5B
爬升率/(m/s)	2.7	3.0
起飞距离/m	180	150
着陆滑跑距离/m	157	170
动力装置	1台活塞-5发动机,配J12-G15 4叶金属螺旋桨; 发动机起飞功率为735.5kW	发动机首翻期1200h 螺旋桨首翻期1000h
续航时间	6.17	—
客座数	—	12

运-5飞机是一种安全可靠、性能良好、多种用途的飞机,并具有经济性好、使用维护简单、安全可靠等特点。该机不仅能低空飞行,用于农业的灭蝗杀虫、播种、施肥,森林防护灭火,地质勘查、探矿,医疗救护,民航客货运输,军队训练伞兵和跳伞运动等,而且加装涡轮增压器后,还能够进行高空飞行,用于探测高空大气和航空测量。如果加装水上飞行设备,又能作水上飞机使用。

运-5的主要型别有货运型、客运型、农业型、跳伞和空中支援型、救护型等。许多运-5的改型还活跃在农业、林业和其他行业上。

运-12(中国代号:Y-12,英文:Harbin Y-12)运输机[93]是哈尔滨飞机制造公司在运-11飞机基础上研制的轻型双发多用途运输机。

运-12换装两台普·惠PT6A三桨叶涡轮螺旋桨发动机;采用新型翼型、黏合结构和整体油箱;斜撑杆式直线形上单翼;上掠式后部机身;大型背鳍,尾锥下腹鳍。其主要性能参数如表7-2所列。

表7-2　运-12飞机性能参考数据

翼展/m	17.235
机长/m	14.86
机高/m	5.575
展弦比	8.67
机翼面积/m²	34.27
主轮距/m	3.60
前主轮距/m	4.698
螺旋桨直径/m	2.489
螺旋桨中心距/m	4.934
机身地面间距/m	0.65

续表

空重/kg	2840
起飞重量/kg	5300
最大载油量/kg	1230
最大商务载重/kg	1700
最大平飞速度/（km/h）	328
巡航速度/（km/h）	292
实用升限/m	7000
起飞滑跑距离/m	425
着陆滑跑距离/m	480~620
航程/km	1340

该机于 1980 年初开始设计,历时两年、经 1100 多飞行小时试飞定型。试飞中曾向美国洛克希德飞机公司的试飞专家咨询,并由该公司有经验的试飞员进行过试飞。试飞结果表明,运-12 飞机的性能完全达到设计标准。

1985 年,运-12 飞机取得了中国民用航空局颁发的第一个民用飞机型号合格证,1986 年又取得该局颁发的第一个生产许可证。截至 2000 年 6 月,共有102 架运-12 飞机外销非洲、大洋洲、南美洲、亚洲、北美洲的 18 个国家[71]。运-12 飞机,可用作客货运输、空投空降、农林作业、地质勘探,还可改装成电子情报、海洋监测、空中游览和行政专机等。

洛克希德 U-2 侦察机（英文:Lockheed U-2,外号"蛟龙夫人",Dragon Lady）,是美国洛克希德公司为空军研制的一种单座单发高空侦察机[94],如图 7-2 所示。U-2 能不分昼夜于 70000 英尺（21336m）高空执行全天候侦察任务,在和平时期、危机、小规模冲突和战争中为决策者提供重要情报。此外,也用于电子感应器研发、确认卫星资料和校准。虽然首飞至今已经 60 多年,但U-2 仍然活跃于前线。

U-2 生产线曾于 20 世纪 80 年代重新启动。2005 年 12 月 23 日由美国国防部核准的预算文件中要求 U-2 最晚于 2011 年全部退役,并于 2007 年年初将部分 U-2 退役。U-2 的使命将会由诺斯罗普・格鲁曼公司制造的"全球鹰"无人机和侦察卫星取代。但由于"全球鹰"至今还未能全部完善,U-2 退役计划被再度推迟。

U-2 于 1955 年 8 月秘密完成首飞。1956 年开始装备美国空军。美国空军

图 7-2　U-2 飞机照片

和美国中央情报局用来侦察敌后方战略目标,如今仍可作为战术侦察机。几十年来曾征战全球,侦察过苏联、古巴、朝鲜、中国、越南等国家,但是也有 15 架在敌国的领空被击落。

美国航空航天局 JPL 实验室研制的 AVIRIS 机载成像光谱仪的主要载机ER-2 即为 U-2 飞机的改进型[95]。

美国塞斯纳公司是世界知名的轻型飞机和公务机制造商,该公司研发的"奖状"系列、"大篷车"系列轻型飞机在机载遥感领域有广泛应用。

赛斯纳 208 是美国赛斯纳飞机公司研制的单发涡桨式多用途轻型飞机[72],除可用作客、货运输外,换装专用设备后,还可用于空中灭火、空中摄影、农业喷洒、边境巡逻、跳伞、空投物资、医疗救护和监视飞行等任务,如图 7-3 所示。

该机型建造计划于 1981 年启动,用于客货运输,也瞄准许多其他用途。原型机于 1982 年 12 月 9 日首飞,1985 年开始批量生产,早期产品全部交付给美国联邦快递公司。

塞斯纳 208 经历了一系列的修改,并衍生出不同的机型,由最初的型号演变出多种改型。塞斯纳 208 以其优良的适应能力著称,公司提供了不同的起落

图 7-3　塞斯纳 208 飞机照片

架安装模式,使塞斯纳 208 能适应不同的地形,甚至包括水上版本。其主要性能参数如表 7-3 所列。

表 7-3　塞斯纳 208B 基本参数

乘员/人	14
翼展/m	15.9
机长/m	12.7
机高/m	4.27
客舱空间长宽高/(m×m×m)	5.1×1.6×1.3
空机质量/kg	1979
最大起飞总质重/kg	3969
最大可用载重/kg	2005
最大油箱容量/L	2249
最大巡航速度/(km/h)	341
最大航程/km	1680
最高可用飞行高度/m	7224
发动机	普拉特-惠特尼公司 PT6A-114
额定功率/轴马力	675

7.2　无人机载遥感平台

在我国,习惯上将无人驾驶飞行器称作无人机,通常引用的英文名称为Un-manned Aerial Vehicle(UAV),不同文献上对于无人机的定义描述也不尽相同,2002年1月我国出版的《国防科技名词大典航空卷》[96]将无人机定义为"不用驾驶员或者驾驶(操作)员不在机上的飞机"。

目前,在学术界得到普遍认同的是2002年1月美国联合出版社出版的《国防部词典》中对无人机的定义:"无人机是指由动力驱动、不搭载操作人员的一种空中飞行器,采用空气动力为飞行器提供所需的升力,能够自主或遥控飞行,既能一次性使用也能进行回收,能够携带杀伤性或非杀伤性任务载荷。弹道或半弹道飞行器、巡航导弹和炮弹不能看作是无人机。"

根据该定义,无动力的滑翔机和利用空气浮力升空的飞艇不能看作无人机。而无人机与导弹的区别是:无人机可以回收,导弹则不能;导弹的战斗部被整合在弹体内,无人机携带的弹药则不与机身形成一体。

此外,能够搭载有效任务载荷的无线电遥控动力航空模型也符合上述无人机的定义。在实际应用中,由于具备成本低、使用灵活的特点,航空模型搭载照相设备等任务载荷,由操作手遥控或利用加装的飞控系统自主控制飞行,在测绘等应用领域已经发挥了重要作用。同时,航空模型的加工、生产技术和安装、调试的方法、技巧,为小型低速无人机的发展提供了很大的帮助。

由于无人机的使用需要一整套装置和设备,因此,无人机及与其配套的控制站、起飞(发射)回收装置以及无人机的运输、储存、检测设备统称为无人机系统。

在国外,无人机在不同的历史时期有着不同的称谓。20世纪20年代初使用的是Pilotless Airplane;30年代中期,由于靶机的大量使用,无人机被称作Drone,到了1950年进一步演化为Radio Controlled Aerial Target(RCAT);50年代中期,增加了侦察功能的无人机称为Surveillance Drone;60年代中期,则被称作Special Purpose Aircraft(SPA),不过不久又出现了Remotely Piloted Vehicle(RPV)的名称;80年代中后期,无人机又先后被称作Unmanned Aircraft(UMA)和Automatically Piloted Vehicle(APV);今天最常用的Unmanned Aerial Vehicle(UAV)出现在90年代初,随后几年又在此基础上派生出了Unmanned Tactical Aircraft(UTA)和Unmanned Combat Air Vehicle(UCAV)。

随着无人机技术的进步和应用领域的拓展,无人机概念的内涵也在不断丰富。美国国防部从 2000 年开始已先后发布了 7 个版本的无人机发展路线图,2000 版和 2002 版的名称为 Unmanned Aerial Vehicle Roadmap;2005 版名称变为 Unmanned Aircraft System Roadmap,开始把浮空器(包含无人飞艇和系留气球)纳入发展规划,并从系统角度对无人机互操作性进行了分析、评价和预测;2007 版开始名称则变为 Unmanned System Roadmap,将无人机系统(UAS)、无人驾驶地面车辆(UGV)、无人驾驶海上航行器(UMV)的发展合并到一个全面的无人系统路线图中。

按使用功能划分,无人机可分为军用无人机、民用无人机和消费无人机[97]。军用无人机又可分为侦察无人机、电子对抗无人机、通信中继无人机、攻击无人机及无人靶机等类型;民用无人机可分为巡查、监视、测绘和探测无人机以及农用无人机等;消费无人机主要用于个人航拍、游戏等休闲用途。

按气动布局划分,无人机可分为固定翼类无人机、旋翼类无人机、扑翼无人机和复合式布局等类型[98]。固定翼类无人机飞行时靠动力装置产生前进的推力或者拉力,产生升力的主翼面相对于机身固定不变,主要有常规布局、鸭式布局、无尾或飞翼布局、三翼面等形式;旋翼类无人机产生升力的旋翼桨叶在飞行时相对于机身是旋转运动的,又可分为无人直升机、多旋翼无人机和无人旋翼机,前两种形式的无人机旋翼由动力装置直接驱动,可垂直起降和悬停,无人旋翼机的旋翼则是无动力驱动;扑翼类无人机靠机翼像小鸟的翅膀一样上下扑动来获取升力和动力,适合于小型和微型的无人机;复合式布局无人机由基本布局类型组合而成,主要包括倾转旋翼无人机和旋翼/固定翼无人机等。

按重量划分,无人机可分为微型无人机、小型无人机、中型无人机和大型无人机。微型无人机质量一般小于 1kg,尺寸在 15cm 以内。小型无人机质量一般在 1 ~ 200kg,中型无人机质量一般为 200 ~ 500kg,大型无人机质量一般大于 500kg。

按飞行速度划分,无人机可分为低速无人机、亚声速无人机、超声速无人机和高超声速无人机。低速无人机速度一般小于 $Ma0.3$,亚声速无人机速度一般为 $Ma0.3 \sim 0.7$,超声速无人机速度一般为 $Ma1.2 \sim 5$,高超声速无人机飞行马赫数一般大于 5。

按活动半径划分,无人机可分为超近程无人机、近程无人机、短程无人机、中程无人机和远程无人机。超近程无人机活动半径为 5 ~ 15km,近程无人机活动半径为 15~50km,短程无人机活动半径为 50~200km,中程无人机活动半径为 200~800km,远程无人机活动半径大于 800km。

按飞行高度划分,无人机可分为超低空无人机、低空无人机、中空无人机、高空无人机和超高空无人机。超低空无人机飞行高度小于 100m,低空无人机飞行高度一般为 100~1000m,中空无人机飞行高度一般为 1000~7000m,高空无人机飞行高度一般为 7000~18000m,飞行高度为 18000m 之上的是超高空无人机。

第 8 章

机载成像光谱仪抗姿态扰动技术

抗姿态扰动技术能够抑制载机平台的振动、冲击和飞行姿态的变化对成像光谱仪的影响,使成像光谱仪的视轴指向始终维持在一个较小的波动范围内,以便于后期遥感图像的几何校正。由于目前已经开发出了商业级的航空摄影稳定平台,全谱段多模态成像光谱仪在研制阶段直接选用了成熟的商业产品,因此本章主要对抗姿态扰动技术的技术难点和现状进行简要介绍。

8.1 抗姿态扰动技术概述

8.1.1 抗姿态扰动技术对高光谱遥感成像的影响

航空遥感飞行作业时,作为载体平台的飞机受大气紊流和自身发动机振动等多重因素的影响难以保持飞行姿态的平稳,这种姿态扰动造成以飞机作为载体平台的航空成像设备在曝光成像时始终处于动态变化的过程,使得成像系统视轴与地物目标之间存在相对运动,从而对成像造成影响。

以在某型号无人直升机上获取的推帚式高光谱遥感图像为例,图 8-1 所示为未配套姿态稳定装置的成像效果。其中图 8-1(a)是含有黑白光学靶标的原始图像,可以看出矩形靶标的剧烈形变和道路的明显扭曲,即图像发生了严重的几何畸变;图 8-1(b)是靶标放大图,可以从标靶边缘看出图像中有量级达多个像元的震动模糊,这种像元模糊又被称为拖尾效应(Smearing Effects)。

形成几何畸变和拖尾效应的飞机姿态干扰来源可以分解为 6 个物理量影响因子,分别为横滚(Roll)、俯仰(Pitch)、航向(Yaw)三轴姿态角和沿航迹

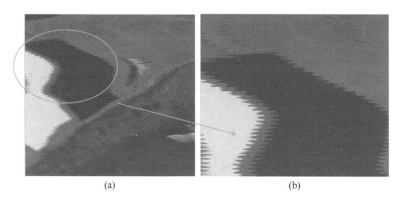

图 8-1　未配套姿态稳定装置的无人机高光谱遥感成像效果

(a) 原始图像;(b) 靶标放大图。

(OX)、翼展(OY)、高度(OZ) 3 个方向的位置平动,其影响特征如图 8-2 所示。这 6 个物理量的动态变化对于成像光谱仪单次成像的瞬态影响表现为拖尾效应,对于连续多次成像则表现为几何畸变,严重时甚至会引起地物目标漏扫/重扫从而导致飞行作业失败。

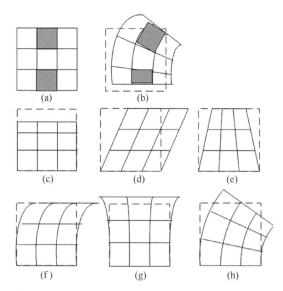

图 8-2　横滚、俯仰、航向以及位置平动对成像的影响

(a)原始图像;(b)综合形变;(c)沿轨方向;(d)穿轨方向;(e)高度方向;

(f)横滚方向;(g)俯仰方向;(h)航向方向。

因此,隔离载机扰动对成像系统的影响显得十分必要。通常最直接的办法是为成像光谱仪加装减振器,但是减振器设计存在固有缺陷:只能够隔离载体的高频低幅振动,并且经过减振以后的窄带随机振动都在系统的固有频率附近,若谐振频率在系统带宽之内将使图像始终都在不断地抖动,因此必须提高系统的刚度,保证系统谐振频率远大于系统的带宽,这又会导致低频振动极易使成像系统丢失目标。

因此,稳像技术成为实现大幅宽、高分辨率成像的关键技术,其技术手段主要有光学稳像、平台稳像和电子学稳像 3 种。其中平台稳像已成为航空遥感成像作业中应用最普遍的稳像技术手段。平台稳像是通过惯性稳定平台隔离载机姿态扰动,保证成像系统视轴在惯性空间的稳定从而实现稳像。

8.1.2　抗姿态扰动技术实现难点

对于轻小型无人机载成像光谱仪而言,其姿态稳定设计需要统筹优化考虑以克服以下关键技术:

1. 实现姿态稳定设计与无人机平台的系统匹配

目前,轻小型无人机领域存在以下特点:机型种类繁多,按动力可分为太阳能、燃油、燃料电池和混合动力无人机,按结构可分为固定翼、旋翼、无人直升机和垂直起降无人机。目前,无人机市场产品,性能各异且无统一的规范标准,即使是同类型的无人机产品,其供电能力、发动机高频振动干扰、电磁兼容特性、飞行速度稳定性、空中位置漂移、飞行姿态抗扰动能力等各方面指标均存在较大差异。因此,姿态稳定设计与无人机平台的兼容匹配性问题是实现系统设计的关键。

以上海技术物理研究所进行过遥感成像试验的 TC1235 无人直升机为例,该型无人机采用柴油发动机,发动机的转动方向与横滚方向一致,会造成平台在横滚方向的振动。如图 8-3 所示,将试验中获得的横滚数据进行局部区域放大可以明显看出平台在横滚方向有幅值约为 0.2° 的高频振动,振动频率在15Hz 左右。因此,对于不同型号的无人机平台,需要根据其具体姿态扰动特性有针对性地设计姿态稳定措施。

2. 姿态测量/稳定装置与成像光谱仪的一体化设计

目前的航空遥感应用由于通常是利用有人机或大载重量的高空无人机作为运动载体,因此姿态测量系统、姿态稳定装置和成像光谱仪通常是分离式设计开放式应用,例如已经得到广泛应用的航空遥感系统是"美国 Applanix 公司的 POS AV510 姿态测量系统+瑞士 Leica 公司的 PAV80 稳定平台+国产自研成

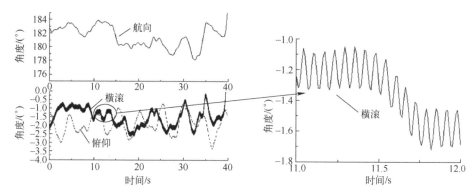

图 8-3　TC1245 发动机干扰引起载荷在横滚方向的震动

像光谱仪"组成模式,由于机载空间充足,载机对数千克级的重量敏感性不强,仅惯性测量单元的质量就达到 6kg 以上,稳定平台自重更是达到 36kg 以上,且结构紧凑性不高,通常在设计上将光机扫描头部与控制柜相分离,即使是惯性测量系统也分离为安装于光机扫描头部的 IMU 和位于控制柜内部进行运算处理的 PCS 以及安装于机舱顶部的 GPS 天线。

在轻小型无人机成像光谱仪应用中,由于空间和载重量限制,姿态测量系统、姿态稳定装置和成像光谱仪必须实现一体化紧凑设计才有可能满足应用需求。且国外通用姿态测量和姿态稳定产品的售后维修和定制化技术服务困难,因此必须尽量立足于国产姿态测量和姿态稳定系统实现系统轻量化和紧凑性设计。

3. 成像光谱仪姿态稳定精度保证

为保证成像光谱仪的高分辨率影像质量,姿态稳定设计需要解决以下两方面关键问题:

1) 克服无人机姿态角变化引起的拖尾效应对成像质量的影响

该影响可以依据以下公式判断:

$$n_{\text{IM}} = \frac{w\tau}{\text{IFOV}} \qquad (8-1)$$

式中:w 为飞机的姿态角速度;τ 为曝光时间;IFOV 为系统瞬时视场;n_{IM} 为拖尾效应导致的像移数。

这意味着成像光谱仪的曝光时间越长,影像分辨率越高,对飞机姿态角速度的稳定控制要求越高。

2) 克服无人机空中平动和升降瞬态漂移对成像质量的影响

航空相机的复合运动中包含了 3 种线位移:OX、OY 向的平动和 OZ 方向的升降。由于坐标轴 Z 轴方向与光轴重合,对于一般的航空相机而言,多采用的是共轴球面光学系统,可认为其光学系统在坐标轴 OX、OY 方向是对称的,所以其运动规律是一致的。航空相机 OX 方向和 OY 方向的移动实际是相机与所摄目标的相对移动,可以等效为相机不动,而地面物点反方向移动。这时,像点在焦面上的移动距离可表示为(以 OX 方向为例进行计算,如图 8-4 所示)

$$\Delta x = \tau_{\exp} \times V_x \times (1/S) = \tau_{\exp} \times V_x \times \frac{f_B}{H} \tag{8-2}$$

式中:$\tau_{\exp}$ 为成像光谱仪的积分时间;V_x 为在 OX 方向的姿态扰动线速度;$S = H/f_B$ 为相机航空比例尺;f_B 为成像光谱仪的后焦距;H 为航高。

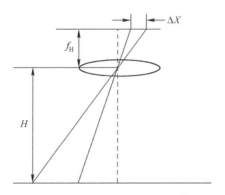

图 8-4　OX 方向平动线速度引起的像点变化

从上述分析可知,OX、OY 方向上的线位移扰动使得成像不清晰,不清晰度与成像光谱仪积分时间和姿态扰动线速度成正比。对于高空无人机或有人机而言,由于飞行高度较高,气流较稳定,OX、OY 方向线位移扰动造成的像质影响常常因为过于微小而忽略不计。而对于轻小型无人机而言,由于其飞行高度低,气流状况多变,因此其 OX、OY 方向的线位移扰动环境更为恶劣,所造成的像质影响往往较大。例如,上海技术物理研究所已进行过多次轻小型无人机载成像飞行试验的某型号高光谱遥感系统,其可见光波段像元间距为 $16\mu m$,焦距为 $22.5mm$,成像积分时间为 $15ms$,在飞行高度为 $100m$ 的条件下,产生 1 个像元模糊度所需的 X/Y 向姿态扰动线速度为

$$V_X = \frac{\Delta X \times H}{\tau_{\exp} \times f_B} = \frac{16 \times 10^{-6} \times 100}{0.015 \times 0.0225} = 4.74 m/s \tag{8-3}$$

这意味着在 $15ms$ 积分时间内机上 X/Y 向姿态扰动线位移仅需达到

7.11cm 就能引起 1 个像元的模糊度。根据中国气象局制定的风速等级定义表,该姿态扰动线速度仅相当于 3 级风力,即微风等级。因此,即使假设轻小型无人机对自身的姿态控制情况完全理想,因其重量轻抗风扰能力差,只要稍有气流扰动就可以对成像光谱仪造成严重的成像模糊。

OZ 方向即飞行过程中的升降变化所引起的像点在焦面上的位移可由以下 3 式联立求解得到:

$$\begin{cases} \Delta h = V_Z \times T_{\exp} \\ \Delta Z = r_{end} - r_{start} \\ D = r_{start} \times H/f_B = r_{end} \times (H-\Delta h)/f_B \end{cases} \quad (8-4)$$

式中:Δh 为 OZ 向的线位移距离。

$$\Delta Z = \frac{r_{start} \times \Delta h}{H-\Delta h} = \frac{r_{start}}{\dfrac{H}{T_{\exp} \times V_z}-1} \quad (8-5)$$

该公式表示 OZ 方向的线位移所造成的不清晰与像点到主光线的距离成正比,与探测器积分时间、姿态升降扰动速度成正比,如图 8-5 所示。

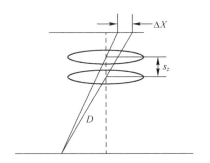

图 8-5　OZ 方向升降线速度引起的像点变化

对于高空无人机或有人机而言,由于飞行高度较高,气流较稳定,OZ 方向的升降扰动造成的像质影响也因为过于微小而常常被忽略不计。但对于轻小型无人机而言,由于其飞行高度低,气流状况多变,因此 OZ 方向的线位移升降扰动环境更为恶劣,所造成的像质影响往往较大,在姿态稳定设计中应对此予以重视。

4. 高精度位置姿态测量数据获取

由于稳像技术不能消除所有的运动畸变,因此需要系统采用高精度的位置姿态测量系统来记录影像数据采集时刻的位置和指向信息,通过后期对图像进行几何校正来进一步消除几何畸变。

面向区域制图应用的遥感成像不可避免地要涉及图像拼接问题,目前航空遥感领域主要采用高精度的位置姿态测量信息来对遥感影像进行拼接,因此位置姿态的测量误差也会对图像拼接的效果造成影响。

为保证成像光谱仪影像数据的高精度几何校正和图像拼接效果,必须解决以下 3 个方面的关键问题:

1) 轻小型无人机较高精度的位置姿态测量数据获取

目前,航空遥感应用中采用的位置姿态测量装置多数为"IMU+PCS+GPS"形式的组合导航系统,其惯性测量单元(IMU)的核心部件组成多为"光纤/激光陀螺+石英加速度计",这种工艺制造出的位置姿态测量装置精度高、稳定性好,但由于体积重量的限制大多难以满足轻小型无人机的载荷轻量化需求。以其中最具有代表性的 Applanix 公司生产的 POS AV 系列产品为例,其精度指标如表 8-1 所列,其重量体积指标如表 8-2 所列。其具体设计需要根据轻小型无人机的具体载重和空间限制情况予以针对性设计,必要时应考虑选用"MEMS 陀螺仪+石英加速度计+GPS 天线"的组合导航系统以适应轻小型设计要求,但这势必会对降低系统的姿态测量精度,因此必须统筹考虑优化设计。

表 8-1　POS AV 系列位置姿态测量系统精度指标

POS AV 精度	510 SPS	510 后处理	610 SPS	610 后处理
定位/m	1.5H	<0.1H	1.5H	<0.05H
	3V	<0.2V	3V	<0.1V
速度/(m/s)	0.05	0.005	0.03	0.005
横滚和俯仰/(°)	0.008	0.005	0.005	0.0025
航向/(°)	0.07	0.005	0.02	0.005

表 8-2　POS AV 系列位置姿态测量系统的体积重量指标

元　件	配套系统	尺寸/(mm×mm×mm)	质量/kg
标准 PCS	POS AV 510	169×186×68	2.4
IMU-7/IMU-8	POS AV 510	95×95×107	1.0
IMU-46	POS AV 510	161×120×126	2.2
IMU-57	POS AV 610	179×126×127	2.6
IMU-21	POS AV 610	163×165×163	4.49

2）位置姿态数据采集的实时性

传统应用于航空遥感领域的位置姿态测量系统由于是应用于姿态稳定性较好的有人机或大型高空无人机,其常见的姿态数据采集频率为 200Hz 就足以满足应用要求,但对于轻小型无人机而言,其姿态颠簸剧烈程度远高于有人机和高空无人机。图 8-6～图 8-8 分别所示为 TC1235 无人直升机和运五飞机的姿态角和姿态角速率变化情况。由图中曲线可以看出,二者姿态变化范围相近,但是运五变化曲率明显平缓了许多,在航向方向二者的角速率相差不大,但是横滚和俯仰方向无人机平台变化的角速率明显大于有人机。这意味着无人机姿态变化的高频成分更多,对于姿态数据测量系统而言其采样频率要求高于有人机,其数据测量实时性对测量误差的影响更大。对于轻小型无人机平动和升降瞬态漂移的测量也是如此,由于轻小型无人机空中的位置漂移晃动剧烈,在 5ms 内的空中位置漂移很可能已经能够引起视轴的较大偏离和像元的严重模糊,传统位置姿态测量系统 200Hz 的数据采集频率很可能难以满足应用需求。

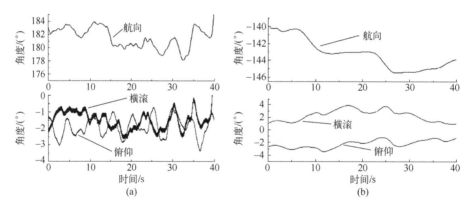

图 8-6　TC1235 无人直升机与运五飞机飞行姿态数据对比

（a）TC1235 无人直升机的姿态变化情况；（b）运五的姿态变化情况。

3）位置姿态数据与影像数据的同步匹配设计

同样,由于无人机空中姿态变化剧烈,成像光谱仪曝光时间与位置姿态测量装置的数据采集时间保持同步或实现后处理匹配成为影响几何校正精度的重要问题。同步匹配设计通常可采用成像 Event 触发或 PPS 秒脉冲时序同步设计的办法来实现。

5. 姿态稳定装置重量和精度的优化平衡设计

姿态稳定装置的重量概念包含两个方面,即姿态稳定装置自身的重量和姿

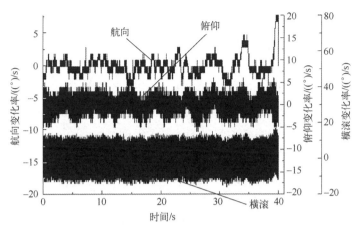

图 8-7　TC1235 姿态变化角速率

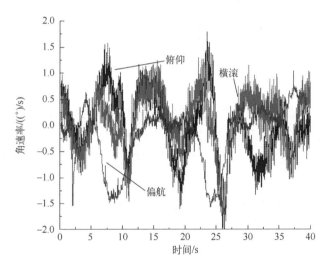

图 8-8　"运五"姿态变化角速率

态稳定装置的承载能力。其精度概念主要包括 3 个方面,即成像稳定精度、姿态测角精度和线位移稳定度测量精度。轻小型无人机成像光谱仪对于姿态稳定系统的重量要求与精度要求形成了一对相互制约的矛盾体,因此对二者的统筹优化设计成为成像光谱仪姿态稳定设计的关键,这必须结合实际约束条件和明确的应用需求进行有针对性的研制攻关。建议进一步梳理对轻小型无人机遥感的具体需求,分出层次(姿态测量、稳定精度等级有不同的档次),从而可以实现姿态稳定平台研制系列化,应用层次化。

8.2 抗姿态扰动技术现状

轻小型无人机定义为有效载荷在 30kg 以下,飞行高度为 100～1000m 的无人机。在轻小型无人机载荷姿态稳定设计中,如何优化系统设计以满足所需的轻量化和高精度指标,成为必须解决的首要关键问题。

目前,航空遥感应用中的惯性稳定平台主要分为两类:一类是针对 1000m以上的高空有人机设计的高精度环架型稳定平台,其典型代表如 Leica 公司的PAV 系列稳定平台、中国航天科技集团公司第九研究院第十三研究所的 RP02型稳定平台、北京航空航天大学研制的轻量化快响应稳定平台等;另一类是针对高空无人机设计的低精度吊舱型稳定云台,其典型代表有中国航天科技集团公司第九研究院第十三研究所的 DV 系列侦察吊舱。

高精度环架型稳定平台一般采用两轴或三轴万向环架结构,安装在载机与成像设备之间。如图 8-9 所示,成像设备放置在惯性稳定平台上,与载机隔离,图中 PAV80 为瑞士 Leica 公司的一款通用惯性稳定平台。该类平台稳像的工作原理是通过安装在万向环架上的惯量元件实时感测载机的姿态变化,然后将姿态扰动信号反馈给平台控制系统,进而驱动万向环架反向实时补偿,隔离载机姿态扰动,实现成像系统视轴在惯性空间的稳定。如表 8-3 所列,这类稳定平台可实现较高的姿态指向精度,载重量大且成像稳定效果好,已在航空遥感领域获得广泛应用。但是由于其环架式结构的设计方案限制,其平台自重难以减轻且平台体积难以减小。对于轻小型无人机而言,该类稳定平台的体积和重量多数是难以接受的,若对其进行轻量化设计又势必会大幅降低姿态稳定性能。

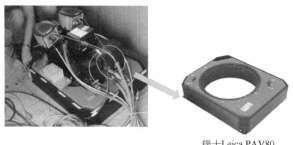

瑞士Leica PAV80

图 8-9　环架式惯性稳定平台

表 8-3　环架式惯性稳定平台技术指标对比

指　标	国　外			国　内	
	瑞士 PAV80	美国 T-AS	德国 GSM3000	北航/13 所高精度	北航/13 所轻量化
指向精度/(°)	±0.02	±0.5	±0.02	±0.2	±0.5
承载质量/kg	100	110	120	80	20
自重/kg	36	48	35	40	12

以图 8-10 所示的 DV 系列侦察吊舱为例,其性能指标如表 8-4 所列。该类型吊舱型稳定云台的应用侧重于目标识别捕获与监视跟踪,仅确保成像稳定、远程操控和跟踪指向功能,其姿态定位精度较差,无法用于遥感区域制图。且若采用环架式结构设计的稳定云台,其承载:自重占比可达到 1:1 左右,而若采用吊舱形式的结构设计稳定云台,则承载:自重占比须为 1:2 至 1:3 之间(不含升降机构重量),这意味着对轻小型无人机本已十分有限的承载能力的利用率进一步降低。

图 8-10　吊舱型稳定云台

表 8-4　中国航天科技集团公司第九研究院第十三研究所 DV 系列
侦察吊舱技术指标

型号	红外/可见光数字型	红外/可见光模拟型	红外+可见光型
方位轴工作角/(°)	$N×360$		
俯仰轴工作角/(°)	+10~-120		
识别距离	5km,对 3m×3m 目标		可见光:5km 红外:2km,对 3m×3m 目标
光电载荷	制冷型红外热像仪/3CCD 可见光摄像机+激光测距仪	制冷型红外热像仪/CCD 可见光摄像机+激光测距仪	可见光+非制冷型 红外热像仪
视频格式	数字视频 CameraLink 接口	PAL 视频	PAL 视频
测距离/km	≥6		
质量/kg	平台<16,升降机构<4		

续表

型号	红外/可见光数字型	红外/可见光模拟型	红外+可见光型
稳定精度/μrad	<40		
测角精度/mrad	≤1		
最大转向速率/((°)/s)	≥60		
外形尺寸/(mm×mm)	φ260×390		
电源/V	DC +28(1±10%)		
功耗/W	<100,峰值<180		
工作温度/℃	−40～+55		

此外,随着商业领域无人机航拍的火热兴起,大疆创新、零度智控、天途、哈博森等众多高科技公司均推出了具备航拍稳定功能的无人机云台产品,其典型产品如图 8-11 所示。该类无人机云台重量轻结构紧凑,承载:自重占比可达

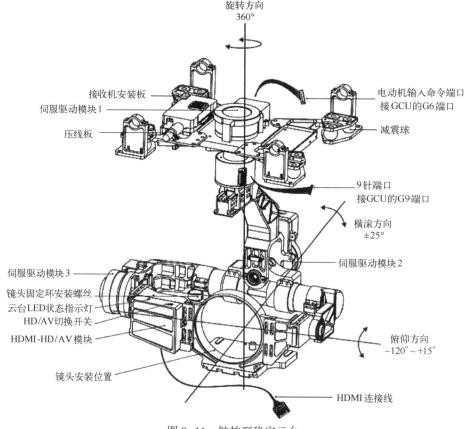

图 8-11　航拍型稳定云台

2∶1左右,其结构特性适用于轻小型无人机。但是迄今为止该类无人机云台的应用仅限于飞行玩具、极限航拍和影视拍摄等领域,其设计理念与遥感稳定平台迥异,其技术指标也仅能确保成像稳定、远程操控和跟踪指向功能,其姿态定位精度也较差,其图像数据无法与地理坐标系精确匹配形成区域制图,因此将其引入到遥感应用领域从技术到沟通层面都有一定的难度,需要有一定的磨合过程。

第 9 章

机载成像光谱仪性能测试技术

受机械加工工艺和光学装调工艺的限制,实际完成的成像光谱仪的性能参数与设计值之间会存在一定的偏差,因此必须对完成装调的成像光谱仪的实际性能参数进行测试,以确定实际系统指标是否满足设计要求。根据测试场景、方法和设备的不同,性能测试主要分为实验室性能测试和外场检校性能测试。

9.1 实验室性能测试方法

实验室性能测试内容主要包括三大类,即成像特性测试、光谱特性测试和辐射特性测试。下面针对这三大类测试内容进行详细介绍。

9.1.1 成像特性测试

成像特性测试主要是测试成像系统的成像质量,主要包括总视场角[99]、角分辨率和静态传递函数[100]。

1. 总视场角

总视场角描述了成像系统一次成像所能看到的最大空间范围。由于机载成像光谱仪系统多采用线阵推扫的方式进行成像,因此机载成像光谱仪系统的总视场角一般指的是载荷在穿轨方向的最大视场角。

1)性能测试方法

总视场角的测量主要是靠平行光管+折转镜来实现,其测试原理如图9-1所示。将平行光管沿着成像光谱仪狭缝的方向放置,在平行光管焦面上放置一个对应谱段空间分辨率的靶标,靶标为一个小孔,其孔径对应各谱段的一个瞬时视场。光源(与谱段光谱范围对应)照亮靶标,靶标经平行光管准直后在成像光谱仪的像面形成对应的图像。由于小孔的尺寸恰好对应空间分辨率,因此此时像面上的图像在空间维应恰好覆盖一个像元。通过测量两个边缘视场产生有效响应时折转镜的旋转角度来计算成像光谱仪的总视场角,其详细测试步骤如下:

(1) 将成像光谱仪固定安装在转台上,使光谱仪狭缝的方向与平行光管的出射光方向平行,连接测试设备。

(2) 调整折转镜的角度接近一侧的视场边缘附近,然后缓慢转动折转镜,确定能产生响应的最边缘处的像元。

(3) 缓慢调整折转镜的角度,使得该空间维响应达到最大值,然后调整光源的亮度和系统的积分时间,使得该像元的响应在饱和值的 70%~90% 之间,记录像元的响应 I_1。

(4) 缓慢转动折转镜,直至光强下降至 I_1 的一半时,认为此时为边缘视场,记录此时的角度 α_1。

(5) 反向旋转转台,转至另一侧的视场边缘附近,确定另一侧能产生响应的最边缘处的像元,并记录像元的最大响应 I_2。

(6) 将像点移出这一侧的边缘视场,然后沿着与步骤(4)中相同的转动方向缓慢转动折转镜,直至光强达到 I_2 的一半时,记录此时的角度 α_2,即可计算总视场角。

(7) 重复步骤(2)~(6),记录 3 组数据,取 3 组数据的平均值作为仪器的总视场角 α。

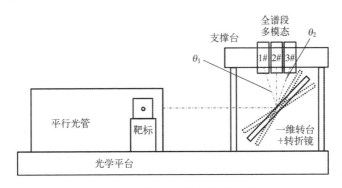

图 9-1　总视场角测试原理示意图

2) 指标计算方法

视场角 α 计算公式如下,其中 α_1,α_2 分别为两个边缘视场角:

$$\alpha = 2 \mid \alpha_1 - \alpha_2 \mid \qquad (9-1)$$

3）样本处理要求

对于成像光谱仪的每个通道,取 3 组数据的平均值作为仪器的视场角。

2. 角分辨率

机载成像光谱仪的角分辨率是指仪器相邻两个空间维对应的视场角度的差值,其描述了系统对两个最小可辨目标之间所张角度的大小。角分辨率分为两个方向,即沿轨方向和穿轨方向。

1）性能测试方法

角分辨率的测试方法与总视场角的测试方法类似,也是靠平行光管+折转镜来实现,只不过测量的是相邻两个空间维像元产生有效响应时折转镜的旋转角度来计算成像光谱仪的总视场角,其详细测试步骤如下:

（1）将成像光谱仪固定安装在转台上,使光谱仪狭缝的方向与平行光管的出射光方向平行,连接测试设备。

（2）调整折转镜的角度使得角度摆放在中心视场,缓慢调整折转镜的角度,使得该空间维响应达到最大值,然后调整光源的亮度和系统的积分时间,使得该像元的响应在饱和值的 70%~90% 之间。

（3）缓慢调整折转镜,使得中心视场及其相邻视场处的响应接近背景值,然后反向缓慢调整折转镜,每旋转一个角度,记下此时折转镜的角度 α_k 和此时中心视场像元的响应 I_{k1} 以及其相邻视场像元的响应 I_{k2},直至折转镜角度越过中心视场,响应 I_{k1} 和 I_{k2} 再次接近背景值。

（4）根据响应 I_{k1} 和 I_{k2} 随着折转镜角度 α 的变化关系,计算中心视场及其相邻视场像元对应的视场,二者之差即为穿轨方向的角分辨率。

（5）将视场分别调至 ±0.3 全视场、±0.5 全视场、±1.0 全视场处,重复上述操作流程,记录每个视场像元及其相邻视场像元响应对应的折转镜角度,计算当前视场处的穿轨角分辨率。

（6）沿轨方向的角分辨率依据狭缝的宽度及探测器焦距计算得出。

2）指标计算方法

角分辨率计算方法如下:

根据每个视场的响应 I_k 与折转镜的角度 α_k 的对应关系,利用高斯函数拟合出该视场的响应 I 与角度 α 的函数,从而确定该视场对应的实际角度。通过计算两个相邻视场对应的实际角度 α_1、α_2,计算该视场处的穿轨角分辨率:

$$\text{IFOV}_{\text{cross}} = 2 \mid \alpha_1 - \alpha_2 \mid \qquad (9-2)$$

沿轨方向的角分辨率计算公式如下：

$$\text{IFOV}_{\text{in}} = \frac{W_{\text{slit}}}{f} \tag{9-3}$$

式中：W_{slit} 为狭缝的宽度；f 为焦距。

3）样本处理要求

对于成像光谱仪的每个通道，每个视场角处采集 5 个数据，取平均值为当前通道当前视场角的空间分辨率，不同视场角中最大的一个作为每个通道的空间分辨率。

3. 调制传递函数

调制传递函数（Modulation Transfer Function，MTF）是评价成像光谱仪成像品质的重要指标之一，反映了成像系统对不同空间尺度目标的调制传递特性，直接影响遥感影像的质量和应用效果。

1）性能测试方法

由于机载成像光谱仪多采用推帚方式成像，很难通过对分辨率板成像的方式测试系统的静态传递函数，因此一般采用条纹靶标（图 9-2）测量奈奎斯特频率处静态传递函数的方式。靶标的一个条纹在光谱仪像面上正好对应一个空间维的像元，根据条纹靶标对应的 DN 值数据（图 9-3）即可计算出系统在奈奎斯特频率处的静态传递函数。

图 9-2　条纹靶标形状图例

2）指标计算方法

分析条纹靶标对应的 DN 值数据，对应不透光部分的像元信号最小为 DN_1，对应透光狭缝的像元信号最大为 DN_2，静态传递函数为

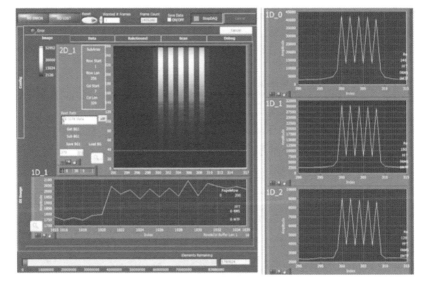

图 9-3　条纹靶标对应的 DN 值

$$\mathrm{MTF} = \frac{\mathrm{DN_2} - \mathrm{DN_1}}{\mathrm{DN_2} + \mathrm{DN_1}} \times \frac{\pi}{4} \tag{9-4}$$

3) 样本处理要求

每个视场角处采集 5 组数据,取 5 组 MTF 数据的平均值作为该视场处的结果。一般分别测量中心视场、±0.5 全视场、±1.0 全视场处的 MTF,取不同视场角中最大的一个值作为系统的 MTF。

9.1.2　光谱特性测试

成像光谱仪由于除了提供空间维信息外,还提供光谱维的信息,因此在完成系统整机装调完成后需要进行整机光谱特性测试,即光谱定标。高光谱成像光谱仪由于波段多、光谱分辨率高,因此对波长的定标要求更为严格。在成像光谱仪辐射定标之前要进行光谱定标,光谱定标是辐射定标的前提和保证,光谱定标的主要任务是确定各光谱通道的中心波长位置和通过特性(半宽度和光谱响应函数),并以标准光谱信号为基准,监测仪器在轨工作状态下各通道的波长位置及光谱稳定性,校正波长偏移,并测定光谱响应函数[101]。通过光谱定标可以得到系统各通道的光谱响应曲线、中心波长以及光谱分辨率(半高宽) 等参数。这些参数可以用来表征高光谱遥感器的光谱探测能力。目前,高光谱遥感器常用的光谱定标方法主要有谱线灯定标法、单色准直光定标法、可调谐激光器定标法和基于大气分子特征吸收谱线的气体吸收池定标法等[102]。一般为了获得比较全面的光谱数据,实验室内多采用单色准直光定标法[103]。

1. 性能测试方法

单色准直光定标法主要是靠单色仪+平行光管+折转镜来实现,如图 9-4 和图 9-5 所示。利用单色仪产生单色光,通过改变单色仪输出单色光的波长,检测光谱仪各个波段的响应与入射光波长之间的关系,即光谱响应函数,从而确定各个波段对应的中心波长和半高宽,其详细测试步骤如下:

(1) 按照光谱定标原理图搭建定标光路,使平行光管的出射光能够覆盖成像光谱仪的入瞳。

(2) 调整入射光在光谱维方向的入射角,使探测器上的响应最大,以保证入射光正对光谱仪光谱维方向的视场。

(3) 调整光源强度、转台角度和成像光谱仪的工作模式(积分时间、增益),设定单色仪输出波长的扫描范围和扫描步长(通常扫描步长为光谱采样间隔的1/10),记录单色仪每个输出波长下探光谱仪各个光谱通道的响应,获取每个光谱通道的光谱响应函数。

(4) 根据光谱响应函数确定每个光谱通道的中心波长、半高宽和光谱仪的波段范围。

(5) 旋转转台改变视场,重复上述步骤采集其他视场的光谱定标数据。

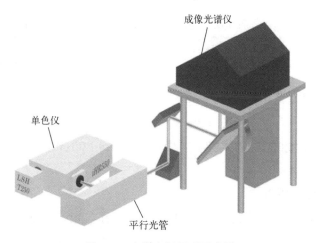

图 9-4　光谱定标原理示意图

2. 指标计算方法

光谱定标数据扣除偏置暗背景信号后,作为探测器光谱响应数据。对于具

有 N 个通道的高光谱遥感器来说,第 i 个通道的输出为

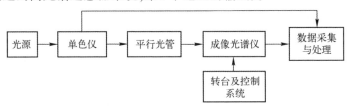

图 9-5　光谱定标原理框图

$$X_i = \int_{-\infty}^{+\infty} \frac{E_\lambda}{\pi} \beta^2 A \rho(\lambda) \tau_\partial(\lambda) \tau_\circ(\lambda) S_s(\lambda) R_d(\lambda) R_e(\lambda) \mathrm{d}\lambda \qquad (9-5)$$

式中:E_λ 为太阳光在波长 λ 处的辐照度;β 为系统的瞬时视场;A 为系统的有效光学面积;$\rho(\lambda)$ 为地面的反射率;$\tau_\partial(\lambda)$ 为大气的光谱透过率;$\tau_\circ(\lambda)$ 为系统的光学效率;$S_s(\lambda)$ 为遥感器色散系统的传递函数;$R_d(\lambda)$ 为探测器的光谱响应率;$R_e(\lambda)$ 为电子学系统的光谱响应率;E_λ,$\rho(\lambda)$,$\tau_\partial(\lambda)$ 为与系统无关的量;β,A 为系统设计参量。

系统第 i 个通道的相对光谱响应函数为

$$S_i = \tau_\circ(\lambda) S_s(\lambda) R_d(\lambda) R_e(\lambda) \qquad (9-6)$$

考虑到实际应用中的光学效率 $\tau_\circ(\lambda)$,遥感器色散系统的传递函数 $S_s(\lambda)$、探测器的光谱响应率 $R_e(\lambda)$ 和电子学系统的光谱响应率 $E_e(\lambda)$ 的影响,系统的光谱响应 S_i 通常可由高斯函数来表征。数据去除背景后得到的光谱响应函数近乎高斯型 $y = A_0 + A\exp\left(-\dfrac{(x-\lambda_c)^2}{2\sigma^2}\right)^{[104]}$,拟合可得到相应的中心波长 λ_c。

光谱半高宽 FWHM 为

$$\mathrm{FWHM} = 2\sqrt{2\ln 2}\,\sigma \qquad (9-7)$$

将信噪比达标的谱段的 FWHM 做平均,得到 FWHM 的平均值,如图 9-6 所示。

3. 样本处理要求

对于机载成像光谱仪系统,一般情况下由于存在光谱弯曲的现象[105],同一波段的不同视场处对应的中心波长一般不一样,因此需要测量多个视场的光谱曲线以便更真实地反映高光谱图像的光谱信息。通常至少测量中心视场、±0.5 全视场、±1.0 全视场 5 个视场处的光谱曲线。为了减小探测器响应的随机误差对光谱定标结果的影响,每个波长下至少采集 20 帧图像求平均值。由于需要

采集的数据量比较大,因此光谱定标多采用自动扫描-采集模式,即通过程序同时控制单色仪和图像采集系统,程序自动控制采集同一个波长下的20帧图像,然后再自动调整单色仪的输出波长,直至完成整个波段的扫描。

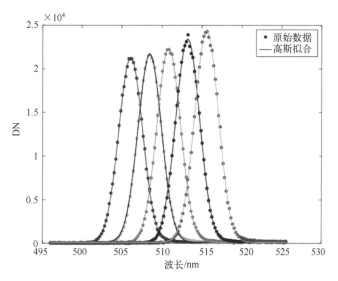

图9-6 相邻5个波段的光谱响应函数

为进一步提高光谱定标的精度,应使用具有特征谱线的光源(如汞灯)对单色仪进行校准[106]。具体方法如下:

将汞灯置于单色仪的入射窗口处作为光源,设置单色仪在汞灯特征谱线附近进行精细扫描,利用探测器采集单色仪出射窗口处的光强信息,获取单色仪出射窗口处的光强随单色仪输出波长的响应曲线(图9-7),然后利用质心法计算响应曲线最大处对应的单色仪的输出波长,即可得到单色仪的偏差。

对于短波谱段,一般情况下,由于光栅制作工艺的限制,使用单色仪标定高光谱成像仪短波红外模块所使用的平面闪耀光栅,与标定可见近红外波段时所使用的闪耀光栅并不相同。二者最大的区别就是光谱覆盖范围的不同。HORIBA-iHR550单色仪的T_1模式能够覆盖的光谱范围为350~1000nm,T_2模式能够覆盖1000~2500nm的波长范围,T_1模式与T_2模式的切换通过转动平面光栅所在的转柱实现,这就导致在高光谱相机短波红外模块的单色准直光实验室光谱标定过程中,需要再次对单色仪进行预校准。然而,现有条件缺少能够提供单色性足够好且位于短波红外波段范围内的原子谱线灯。虽然有短波红外半导体激光器可供选择,但由于激光器的光束指向性和光束孔径等客观因素的影响,利用激光器对单色仪进行校准难度较大。考虑在高光谱成像仪的实验室光谱定标过程中,在 1350~1420nm 和 1820~1940nm 的水汽强吸收波长区间内,实际的 DN 光谱响应曲线会偏离高斯形状。若设多模态成像光谱仪位于水汽强吸收波长范围内的第 i 波段、第 j 空间序列像元的实际 DN 值响应曲线为 $DN_{i,j}^{prac}$,使用最小二乘法对光谱仪的实际数字响应曲线进行高斯拟合,得到像元 i,j 的初始光谱响应函数,将其记为 $Func_{i,j}^{Ori}$,如图 9-8 所示[107]。

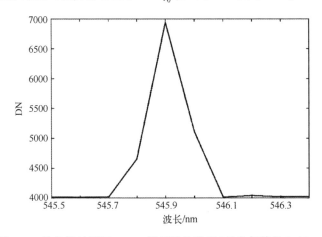

图 9-7 单色仪对汞灯 546nm 特征线的输出(单色仪偏差 0.08nm)

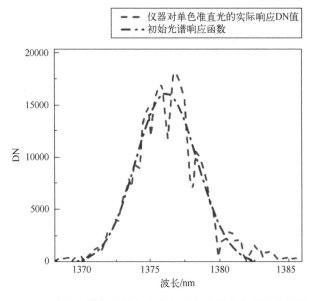

图 9-8 成像光谱仪的单色准直光响应波形和高斯拟合结果

像元 i,j 的初始光谱响应函数呈现正态分布特性。设 λ 为电磁波的波长,λ_c' 为像元 i,j 的本征光谱响应函数的中心波长,FWHM' 为光谱响应半高宽,P' 为该像元的相对光谱响应效率。将像元 i,j 的初始光谱响应函数记为 $\mathrm{Func}_{i,j}^{\mathrm{Ori}}$,则

$$\mathrm{Func}_{i,j}^{\mathrm{Ori}}(\lambda)=P'\cdot\exp\left(-\frac{(\lambda-\lambda_c')^2}{(\mathrm{FWHM}'/2\sqrt{\ln2})^2}\right) \tag{9-8}$$

像元 i,j 初始光谱响应函数仅仅是该像元本征光谱响应函数 $\mathrm{Func}_{i,j}^{\mathrm{r}}(\lambda)$ 的近似结果。为准确求得像元 i,j 的本征光谱响应特征,在初始光谱响应函数的基础上引入光谱响应效率的变化量 ΔP、光谱响应函数半高宽伸缩量 $\Delta\mathrm{FWHM}$ 和光谱响应函数中心波长偏移量 $\Delta\lambda$ 共 3 个变量构成像元 i,j 的理论光谱响应函数 $\mathrm{Func}_{i,j}^{\mathrm{theory}}(\lambda)$:

$$\mathrm{Func}_{i,j}^{\mathrm{theory}}(\lambda)=(P'+\Delta P)\cdot\exp\left(-\frac{[\lambda-(\lambda_c'+\Delta\lambda)]^2}{(\mathrm{FWHM}'\cdot\Delta\mathrm{FWHM}/2\sqrt{\ln2})^2}\right) \tag{9-9}$$

理论光谱响应函数是光谱响应效率、光谱响应半高宽、中心波长偏移量的函数。为求解像元 i,j 的本征光谱响应函数,构建理论光谱响应函数与实际光谱响应之间的差异度函数 $E(\Delta\lambda,\Delta\mathrm{FWHM},\Delta P)$ 来定量化衡量理论光谱响应函数与该像元本征光谱响应函数的偏移程度。水汽光谱定标算法中的差异度函数为

$$E=\left\|(P'+\Delta P)\cdot\exp\left(-\frac{[\lambda-(\lambda_c'+\Delta\lambda)]^2}{(\mathrm{FWHM}'\cdot\Delta\mathrm{FWHM}/2\sqrt{2\ln2})^2}\right)\cdot\upsilon(\lambda)-\mathrm{DN}_{i,j}^{\mathrm{prac}}(\lambda)\right\|_2^2$$

$$\tag{9-10}$$

差异度函数 E 反映了理论光谱响应函数与大气中水汽成分相互作用后与实际响应波形之间的差异程度。从式中可以看出,$E(\Delta\lambda,\Delta\mathrm{FWHM},\Delta P)$ 的解是由 ΔP、$\Delta\mathrm{FWHM}$ 和 $\Delta\lambda$ 所构成的三维函数,如图 9-9 所示。差异度函数的全局最小值解 P_0、$\mathrm{FWHM}_{\mathrm{stretch}}$、$\lambda_{\mathrm{shift}}$ 代表着理论光谱响应函数与本征光谱响应函数的最佳相似位置。因此,通过计算差异度函数的全局最小值解,即可得到的仪器模拟数字响应值曲线,从而得到其对应的中心波长和半高宽,如图 9-10 所示。

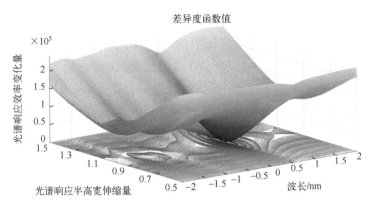

图 9-9　差异度函数的空间分布

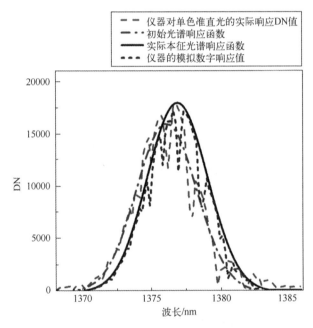

图 9-10　成像光谱仪像元 i,j 的单色准直光实际 DN 值
响应曲线和初始光谱响应函数曲线

9.1.3　辐射特性测试

辐射特性测试主要是测试光谱仪对入射光能量的输出响应,主要包括辐射定标和信噪比测试。

1. 辐射定标

辐射定标是遥感定量化应用的基础[108]。辐射定标是将传感器仪器响应的 DN 值转换成具有一定物理含义的表征量,按照不同的使用要求或应用目的,可以将辐射定标分为相对定标(又称非均匀性矫正)[109]和绝对辐射定标[110]。相对辐射定标是确定场景中各像元之间、各探测器之间、各波谱段之间以及不同时间测得的辐射量的相对值。绝对辐射定标是通过各种标准辐射源,建立成像光谱仪入瞳处的光谱辐射亮度和成像光谱仪输出的数字量化值之间的定量关系。

1) 性能测试方法

实验室辐射定标主要通过积分球在实验室内部对传感器成像实现,根据积分球已测的辐射能量和对积分球成像图像,得到传感器各通道的辐射定标系数。按照成像光谱仪使用的光谱波段的不同,可以将辐射定标分为反射波段(0.35~2.5μm)的辐射定标和发射波段(3~18μm)的辐射定标。反射波段对应传感器的可见近红外至短波波段,成像光谱仪接收到的能量主要来自地球反射的太阳辐射,所以定标的实质是模拟太阳辐射。发射波段通常为中波-热红外波段,成像光谱仪接收到的能量主要来自于地球发射的辐射,定标的实质是模拟地球的发射辐射。实验室辐射定标是整个辐射定标工作的基础,也是评价今后仪器是否发生衰减的依据,其测试框图如图 9-11 所示。利用积分球产生均匀面光源,测量成像光谱仪各个像元对相同强度光的响应,对光谱仪进行辐射定标,其详细测试步骤如下:

(1) 使成像光谱仪主光轴入射狭缝正对积分球的亮度中心,设置并调整积分球出射光的强度和成像光谱仪的工作模式(积分时间、增益),并在保证输出信号不饱和的情况下记录。

(2) 光源系统的辐射亮度数据已被标定,测出每个像元的输出值,总共采集记录 500 条数据。

(3) 改变光源辐射亮度等级,重复采样,最终求出每个像元的输出响应与入瞳辐射亮度的函数关系曲线。

2) 指标计算方法

一般情况下,探测器的输出响应与入射光的强度呈线性关系,因此一般采用线性模型计算辐射定标参数:

$$L_n = k \times (DN_n - dark) + b \tag{9-11}$$

式中:L_n 为积分球在第 n 个亮度等级时的辐射亮度;DN_n 为探测器在该亮度等级

下的输出响应;dark 为暗背景。

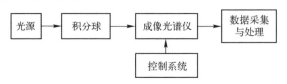

图 9-11　辐射定标测试框图

对于任意一个像元,在 N 个亮度等级 $L_n(n=1\sim N)$ 下均存在 N 个输出响应 $\mathrm{DN}_n(n=1\sim N)$,可通过最小二乘法拟合出该像元的辐射校正系数 k、b。

成像光谱仪的辐射特性评价主要包括相对辐射定标精度和绝对辐射定标精度。相对辐射定标精度是衡量系统同一波段、不同视场处的像元对相同强度入射光的响应均匀性的精度指标;绝对辐射定标精度是衡量系统输出响应转变成辐射亮度信息时的精度指标。两种指标的计算方法如下:

相对辐射定标精度:

在任意谱段下,DN_i 为第 i 个空间维通道的输出值,$\overline{\mathrm{DN}}$ 为所有 n 个通道的输出均值,由下式计算得到该谱段下相对定标精度:

$$R = \frac{1}{\overline{\mathrm{DN}}}\sqrt{\frac{1}{n-1}\sum_{i=1}^{n}\left(\mathrm{DN}_i - \overline{\mathrm{DN}}\right)^2} \qquad (9-12)$$

取所有谱段中的最大值作为探测器非均匀性校正不确定度,即为相对辐射定标精度。

绝对辐射定标精度:

(1)对定标数据,选取空间维一列、光谱维一行进行处理,对于某一辐射亮度等级的 500 组测量数据,非稳定性计算公式如下:

$$U = \frac{\sqrt{\sum_{i=1}^{n}\dfrac{(V_i - \overline{V})^2}{n}}}{\overline{V}} \times 100\% \qquad (9-13)$$

式中:U 为非稳定性;V_i 为第 i 次测量值;$\overline{V}$ 为测试时间内的平均值。

(2)计算 1/3 光谱维处、光谱维中心处、2/3 光谱维处的不确定度。

(3)重复步骤(1)、(2),取最大值作为非稳定性不确定度。

(4)更换不同辐射亮度等级,重复步骤(1)~(3),取所有辐射亮度等级中的最大值作为非稳定性不确定度。

载荷响应的非线性不确定度:

（5）取非线性测试时保存的至少 5 组测量数据,选取空间维一列、光谱维一行的测量数据,非线性不确定度计算公式如下:

$$NL = \left[\frac{RMSE}{\overline{Y}} \right] \times 100\% \tag{9-14}$$

式中:NL 为非线性不确定度;RMSE 为输出信号线性拟合曲线的残差标准差;$\overline{Y}$ 为输出信号算术平均值。

（6）计算 1/3 光谱维处、光谱维中心处、2/3 光谱维处的不确定度。

（7）重复步骤(1)(2),取最大值作为非线性不确定度。

根据辐射亮度定标系统的不确定度、载荷的非稳定性不确定度、载荷的非线性不确定度合成得到全谱段多模态成像光谱仪紫外模块绝对定标精度,公式如下:

$$U_{abs} = \sqrt{\left(P^2 + NL^2 + U^2 \right)} \tag{9-15}$$

式中:U_{abs} 为绝对辐射定标精度;P 为定标系统不确定度;NL 为非线性不确定度;U 为非稳定性不确定度。

3）样本处理要求

每个模块取 100 次测量值平均,得到平均测量值。其中每个通道选择 9 个空间维位置,计算出其对应的辐射定标精度,取其平均值作为最终结果。

2. 信噪比测试

信噪比是辐射测量仪器灵敏度的一种表示方法,即图像信号每个谱段的均值与均方差之比。信噪比衡量了图像"干净"的程度,信噪比大,图像画面就干净;信噪比小,则图像上就会出现颗粒或"雪花",严重的则会影响图像画面。信噪比是评价遥感图像质量的一项很重要的指标,对于高光谱图像,由于成像的特殊性,信噪比一般远低于普通的图像[111],因此对成像光谱仪信噪比的测量就显得尤为重要。

1）性能测试方法

信噪比的测试方法主要是靠积分球来实现,测试步骤如下:

（1）连接测试设备,使成像光谱仪主光轴入射狭缝正对积分球的亮度中心,设置并调整积分球光源输出亮度等效于任务测试要求,同时设置成像光谱仪的工作模式(积分时间、增益),并在保证输出信号不饱和的情况下记录。

（2）稳定输出后重复测量 100 次,记录此 100 条光谱。

（3）为匹配任务书测试要求,不同谱段区域选择不同的辐射亮度等级,重复步骤(2)操作。

（4）关闭光源 15min 后采集暗背景，重复步骤(2)操作。

（5）以 100 条光谱的平均值作为信号，以暗背景均方差作为噪声，其比值即为全谱段信噪比。

2）指标计算方法

以 100 条光谱的平均值作为信号，以暗背景均方差作为噪声，其比值为全谱段的测量信噪比。再根据指标要求推算指标信噪比时需乘以比例因子得出最终的指标信噪比，信噪比为

$$SNR = \frac{\sum_{i=1}^{100} DN_i(\lambda)/100}{\sqrt{\sum_{i=1}^{100} \left(DN_i(\lambda) - \overline{DN(\lambda)}\right)^2/99}} \tag{9-16}$$

由于在实际测试中，标定系统无法提供与指标要求一致的辐射亮度，因此需采用推算的方法，计算载荷在指标要求辐射亮度情况下的信噪比。从实际测量的 SNR 推算到标定 SNR 的具体公式为

$$SNR_{标定} = SNR_{测量}\sqrt{\frac{R_{标定}}{R_{测量}}} \tag{9-17}$$

3）样本处理要求

选择成像光谱仪系统的中心视场、±0.3 全视场、±0.5 全视场、±0.7 全视场、±0.9 全视场处位置，计算出其对应的信噪比曲线，统计其 60% 波段范围内的信噪比是否达标。

9.2　外场检校方法

外场检校内容主要包括两大类，即几何特性测试和辐射特性测试。下面将针对这两大类测试内容进行详细介绍。

9.2.1　几何特性测试

几何特性测试是测试高光谱图像的几何特征信息[112-113]，分为相对几何精度和绝对几何精度。相对几何精度指经过系统几何校正后的 2 级产品图像上相邻像元之间的偏差；绝对几何精度指经过系统几何校正后的 2 级产品图像上地物的地理位置和真实地理位置之间的偏差。

1. 性能测试方法

该指标通过飞行试验测试。

（1）获取测区分辨率优于飞行图像的机载影像数据或地面控制点测量数据。

（2）相对几何精度评价：对 2 级产品选择特定的直线目标（道路、房屋、斑马线等），判断量测像元相对偏移中误差不超过 1 个像元。

（3）绝对几何精度评价：获取控制点大地坐标，量测 2 级产品图中控制点的坐标，计算图上控制点坐标与地面实际坐标的距离，根据空间分辨率计算绝对像元偏差，判断绝对偏差的中误差小于等于 3~5 个像元。

2. 数据处理方法

（1）相对几何精度：对 2 级产品中的直线目标（道路、房屋、斑马线等）进行量测，统计落在量测线两侧点的坐标距离量测线的距离，统计所有像元相对偏移中误差。

（2）绝对几何精度：获取 2 级产品中的控制点图像大地坐标和实际大地坐标，计算绝对偏移的中误差。

3. 指标计算方法

1）相对几何精度计算方法

假设量测线为 $Ax+By+C=0$，直线两侧的点假设为 $p(x_0, y_0)$，则该点到量测线的距离为 $d_0 = \dfrac{|Ax_0+By_0+C|}{\sqrt{A^2+B^2}}$，设共量测了 n 个点，相对几何校正中误差为 $m_1 = \sqrt{\dfrac{\sum\limits_{i=1}^{n} d_i^2}{n-1}}$。

2）绝对几何精度计算方法

假设控制点的图像大地坐标和实际大地坐标分别为 $p(x_a, y_a)$ 和 $p(x_g, y_g)$。

$$\begin{cases} \Delta x = \dfrac{|x_g - x_a|}{x_{GSD}} \\[2mm] \Delta y = \dfrac{|y_g - y_a|}{y_{GSD}} \\[2mm] \Delta = \sqrt{\Delta x^2 + \Delta y^2} \end{cases} \tag{9-18}$$

式中：Δ 为绝对几何校正偏差；Δx、Δy 分别为 x 和 y 方向的校正偏差；x_{GSD}，y_{GSD}

分别为 x 和 y 方向的空间分辨率；x_g 为地面 x 方向测量坐标；x_a 为 x 方向几何校正坐标；y_g 为地面 y 方向测量坐标；y_a 为 y 方向几何校正坐标。绝对几何校正中误差为

$$m_2 = \sqrt{\frac{\sum\limits_{i=1}^{n} \Delta_i^2}{n-1}}$$

4. 样本处理要求

相对几何精度评价量测的数目不少于 3 组目标，绝对几何精度评价控制点数目不少于 10 个。

9.2.2 辐射特性测试

由于实验室进行辐射特性测量时所用的积分球通常采用卤钨灯作为光源，其光谱曲线与太阳光的光谱曲线偏差较大（图 9-12），导致利用实验室内标定的辐射定标系数对实际外场飞行图像进行辐射矫正时存在偏差。要实现高精度的高光谱辐射信息反演，还需要在外场利用标准漫反射板和已标定的另一台光谱仪对设备进行辐射定标。根据定标环境，外场辐射定标可分为地面定标和飞行航线同步定标。

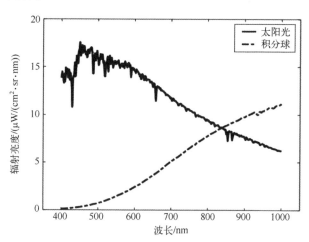

图 9-12　太阳与积分球的光谱辐射亮度曲线[114]

1. 地面定标

地面定标是利用能够覆盖成像光谱仪全视场的标准漫反射板，在太阳光下产生均匀面光源，并利用已标定的光谱仪采集标准漫反射板的辐射亮度数据，

确定成像光谱仪各个像元的响应大小与辐射亮度的转换系数(图 9-13)。其详细操作步骤如下：

图 9-13　机载成像光谱仪地面定标

(1) 挑选一处空旷的区域,将标准漫反射板平铺在地面上。

(2) 将成像光谱仪安装在标准漫反射板上方,使成像光谱仪的视场区域位于标准漫反射板的有效面积内,并确保视场内无阴影,周围支架进行遮挡处理,以降低周围环境反射光的影响。

(3) 待太阳位于正上方时,采集每个像元的输出值,总共采集记录 500 条数据,并利用已标定的光谱仪同步采集标准漫反射板的辐射亮度数据。

(4) 采集完成后,更换不同反射率的标准漫反射板,重复步骤(3)。

(5) 采集暗背景数据,最终求出每个像元的输出响应与入瞳辐射亮度的函数关系曲线,计算方法与实验室辐射特性测试计算方法相同,如图 9-14 所示。

2. 飞行航线同步定标

飞行航线同步定标是在机载成像光谱仪飞行过程中,当成像光谱仪经过地面靶标区域时,在地面利用地物光谱仪同步测量地面靶标的辐射特性[114]。飞行航线同步定标与地面定标结合,可以确定飞行过程中从地面至成像光谱仪入瞳之间大气对上行辐射的衰减特性。受地面标准漫反射板的有效面积、飞行高度、飞行速度、成像光谱仪角分辨率、系统帧频等因素的限制,地面标准漫反射板在图像中一般仅占几个像元,考虑像元混叠的效应,要实现飞行过程中的同步定标,标准漫反射板在图像中至少要占 3×3 个像元,因此需要根据实际参数对定标航线进行规划,其相关参数之间的计算关系如下:

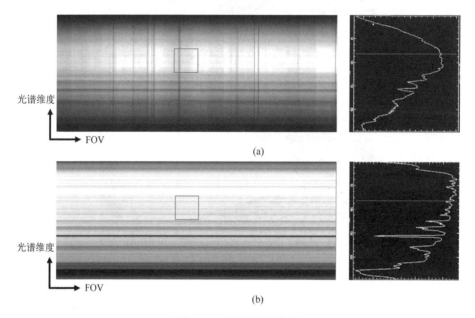

图 9-14　地面定标结果

（a）未经过辐射校正的高光谱图像;（b）经过辐射校正后的高光谱图像。

$$\begin{cases} N_{cross} = W_{cross} / (h \cdot IFOV) \\ N_{along} = W_{along} \cdot Fr/v \\ \dfrac{v}{h} \leqslant Fr \cdot IFOV \end{cases} \quad (9-19)$$

式中:N_{cross} 为标准漫反射板在穿轨方向所占像元的数量;N_{along} 为标准漫反射板在推帚方向所占像元的数量;W_{cross} 为标准漫反射板在穿轨方向的尺寸;W_{along} 为标准漫反射板在推帚方向的尺寸;h 为飞行高度;v 为飞行速度;IFOV 为成像光谱仪的角分辨率;Fr 为系统帧频。

飞行航线同步定标如图 9-15 所示。

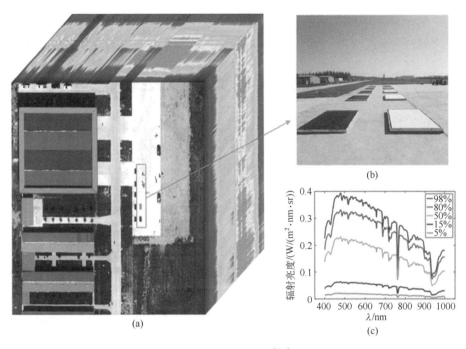

图 9-15　飞行航线同步定标[114]（见彩图）

（a）数据立方体；（b）定标板；（c）不同能级辐射亮度曲线。

第 10 章
机载成像光谱仪数据处理技术

目标地物的辐射反射能量是成像光谱系统的输入,其输出的数值是系统传递的结果,信息传递过程中必然受探测器阵列的光电转换特性、模数转换、电子学系统的偏置、光学系统的透过率变换与空间畸变、大气吸收、散射等多种因素的影响,因此每个波段的图像灰度值都需要经过一系列的预处理才能恢复来自应用目标的信息。在数据进行业务应用前必须进行一系列的数据预处理工作,一般的数据预处理包括数据整理、辐射校正和几何校正等方面,生成满足用户业务应用的标准数据。高光谱遥感图像预处理是为后续的数据处理提供良好的数据基础,是高光谱遥感应用处理不可或缺的环节。

10.1 数据整理

原始的高光谱数据通常由数据包和信息包组成,信息包包含了许多辅助数据,如包头、设备标识、帧计数、行像元数、列像元数、存储时间、成像增益等信息。原始数据在采集存储过程中,会存在丢帧、错帧等现象,因此需要通过数据编目处理,完成原始高光谱数据的有效性检查,根据行头和行号检查数据是否不完整或者缺失,检测两个行头之间的数据块是否和正常数据块大小相同,并且检测前后行号是否连续,如果出现漏行、漏块则采用内插等方式对存在的异常数据进行修复。修复后的数据将进行辅助数据分离,将信息包有效信息提取,用于后续的数据处理;然后将数据包的图像数据进行格式转换,生成易于计算机处理的格式,通常为 BSQ 格式或标准的图像格式数据。

10.2　辐射校正

辐射校正指对信号在成像光谱仪内部信号传递过程中的变换或者畸变进行校正的数据处理过程,辐射校正按照处理过程分为相对辐射校正和绝对辐射校正。只有经过了辐射校正后的高光谱图像才具有实际应用的价值,而且辐射校正的精度直接影响了基于高光谱图像的目标信息反演精度。

10.2.1　相对辐射校正

受探测单元制作工艺、光电转换电路、电子放大电路等影响,线阵推帚型或面阵成像传感器的各个探测单元的响应特性并不完全一致,即相同辐射亮度的均匀辐射进入传感器之后,各个探测单元的 DN 值会有所差异,需要对各个探测单元的 DN 值进行校正以消除这种差异。相对辐射校正(也称非均匀性校正)指将同一个光谱通道的不同探测单元和电路所采集的数据进行归一化处理,消除这些不均匀性的过程。

1. 实验室定标系数校正

相对辐射定标系数通常通过实验室积分球、机上定标系统或者场地定标数据计算生成的,相对辐射校正就是利用相对辐射定标系数对各个像元进行校正的过程。

相对辐射校正通过建立各个探测单元的 DN 值与平均 DN 值之间的关系进行校正。

$$\mathrm{DN}_{i,j}(k,L_\mathrm{g},t_\mathrm{m}) = \alpha_{i,j}(k,L_\mathrm{g},t_\mathrm{m}) \cdot \mathrm{DN}'_{i,j}(k,L_\mathrm{g},t_\mathrm{m}) + \beta_{i,j}(k,L_\mathrm{g},t_\mathrm{m}) \qquad (10-1)$$

式中:k 为波段序号;i,j 为探测单元编号;$\mathrm{DN}_{i,j}$ 为校正后的探测单元 DN 值;$\mathrm{DN}'_{i,j}$ 为原始的探测单元 DN 值;$\alpha_{i,j},\beta_{i,j}$ 为相对辐射校正系数;L_g 为某个级别的辐射亮度,且 $g \in [1,k]$;t_m 为传感器的工作温度。

为了便于快速确定某个 DN 值的相对辐射校正,可以建立查找表。

2. 条带噪声去除

由于成像过程中像元之间的响应非均匀性,条带噪声是线阵型遥感图像中一种普遍存在的噪声,对于航空系统,受到成像温度、压力、湿度等的改变以及探测器本身的改变,或者缺少机上定标系统,利用相对辐射定标系数能够将条带噪声抑制在较小范围里,但还是不能彻底消除条带噪声。残留的条带噪声不仅干扰成像质量,而且还会给后续图像处理带来不便。可以采用一系列基于图像的去条带算法进行非均匀性校正处理,国内外去除条带噪声主要采用两类方法[115],即基于滤波的方法[116]和基于图像灰度特征统计的方法[117]。滤波的方法主要用来去除周期性或高频条带噪声,常用的有空间-频率域滤波[118]和基于小波域的滤波[119]。滤波的方法适用于小尺寸图像,但因难于选择频率成分,故易损失有用的图像细节信息。统计的方法是建立在各个传感器具有相同统计特性这一假设上,该类方法主要有直方图匹配、矩匹配以及它们的改进方法。一般情况下,矩匹配可以获得比直方图匹配更佳的效果,因此针对航空成像的高光谱数据通常采用基于统计的数据方法。

1) 矩匹配法

矩匹配法的思想就是假设各探测元扫描得到的子图像的行均值和行方差相等(沿行方向扫描,则可选取一行作为参考行,把其余的行校正到该参考行上,使得相同的输出值通过不同的映射关系,得到相同的输出值)。已知各响应函数都是线性函数,各探测元的输出值具有线性相关,因此采用线性拟合的方式进行校正。采用的校正公式为

$$Y_i = \frac{\sigma_r}{\sigma_i} X_i + \mu_r - \mu_i \frac{\sigma_r}{\sigma_i} \qquad (10-2)$$

式中:X_i 为第 i 个 CCD 行校正前的输出值;Y_i 为校正后的输出值;σ_r,μ_r 为选取的参考 CCD 行的标准差和均值;σ_i,μ_i 为第 i 个 CCD 行的标准差和均值。

实际应用中,通常以整幅图像的均值作为参考均值 μ_r,整幅图像的标准差作为参考标准差 σ_r,计算出第 i 行图像的均值和标准差 σ_i 和 μ_i 后,把图中第 i 行、第 j 列的像素灰度值带入式中,得到校正后的该点像素,同理对图中每一点像素进行处理后就完成了整幅图像的校正。

当处理地物复杂导致的子图像行均值和行方差相差较大的情况下,采用矩匹配通常会产生"带状效应(Banding Effect)",即图像沿列方向(假设 CCD 探测元沿行方向扫描)产生一种从整体上表现出的明暗度不连续现象,不符合实际地物自然分布特征的现象。该现象产生的根本原因是由于经过矩匹配以后,图像中所有行的行均值都相等,得到的行均值曲线为一条水平直线,但实际地物显然不可能有这么理想的分布,从而使得原本的地物光谱信息发生了畸变。

2) 改进矩匹配法

矩匹配法作为一种去条带噪声的经典算法,有很多学者针对其"带状效应"的缺点进行了改良,在其基础上得到了多种改进矩匹配法。

(1) 基于均值补偿的矩匹配法。"带状效应"产生的原因是校正后图像行

均值曲线为一条直线,与实际地物分布相差较大。该方法的原理就是通过均值补偿,让校正后行均值曲线更接近于真实地物的行均值曲线,从而在能较好地去除条带噪声的同时去除原始矩匹配法产生的"带状效应"。

假设有 N 个扫描得到一幅图像,某一探测单元编号为 (i,j) 的 CCD 所成的子图像行为图中第 m 行和第 n 行的子图像行。利用相对辐射定标系数对这两行进行相对辐射校正,有

$$
\begin{aligned}
X_{im} &= \alpha_{ij} \cdot DN_{im} + \beta_{ij} \\
X_{in} &= \alpha_{ij} \cdot DN_{in} + \beta_{ij}
\end{aligned}
\tag{10-3}
$$

两式相减,得

$$
DN_{im} - DN_{in} = \frac{1}{\alpha_{ij}} (X_{im} - X_{in})
\tag{10-4}
$$

同时对列进行求和处理,得

$$
\sum DN_{im} - \sum DN_{in} = \frac{1}{\alpha_{ij}} \left(\sum X_{im} - \sum X_{in} \right)
\tag{10-5}
$$

式两边同时除以列数,可求得第 m 行像素点入射强度相对于第 n 行的像素点入射强度的均方差值 Δl,分别以 μ_m 和 μ_n 表示第 m 行和 n 行的像素点均值,有

$$
\mu_m - \mu_n = \alpha_{ij} \Delta l
\tag{10-6}
$$

对于同一 CCD 扫描所成的两子图像行,两行像素点的灰度均值之差为两行像素点入射强度均方差值的线性函数,增益系数为该同一 CCD 的增益系数。由此,可以选择图像前 N 行数据行均值为参考均值,将余下的每一 CCD 成像行按照上述分类方法计算得出相对于前 N 个参考行的差值序列,该序列即为列方向上(沿行方向扫描)地物灰度行均值差值的变化曲线。将该序列差值叠加到通过矩匹配后的图像像素值上便得到了均值补偿后的图像。得到的校正公式如下

$$
Y_{lj} = \frac{\sigma_r}{\sigma_i} X_{lj} + \mu_r + \mu_l - \mu_i \left(1 + \frac{\sigma_r}{\sigma_i} \right)
\tag{10-7}
$$

式中: X_{lj}, Y_{lj} 分别为第 l 行第 j 列图像像素校正前后的灰度值。

通过该种均值补偿方式,可以消除矩匹配法中的"带状效应"畸变。但是应注意到,该方法没有考虑到对不同的地物进行扫描,即对不同的入射强度成像时,由响应函数并不是完全线性所引起的增益的漂移,从而产生新的误差。实际应用时,应尽量选取同一地物分布均匀的区域为参考区域,如大面积的湖泊、

农田等。

（2）相关系数改进矩匹配法[120]。高光谱成像光谱仪具有很高的光谱分辨率，波段宽度一般为 10nm 左右，在可见光到热红外光光谱范围内能够产生一条连续光滑的光谱曲线，则其相邻波段的图像数据间有很高的相关性。这种相关性体现在灰度直方图上，就是相邻波段的两幅图像具有相似的灰度分布。若两图像又是对同一地物成像且经过了配准，则这种相似的灰度分布就进一步体现为相似的图像行均值分布。因此，可以利用受条带噪声污染较小的波段图像行均值去校正相邻波段受条带噪声污染严重的图像行均值。

具体方法为，先计算待去条带噪声波段图像与其余多个同一场景波段图像间的相关系数，选出相关性高且受条带噪声污染小的波段图像。用该波段图像的行均值减去待去条带噪声图像的行均值得到差值序列，然后对差值序列乘以一个常数因子，该因子根据相关系数和模拟效果人为选取，一般小于原始图像均值，用于抵消两幅图像原本就有的灰度差别，使去噪前后的待去噪图像灰度均值不变，最后将修正后的差值序列叠加到矩匹配的参考行均值序列上，从而得到对真实行均值序列的模拟，再以该模拟序列为参考行均值序列进行矩匹配，得到最终的图像。

该方法具有很强的适应性，避免了原矩匹配法关于地物分布均匀的约束条件，对于复杂地物情况也能适用，且不必像均值补偿法那样事先必须对成像光谱仪有一定了解，是一种实际应用性和效果都较好的去条带噪声方法。但也应该注意到该方法的一些缺陷：

① 需要提前计算多个波段图像之间的相关系数，加大了计算量。

② 需要两波段图像是对同一场景的扫描成像，在场景不同时必须要对图像进行配准后才能使用，增加了算法实现的复杂性。

③ 该方法在用一个波段数据为参考去校准另一个波段时，可能本身就由于不同波段辐射特性的差异使原图像的某些细节信息发生了改变，引入新的噪声，而用于消除这一影响的常数因子往往是通过人眼的识别进行选取的，具有一定随意性的同时算法也不具有自适应性。

④ 利用两幅图像数据降低了图像的利用率。

3）基于空间滤波的傅里叶变换校正法[121]

一般基于滤波器的非均匀性校正方法处理的都是周期性信号，但是一幅二维图像上的条纹信号不一定具有周期性，所以此类方法处理的效果不是很好。如果将二维图像按照行方向排列变成一维数据，这样原来二维图像中的条纹信号就具有了周期性(一维数据中条纹信号的间隔都是二维图像的列数)。然后通过一维快速傅里叶变换后,在频域中采用"梳状"滤波器对周期性条纹信号进行处理,去除条纹噪声。基于空间滤波的傅里叶变换校正法流程图如图 10-1 所示,图中 P_{mn} 表示原始图像的像元,P'_{mn} 为将原始图像每列像元按照响应 DN 值的大小沿扫描方向(行方向)从大到小排序后的像元;$f(x)$ 表示一维图像数据,$F(u)$ 为 $f(x)$ 的傅里叶变换;$H(u)$ 为滤波器;$G(u)$ 为滤波后的结果;$g(x)$ 为 $G(u)$ 的逆傅里叶变换结果;q'_{mn} 为将 $g(x)$ 排列为二维图像的结果;q_{mn} 为最终的处理结果。

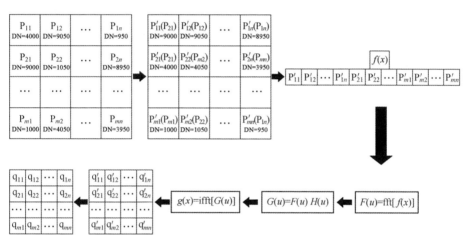

图 10-1　基于空间滤波的傅里叶变换校正法流程图

基于空间滤波的傅里叶变换校正法的具体步骤如下:

(1) 将某行扫描而成的二维图像中每列的所有像元按照响应 DN 值的大小从大到小重新排序,记录排序后的像元在排序前的位置索引值,用于恢复正常图像数据。排序的目的是为了避免某些图像信号被误认为噪声。

(2) 将二维图像按照行方向排列变成一维图像数据 $f(x)$,这样条纹信号就具有了周期性,每个条纹信号的间隔都是图像的列数。

(3) 对 $f(x)$ 进行快速傅里叶变换得到 $F(u)$。

(4) 在频域中找到周期性条纹信号的位置进行滤波。$G(u)=(F(u_{k-1})+F(u_{k+1}))/2$,其中 k 为条纹信号在频域中的位置。

(5) 对滤波后的数据 $G(u)$ 做傅里叶反变换得到一维图像数据 $g(x)$。

(6) 将一维图像数据 $g(x)$ 重新排列得到二维图像数据。

(7) 利用步骤(1)中的索引值对二维图像数据进行处理,可以恢复得到正常的二维图像。

（8）对探测器所有行像元扫描的图像按照步骤（7）进行处理，就可以重新校正图像，去除残余条纹。

10.2.2 绝对辐射校正

成像光谱仪获取的原始图像数据为 DN 值，无量纲、无直接的物理意义。仪器的辐射校正需要成像光谱仪实验室定标数据、机上定标数据或者外场定标数据的支持，辐射校正后获得的数据是光谱仪入瞳辐射亮度值。绝对辐射定标就是建立像元的 DN 值与辐射亮度之间的关系，绝对辐射定标一般在相对辐射定标之后进行，根据系统的信号传递特征，可以建立不同的输入输出数学模型，针对不同的数学模型对应不同的辐射校正算法，如线性法（也叫两点法、多项式法、分段线性法等）。

1. 实验室定标系数

由于实验室定标环境温度等条件可控，如果考虑温度漂移，绝对辐射定标可以表示为

$$DN(k, t_m) = G(k, t_m) \cdot L(k) + B(k, t_m)$$

$$L(k) = \frac{\int_{\lambda_k^1}^{\lambda_k^2} L(\lambda, l) R_k(\lambda) \, d\lambda}{\int_{\lambda_k^1}^{\lambda_k^2} R_k(\lambda) \, d\lambda} \tag{10-8}$$

式中：$DN(k, t_m)$ 为传感器工作温度为 t_m 时的探测单元 DN 值；$G(k, t_m)$ 为传感器工作温度为 t_m 时的绝对定标系数的增益；$B(k, t_m)$ 为绝对定标系数的偏置；R_k 为某波段的光谱响应函数。

传感器实际测量时，还会有杂散光的存在。因此，需要对 L 进行校正，实际的入瞳辐射亮度可以表示为

$$L_e(k) = L(k) + \Delta L(k, t_m) \tag{10-9}$$

式中：$\Delta L(k, t_m)$ 为传感器工作温度为 t_m 的杂散光。

2. 场地辐射校正

对于航空光谱仪，外场辐射定标也是一种常用的方法[122]。外场辐射定标的主要目的是获取高精度的辐射定标系数。辐射定标场的选址是外场辐射定标的关键环节，理想的辐射定标场直接影响外场辐射定标的精度。在遥感器处于正常运行条件下，通过地面同步测量对遥感器进行定标。主要思想就是通过

同步测量选定场地内若干像元区(自然靶标、人工靶标)对应的各波段地物的光谱反射率和大气光谱参量,结合大气辐射传输模型给出遥感器入瞳处各光谱带的辐射亮度,最后确定它与遥感器输出的量化值的函数关系,求解定标系数并进行绝对辐射校正。场地定标包括 3 种方法,即反射率法[123]、辐射亮度法[124]和辐照度法[125]。

在定标场地选择若干像元区,测量成像光谱仪对应的地物的各波段光谱反射率和大气光谱等参量,并利用大气辐射传输模型等手段给出光谱仪入瞳处各光谱带的辐射亮度,最后确定它与成像光谱仪对应输出的数字量化值的数量关系,并估算定标不确定性。

机载成像光谱仪入瞳处各光谱带辐射亮度值(L_t)为

$$L_t = (E_\lambda T_1 \cos\theta/\pi + L_P^1)\rho T_2 + L_P^2 \qquad (10-10)$$

式中:E_λ 为大气外界太阳光谱辐照度;θ 为飞机飞过地面场地时刻的太阳天顶角;T_1 为整层大气透过率;T_2 为飞机-地面间的大气透过率;L_P^1 为大气外-地面的程辐射;ρ 为地物反射率;L_P^2 为飞机-地面的程辐射。

反射率法(Reflectance-based Method)是在当传感器过境时同步测量地面目标的反射率、大气光学参量(大气光学厚度、大气柱水汽含量等),再利用大气辐射传输模型计算出遥感器入瞳处的辐射亮度值,从而确定图像量化值与地面对应像元入瞳辐射亮度值之间的定量关系。

辐射度法(Irradiance-based Method)是一种改进的反射率法。其基本过程与反射率法基本相同,主要区别在于辐照度法是利用地面测量的漫射辐射与总辐射度值来确定遥感器高度的表观反射率,进而确定遥感器入瞳处辐射亮度。

辐射度法(Radiance-based Method)是利用严格光谱与辐射标定的辐射计,通过航空平台固定在某一确定高度,在卫星过境时同步测量,保证观测几何同卫星遥感器基本相同,将得到的飞机高度处的辐射亮度作为已知量,去标定飞行中卫星遥感器的辐射量。

10.3　几何校正

机载成像光谱仪在飞行过程中受到环境振动、飞行姿态等因素的影响,系统的视轴指向时刻在发生变化,会导致遥感图像在垂直推扫方向产生扭曲,而在沿着推扫的方向则可能产生重叠或者拉伸,因此需要借助于位姿测量系统测得曝光时的相机位置和姿态信息,对遥感图像进行几何校正处理,使得图像尽可能地反映出目标的实际几何信息。

10.3.1 坐标系定义

1. 像空间坐标系(i 系)

像空间坐标系是以摄影中心 S 为坐标原点,沿飞行方向为 y 轴,垂直于飞行方向为 x 轴,z 轴与主光轴重合,形成像空间右手直角坐标系。

2. 传感器坐标系(c 系)

传感器坐标系的原点位于传感器的投影中心,x 轴指向飞行方向,y 轴平行于 CCD 阵列方向,z 轴向上,y 轴与 x、z 轴构成右手坐标系,可将其看作是摄影测量中的像空间坐标系。

3. IMU 载体坐标系(b 系)

载体坐标系有不同的定义方法,这里采用的载体坐标系的原点位于 IMU 的几何中心,坐标轴为 IMU 的 3 个惯性轴。

4. 导航坐标系(n 系)

导航坐标系又称为当地水平坐标系,是以地球椭球面、法线为基准面和基准线建立的局部空间直角坐标系。其原点位于飞行器中心,x 轴沿参考椭球子午圈方向并指向北,y 轴沿参考椭球卯酉圈方向并指向东,z 轴沿法线方向并指向天底,又称北东地坐标系。

5. 地心地固坐标系(E 系)

同星载坐标系统的地心地固坐标系定义。

6. 测图坐标系(m 系)

测图坐标系是用户定义的局部右手坐标系,可将其看作是摄影测量中的地辅坐标系。原点一般位于测区中央某点上,Z 轴沿法线方向指向椭球外,Y 轴在大地子午面内与 Z 轴正交且指向北方向,X 轴与 Y、Z 轴构成右手坐标系统。

10.3.2 外方位元素解算

读取 POS 文件,同时计算所有行中纬度、经度、海拔的平均值,即为飞行区域的中心。

按顺序计算所有行,设其中某一行,其 POS 数据为(时间 t,纬度 B,经度 L,海拔 H,横滚角 Roll,俯仰角 Pitch,偏航角 Heading),计算时只用到以上 8 个数据,其余没有用到。

成图坐标系旋转到像空间坐标系可分解为若干步骤,如图 10-2 所示。

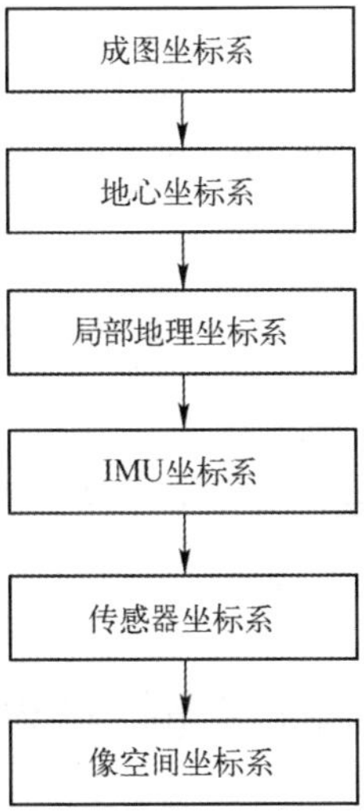

图 10-2　坐标系旋转

1. 成图坐标系到地心坐标系(WGS 84)旋转矩阵

定义以飞行区域中心为原点的局部切平面为成图坐标系,X 指向东,Y 指向北,Z 指向天顶方向,设原点为 $(B_0, L_0, 0)$,则成图坐标系统到地心坐标系的旋转矩阵为

$$\boldsymbol{C}_E^m = \begin{pmatrix} -\sin L_0 & \cos L_0 & 0 \\ -\cos L_0 \sin B_0 & -\sin B_0 \sin L_0 & \cos B_0 \\ \cos B_0 \cos L_0 & \cos B_0 \sin L_0 & \sin B_0 \end{pmatrix} \quad (10-11)$$

2. 地心坐标系(WGS 84)到局部地理坐标系旋转矩阵

局部地理坐标系为右手系,Z 轴指向地心为正,以子午线方向为 X 轴,北向为正,Y 轴与 X,Z 轴正交,东向为正,与参考椭球相切。瞬时传感器中心的位置为 (B, L, H),以 $(B, L, 0)$ 建立局部地理坐标系,则地心坐标系到局部地理坐标系的旋转矩阵为

$$\boldsymbol{C}_g^E = \begin{pmatrix} -\sin B \cos L & -\sin L & -\cos B \cos L \\ -\sin B \sin L & \cos L & -\cos B \sin L \\ \cos B & 0 & -\sin B \end{pmatrix} \quad (10-12)$$

3. 局部地理坐标系到 IMU 坐标系旋转矩阵

IMU 坐标系在局部地理坐标系中的侧滚角为 roll,俯仰角为 pitch,平台方向

为 heading,平台偏角为 wander,则航偏角 yaw = heading−wander,则局部地理坐标系到 IMU 坐标系的旋转矩阵为

$$C_I^g = \begin{pmatrix} \cos(\text{pitch})\cos(\text{yaw}) & \sin(\text{roll})\sin(\text{pitch})\cos(\text{yaw})-\cos(\text{roll})\sin(\text{yaw}) \\ \cos(\text{pitch})\sin(\text{yaw}) & \sin(\text{roll})\sin(\text{pitch})\sin(\text{yaw})+\cos(\text{roll})\cos(\text{yaw}) \\ -\sin(\text{pitch}) & \sin(\text{roll})\cos(\text{pitch}) \end{pmatrix}$$

$$\begin{pmatrix} \cos(\text{roll})\sin(\text{pitch})\cos(\text{yaw})+\sin(\text{roll})\sin(\text{yaw}) \\ \cos(\text{roll})\sin(\text{pitch})\sin(\text{yaw})-\sin(\text{roll})\cos(\text{yaw}) \\ \cos(\text{roll})\cos(\text{pitch}) \end{pmatrix} \tag{10-13}$$

4. IMU 坐标系到传感器坐标系旋转矩阵

IMU 坐标系以传感器透视中心为原点,IMU 坐标系到传感器坐标系的旋转矩阵在 IMU 安装时确定,传感器坐标系以飞行方向为 X 轴,Y 轴指向飞机右方,Z 轴朝下。一般情况下 IMU 坐标系与传感器坐标系保持一致,即 IMU 坐标系 X 轴指向飞行方向,在精度要求不是很高的情况下旋转矩阵可近似为单位阵。但严格来说,IMU 坐标系与传感器轴线存在一定交角,需要通过设立检校场来确定偏心角,计算旋转矩阵 C_C^I。

5. 传感器坐标系到像空间坐标系旋转矩阵

对扫描型影像而言,这里定义扫描方向为 X 轴,飞机右侧为正,飞行方向为 Y 轴,Z 轴朝上,则传感器坐标系到像空间坐标系的旋转矩阵为

$$C_I^C = \begin{pmatrix} 0 & -1 & 0 \\ -1 & 0 & 0 \\ 0 & 0 & -1 \end{pmatrix} \tag{10-14}$$

6. 空间直角坐标系到像空间坐标系的旋转矩阵

由上述矩阵相乘而得,即

$$C_I^m = C_E^m \cdot C_g^E \cdot C_I^g \cdot C_C^I \cdot C_I^C \tag{10-15}$$

7. 计算角元素和线元素

以 X 轴为主轴的 ω-ϕ-κ 系统,ω 表示旁向倾角,它指主光轴 S_o 在 YZ 平面上的投影与 Z 轴的夹角;φ 表示航向倾角,它是指主光轴 S_o 与其 XZ 平面的投影之间的夹角;κ 表示像片旋角,它指像平面上 X 轴与 XS_o 平面在像平面上的交线之间的夹角,其旋转矩阵的表示形式为

$$C_I^m = \begin{pmatrix} \cos\phi\cos\kappa & -\sin\phi\sin\kappa & -\sin\phi \\ \cos\omega\sin\kappa-\sin\omega\sin\phi\cos\kappa & \cos\omega\cos\kappa+\sin\omega\sin\phi\sin\kappa & -\sin\omega\cos\phi \\ \sin\omega\sin\kappa+\cos\omega\sin\phi\cos\kappa & \sin\omega\cos\kappa-\cos\omega\sin\phi\sin\kappa & \cos\omega\cos\phi \end{pmatrix}$$

$$\tag{10-16}$$

则角元素 (φ,ω,κ) 为

$$\begin{cases} \kappa = \arctan\left(-\dfrac{\boldsymbol{C}_I^m[1,2]}{\boldsymbol{C}_I^m[1,1]}\right) \\[3mm] \phi = \arctan\left(-\boldsymbol{C}_I^m[1,3]\right) \\[3mm] \omega = \arctan\left(-\dfrac{\boldsymbol{C}_I^m[2,3]}{\boldsymbol{C}_I^m[3,3]}\right) \end{cases} \tag{10-17}$$

求解空间直角坐标系的原点 $(B_0,L_0,0)$ 在地心坐标系的坐标 (X_0,Y_0,Z_0)，机载 GPS 天线相位中心 (B,L,H) 在地心坐标系的坐标 (X,Y,Z)，其中 $N=\dfrac{a}{\sqrt{1-e^2\sin^2 B}}$，$a$ 和 e 分别为 WGS84 椭球长半径和第一偏心率。

$$\begin{pmatrix} X_0 \\ Y_0 \\ Z_0 \end{pmatrix} = \begin{pmatrix} N\cos B_0\cos L_0 \\ N\cos B_0\sin L_0 \\ N(1-e^2)\sin B_0 \end{pmatrix}, \begin{pmatrix} X \\ Y \\ Z \end{pmatrix} = \begin{pmatrix} (N+H)\cos B\cos L \\ (N+H)\cos B\sin L \\ (N(1-e^2)+H)\sin B \end{pmatrix} \tag{10-18}$$

GPS 天线相位中心在传感器坐标系的坐标为 (u,V,w)，称为偏心矢量，则线元素 (X_s,Y_s,Z_s) 坐标为

$$\begin{pmatrix} X_s \\ Y_s \\ Z_s \end{pmatrix} = \boldsymbol{C}_E^m * \begin{pmatrix} X-X_0 \\ Y-Y_0 \\ Z-Z_0 \end{pmatrix} - \boldsymbol{C}_I^m * (\boldsymbol{C}_I^C)^{\mathrm{T}} * \begin{pmatrix} u \\ v \\ w \end{pmatrix} \tag{10-19}$$

(X_0,Y_0,Z_0) 是 (B_0,L_0,H_0) 在地心坐标系的坐标(经纬度转地心坐标系(WGS84))，最后将计算结果的每一行 $X_s,Y_s,Z_s,\alpha,\beta,\gamma,m$ 生成 E_0 文件。

8. 经纬度转大地坐标

令

$$\begin{pmatrix} X_0 \\ Y_0 \\ Z_0 \end{pmatrix} = \begin{pmatrix} (N+H_0)\cos B_0\cos L_0 \\ (N+H_0)\cos B_0\sin L_0 \\ (N(1-e^2)+H_0)\sin B_0 \end{pmatrix} \tag{10-20}$$

前面已经表述过，其中 B_0,L_0,H_0 上面也已经求出

$$\mathbf{MEMatrix} = \begin{pmatrix} -\sin L_0 & -\sin B_0\cos L_0 & \cos B_0\cos L_0 \\ \cos L_0 & -\sin B_0\sin L_0 & \cos B_0\sin L_0 \\ 0 & \cos B_0 & \sin B_0 \end{pmatrix} \tag{10-21}$$

$$\mathbf{mod\ elPt} = \begin{pmatrix} \mathrm{origin}X \\ \mathrm{origin}Y \\ Z_0 \end{pmatrix} \qquad (10-22)$$

其中,Z_0 为地形平均高度,程序中输入。

$$\mathbf{Pt} = \mathbf{MEMatrix} \cdot \mathbf{mod\ elPt} \qquad (10-23)$$

令 $X' = \mathrm{Pt}(1,1) + X_0, Y' = \mathrm{Pt}(2,1) + Y_0, Z' = \mathrm{Pt}(3,1) + Z_0$

由 X', Y', Z',计算 B, H, L。计算方法需要迭代,具体如下(这一过程就是 WGS84 地心坐标系统转换为经纬度):

① $\tan B_0 = \dfrac{Z}{\sqrt{X^2 + Y^2}}$

② $N_0 = \dfrac{a}{\sqrt{1 - e^2 \ (\sin B_0)^2}}$

③ $\tan B_1 = \dfrac{2 + N_0 \cdot e^2 \cdot \sin B}{\sqrt{X^2 + Y^2}}$

$B_0 = B_1$,返回②迭代计算,直至 $|B_0 - B_1| < 0.00001$。

则 $B = B_0, H = \dfrac{2}{\sin B} - N(1 - e^2)$,

$L = \arctan \dfrac{Y}{X}$, $\quad N = \dfrac{a}{\sqrt{1 - e^2 \ (\sin B_0)^2}}$

需要考虑 L 的象限

$X > 0, Y > 0 \quad (0° \sim 90°)$第一象限

$X < 0, Y > 0 \quad (90° \sim 180°)$第二象限

$X < 0, Y < 0 \quad (180° \sim 270°)$第三象限

$X > 0, Y < 0 \quad (270° \sim 360°)$第四象限

由 B, H, L 计算 UTM 坐标,$\mathrm{utm}X, \mathrm{utm}Y$。

10.3.3 图像重采样

对原始影像采用直接插值法,由原始影像点 $P(i,j)$ 直接进行空间投影,求得其对应的地面点坐标 $P(X,Y,Z)$,将 $P(i,j)$ 的灰度值赋值给校正影像点 $P(X,Y,Z)$。

遍历原始影像每一个像素点(i,j),其地面坐标为(x,y,z),对应校正影像的

位置 $(x-x_{\min},y-y_{\min})$，其中 $x_{\min},y_{\min}$ 为 x,y 的最小值。

令 $m=x-x_{\min},n=y-y_{\min}$，由于 (m,n) 一般不是整数，所以将该点灰度值按权分配给周围 4 个像素点，权值取距离的倒数，如图 10-3 所示。

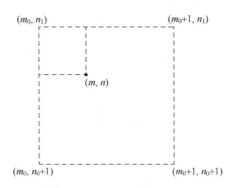

图 10-3　直接插值法

设 $m_0<m<m_0+1,n_0<n<n_0+1$，则

$$\mathrm{DN}'(m_0,n_0)=\mathrm{DN}'(m_0,n_0)+(m_0-m+1)*(n_0-n+1)*\mathrm{DN}(i,j)$$

$$P(m_0,n_0)=P(m_0,n_0)+(m_0-m+1)*(n_0-n+1)$$

$$\mathrm{DN}'(m_0,n_0+1)=\mathrm{DN}'(m_0,n_0+1)+(m_0-m+1)*(n-n_0)*\mathrm{DN}(i,j)$$

$$P(m_0,n_0+1)=P(m_0,n_0+1)+(m_0-m+1)*(n-n_0)$$

$$\mathrm{DN}'(m_0+1,n_0)=\mathrm{DN}'(m_0+1,n_0)+(m-m_0)*(n_0-n+1)*\mathrm{DN}(i,j)$$

$$P(m_0+1,n_0)=P(m_0+1,n_0)+(m-m_0)*(n_0-n+1)$$

$$\mathrm{DN}'(m_0+1,n_0+1)=\mathrm{DN}'(m_0+1,n_0+1)+(m-m_0)*(n-n_0)*\mathrm{DN}(i,j)$$

$$P(m_0+1,n_0+1)=P(m_0+1,n_0+1)+(m-m_0)*(n-n_0)$$

式中：$\mathrm{DN}'(i,j)$ 为加权灰度值，$P(i,j)$ 为权重，判断校正影像每一个像素。

若 $P(i,j)\neq0$，则该点像素值 $\mathrm{DN}(i,j)=\mathrm{DN}'(i,j)/P(i,j)$。

若 $P(i,j)=0$，则判定该点为插值过程中产生的黑点，需要做修复处理。判断该点周围 8 个像素点的权重值 $P(i-1,j-1),P(i,j-1),P(i+1,j-1),P(i-1,j),P(i+1,j),P(i-1,j+1),P(i,j+1),P(i+1,j+1)$，若其中有 5 个及 5 个以上像素点权重不为零，则将其像素值取平均赋值给该黑点；若不足 5 个，则认为无法修补或位于图像边缘，不做处理。

新图像插值完成后，计算新图像左上点的大地坐标，即 $(\mathrm{origin}X,\mathrm{origin}Y)$，也就是 $(\min X,\max Y)$，如图 10-4 所示。

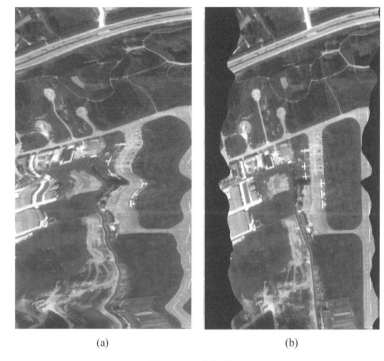

(a)   (b)

图 10-4　几何校正

（a）几何校正前；（b）几何校正后。

第 11 章
机载成像光谱仪典型应用

高光谱遥感成像系统获得的光谱图像数据立方体具有超多波段、高光谱分辨率、高空间分辨率的特点,比全色图像或多光谱图像包含了更丰富的地物目标信息。因此,高光谱成像在地质地理、植被调查、大气探测、海洋遥感、农业科技,环境监测、减灾防灾以及军事应用等方面具有广泛的应用前景。

在国土资源环境遥感领域,高光谱遥感技术可以定量提取地球物理、地球化学以及生物地球化学等地学参量,研究地质演化、评价区域资源潜力。同时,高光谱遥感技术还可以直接评价地表污染,监测土地退化与规划土地复垦,利用微观物质分布定量勾画矿山环境演变轨迹等。

在水环境遥感中,其光谱信息取决于多种物质的复杂集合体[126-128],它包括纯水、无机盐、溶解的有机物质、浮游植物、碎屑、矿物性悬浮体等。各种信息重叠干扰,造成各种目标物成分的反射模型及其光谱曲线不同,呈现随机性,物质和能量解释具有不确定性和时空的可变性。在利用高光谱遥感数据提取光谱知识时,既不可能逐个定量地考虑这些因素,也无法为其产生的综合效果建立整体分析模型,因此如何确定高光谱信息中不同成分的贡献率就显得尤为重要,而高光谱特性的研究,可以获得目标物的诊断性光谱特性,实现遥感信息模型参数或条件约束的确定。

在土壤质量信息监测方面[129-131],高光谱遥感主要用于获取土壤质量信息,如土壤有机质的反射光谱特征、土壤水分与土壤反射光谱关系、土壤氧化铁的光谱反射特性等。通过对土壤理化性质与土壤精细光谱信息的定量分析,进行土壤的特性参数评价。

在大气监测方面[132],高光谱遥感具有非常高的光谱分辨率,它不仅可以探测到比常规遥感更精细的地物信息,而且能探测到更精细的大气吸收特征。大气的分子和粒子成分在反射光谱波段反映强烈,能够被高光谱仪器监测。高光谱遥感技术在大气研究中的突出应用是云盖制图、云顶高度与云层状态参数估算、大气水汽含量与分布估算、气溶胶含量估计以及大气光学特性评价等。

在农业方面[133-138],高光谱遥感技术的出现拓宽了遥感信息定量获取新领域,逐渐成为农业遥感应用的重要前沿技术手段之一。农业遥感应用中,充分利用高光谱图谱合一的优点,能够精准监测作物长势,为精准农业服务,特别是作物长势评估、灾害监测和农业管理等方面。利用高光谱遥感数据能准确地反映田间作物本身的光谱特征以及作物之间光谱差异,可以更加精准地获取一些农学信息,如作物含水量、叶绿素含量、叶面积指数(LAI)等生态物理参数,从而方便地预测作物长势和产量。

高光谱在其他领域也有广泛应用。如城市下垫面特征和环境,高光谱遥感的发展使得人们有能力对城市地物的光谱特性进行深入研究,人们用实验室光谱、地物光谱、航空和航天的高光谱遥感器对城市的光谱进行了一系列的深入分析。研究的内容包括城市地物的光谱特性及可分性,为城市环境遥感分析及制图提供基础。

在军事领域,高光谱影像主要集中在目标侦察、近海环境监测、伪装与反伪装和打击效果评估。

11.1 地物光谱建库

高光谱技术应用特点主要表现在:一是获取地物光谱数据,主要通过实验室光谱测量、地面光谱测量和高光谱遥感影像数据提取等方法获得;二是对采集的地物光谱信息进行综合处理和研究分析,提取出典型地物的光谱特征,形成先验知识,尤其依靠特征波段形成的定量化的先验信息。如植被指数、冰雪指数、不透水层指数、水体指数等可用于快速高精度提取植被、冰雪、不透水层、水体等地物;三是建立地物光谱数据库[139],地物光谱数据库是高光谱遥感应用研究的基础,由于地物光谱具有的指纹效应,光谱库对于地物分类与识别具有巨大的作用,而光谱数据库是联系遥感基础研究与遥感应用的桥梁,因此,通过收集典型地物的测量光谱,形成能够涵盖多种典型地物、不同尺度与特征参数的地物光谱数据库,将极其有力地支持利用高光谱遥感数据进行地物识别、地表参数反演;四是以辐射理论为基础,建立各种解析、半经验、经验模型,反演全球和区域地表参数,如用于全球变化研究的叶面积指数反演模型[140]、地表返照率反演模型[141]、海洋水色反演模型[142]、冰雪厚度反演模型等;用于区域的农业估产模型[143]、农作物病虫害监测模型[144]、林业生物量估算模型[145]、陆表水质估算模型[146]、海岸带水深反演模型[147]等。

当前常见的国外光谱库有 USGS、JPL、JHU、IGCP-246、ASTER、ERS1S,前 5 个提供公开电子版,其特点如表 11-1 所列。JPL 光谱库典型光谱曲线如图 11-1 所示;国内有中国科学院空间科技中心地物反射光谱数据库、中国科学院地球化学研究所矿物红外反射光谱数据库、中国科学院东北地理与农业生态研究所长春净月潭地物反射光谱数据库、中国科学院遥感与数字地球研究所 HIPAS 地物反射光谱数据库、中国科学院安徽光学精密机械研究所地物反射光谱特性数据库、国家海洋局中国污染水体反射光谱数据库、中国煤炭地质总局航测遥感局黄土高原生态环境观测基准带地物反射光谱数据库、北京师范大学中国典型地物反射光谱数据库等。2005 年,北京师范大学建成了覆盖植被、岩矿、水体 3 种地物的中国典型地物反射光谱数据库 speLib,它集反射光谱数据库、遥感影像数据库、先验知识数据库、模型库于一体,为定量遥感理论与应用研究提供了系统化和专业化的遥感光谱科学试验平台,提供针对农业、水环境、岩矿 3 种应用领域的示范平台。该数据库已完成四方面研究:在栾城实验区进行了农作物长势监测与面积估算、从航窄高光谱影像中提取农作物生化组分信息并实现变量施肥、水质监测、完成了示范区岩性与矿物识别。

表 11-1　国外典型光谱库

光谱库名称	地 物 类 型
JPL	160 种不同粒度的常见矿物
USGS	423 种矿物、17 种植物和一些混合物
IGCP-264	专门研究遥感地物反射光谱特性
ASTER	矿物、岩石等 8 类
JHU	火成岩、变形岩、沉积岩、雪等

光谱数据库主要由实验室光谱、地面光谱以及像元光谱组成,实测光谱数据包括不同尺度、不同环境、不同空间位置测量得到的不同类别的地物光谱,每一条光谱数据不仅包含光谱,同时还包含各种地物光谱测量时候的属性信息。像元光谱是从图像中提取的作为实际应用中直接联系图像的元素,这些数据组成了光谱数据库的光谱数据。在光谱数据的基础上对光谱数据进一步分析,获取每条光谱数据的特征信息,形成光谱特征数据,为高光谱应用提供了最基础

的数据支撑。光谱库数据组成如图 11-2 所示。

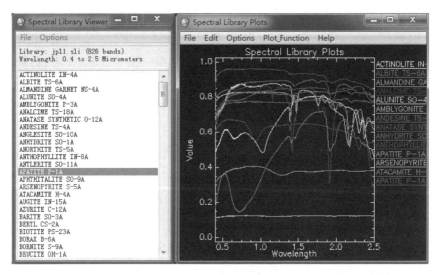

图 11-1 JPL 光谱库曲线

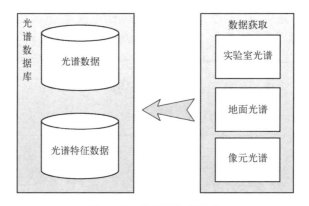

图 11-2 光谱库数据组成

建立光谱库的目的就是为了更好地将高光谱遥感技术应用于高光谱应用。首先通过实验室测量、实地测量和影像提取的方式获取地物光谱,结合已有开源光谱数据和相关辅助数据对获取的数据进行数据整理,然后按照光谱库的管理规范将数据录入库中,建立相应的光谱数据库,光谱库建库流程如图 11-3 所示。

建立光谱数据库时需考虑以下几个方面:①不同影像尺度下目标的组成结构;②目标包含的材质种类;③目标的空间分布规律;④不同时间、气候、空间下目标的变化规律;⑤目标之间的关联性。建库时应该考虑现有数据获取手段所能够得到的有用数据的种类,同时也要考虑随着技术发展使用的新的数据来源。

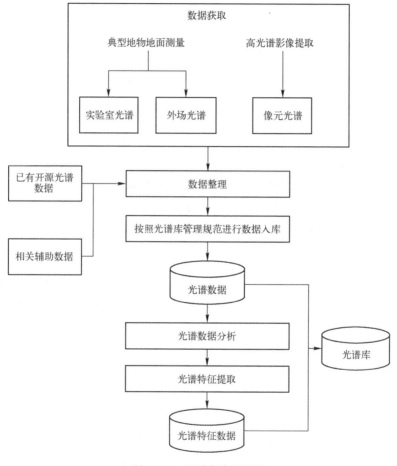

图 11-3　光谱库建库流程

　　根据光谱信息获取的仪器设备和技术手段的不同,地物光谱数据获取方法主要有实验室光谱测量、地面光谱测量和遥感影像数据提取 3 种方法。

　　地物光谱数据获取方法不同,使得光谱数据具有多尺度特征。利用光谱匹配技术对遥感影像上的地面目标进行识别时,首先应明确地物光谱特征与被测地面目标之间的观测尺度。根据基础理论和应用研究对地物光谱特征描述的要求,地物光谱特征可以分为材料光谱、端元光谱和像元光谱 3 个尺度,分别对应实验室测定、野外地面测量和遥感影像提取方法所得到的地物光谱数据。在实际应用中,材料光谱、端元光谱和像元光谱这 3 个尺度的光谱数据之间的关系可以通过遥感模型加以描述。

1. 实验室光谱测量

实验室光谱测量是指在实验室严格控制条件下测量地物样品的光谱数据,如各种目标涂料、样本等。该方法是在光源、温度、湿度等环节参数严格控制并相对恒定的情况下获取的光谱数据,所获得的数据是光谱数据库中最基础的标准光谱特征数据。

2. 地面光谱测量

地面光谱测量是指利用光谱辐射仪等对地面目标进行光谱测量的方法,该方法测量的结果受环境因素影响(如光照、温度、背景)的影响较大。为了描述环境因素的影响,提高数据质量,通常在测量光谱特征数据的同时还需要采集环境因素信息。实验测量的地物光谱是光谱库的核心,完整的数据体系应由以下 6 个方面组成:观测的光谱数据、其他仪器观测的非光谱辅助环境数据、测点状况数据、观测方法和数据处理方法的说明、观测人员信息、观测数据之原数据(包括观测数据项的定义,数据格式和数据库现存数据的状况)。

数据是光谱数据库的核心,为了保证入库数据的质量,一方面要求对光谱数据的测量和整理要有统一的标准规范,另一方面还要求在从数据获取到数据入库的整个过程中实施严格的质量控制,督促、落实标准规范的实行。

1)数据测量标准规范

数据测量标准规范的制定是实施对数据测量、整理、审核、入库全过程数据质量控制的依据。应该根据光谱库要求制定相应的测量标准规范。

2)测量仪器

对光谱测量仪器的质量控制措施主要体现在测量仪器的选用、仪器的定标和仪器的比对等方面,要保证所选用的仪器符合测量标准的要求。

3)数据采集

数据采集的质量控制措施涉及实验计划、测定方法、观测目标和观测环境、采集过程以及观测日志等。在数据采集过程中,必须填写观测日志,及具体的分工、天气状况、下垫面情况、仪器运转状况、内容包括时间、地点、参加人员特殊情况说明、当日责任人签名等,并在提交数据时附上由负责人审定签名的相应观测日志,做到各项数据与记录都可溯源。

4)数据处理、收集与汇总

地物光谱数据的处理要按光谱库的标准进行数据处理,保证数据的正确可靠,尤其要满足数据库系统设计对入库数据的要求。

3. 遥感影像提取法

遥感影像提取法是指利用遥感影像数据直接提取地物光谱特征的方法,为了从影像数据中提取高精度的光谱信息,需要对传感器进行定标,将影像的 DN 值转换为辐射亮度,经过大气校正成为地面目标的相对反射率,然后在以上经过处理的图形中提取特征目标的像元光谱。

4. 光谱数据组织与管理

光谱数据由谱线数据和属性数据组成,其存储采用成熟的数据库存储,在数据库中,表是存储的基本单位。综合长期的研究成果,在关系数据库中,合理和优化的数据基本存储方式为光谱数据文件加属性数据表方式。光谱数据文件和属性数据表依据唯一标识进行关联,光谱记录要素如图 11-4 所示。

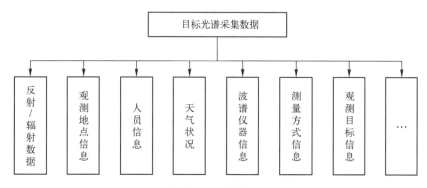

图 11-4　光谱记录

11.2　地质应用

能源和矿产资源是社会赖以生存和发展的重要物质基础,也是国家的重要战略资源。随着快速地工业化、城镇化建设进程,我国对于能源和矿产资源的需求呈刚性上升态势,能源和矿产资源的短缺已经成为我国经济发展的重要瓶颈问题之一。与急剧增加的资源需求相比,地质找矿显得严重滞后,亟需提高和加强地质勘查技术手段,提高我国地质找矿效率。大力开展矿产资源和能源探测,保障我国重要的战略资源的供需平衡,是我国的一项重要工作内容。高光谱遥感技术发展已经近 30 年,在油气探测[148]、资源普查[149]、地质填图和找矿[150]等领域发挥了重要作用。高光谱技术对矿物的识别主要是基于各种矿物本身的光谱特性,利用光谱探测技术探测矿物、进行地质填图、高光谱遥感找矿等方面,技术方法已经比较成熟。由于高光谱具有光谱波段多、分辨率高,信息含量丰富以及图谱合一等特点,使得利用高光谱遥感技术在进行探矿和矿山监测等方面,比地物、地化等其他手段,有数据获取和分析速度快、矿物识别种类细、识别精度高,省时省力,成本大大降低等优势,因此,世界各国非常重视高光谱遥感技术在找矿、精细采矿与矿山综合利用中的应用价值,高光谱矿物填图技术已经大范围推广应用。利用高光谱技术进行地质找矿和填图应用目前正朝着精细化、高效化的方向发展,因此高空间分辨率和高光谱分辨率必然是未来传感器发展的主要技术攻关难点和突破口。

地质应用技术是国外高光谱遥感数据应用最早、也是最成功的领域之一。20世纪80年代以来,高光谱遥感被广泛应用于地质矿产资源、矿山开发环境调查等国土资源应用中。最近15年来的研究表明,矿物识别与填图、岩性填图、矿产资源勘探、矿业环境监测和评价等高光谱遥感应用技术可为国土资源调查做出重大贡献。高光谱应用技术在地质领域得到了深入的应用与发展,不仅深化了地质学的基础研究,也推动着遥感地质填图从岩性填图向矿物填图的飞跃,推进了高光谱遥感技术在成矿预测、地质生成环境成因信息探测、植被地化信息与理化信息提取以及矿山环境调查等应用的不断深入。短波和热红外波谱在地质矿产调查方面有重要作用,如表11-2和表11-3所列。

表11-2 可见短波波谱段资源与环境探测应用谱段

中心位置/μm	波长范围/μm	波长带宽/nm	可 应 用 性
0.420	0.405~0.435	30	岩矿金属离子吸收探测和水环境污染监测
0.465	0.445~0.485	40	岩矿金属离子吸收探测和叶绿素强吸收
0.540	0.520~0.560	40	岩矿金属离子吸收探测和叶绿素反射峰
0.715	0.675~0.755	80	植被红边蓝移/植被长势监测
0.890	0.850~0.930	80	岩矿金属离子吸收/植被物种辨别
1.000	0.950~1.050	100	岩矿金属离子吸收探测/植被物种辨别
1.100	1.105~1.150	100	岩矿金属离子吸收探测/植被物种辨别
1.370	1.320~1.420	100	岩矿分子基团吸收/植被高台反射探测
1.700	1.650~1.750	100	岩矿分子基团吸收/植被生化组分探测
2.115	1.915~2.135	40	岩矿分子基团吸收探测
2.165	2.145~2.185	40	大量岩矿分子基团吸收(碳酸盐和黏土矿)

续表

中心位置 /μm	波长范围 /μm	波长带宽 /nm	可 应 用 性
2.206	2.186~2.226	40	黏土 Al-OH/Fe-OH 矿物和碳酸盐矿物
2.260	2.235~2.285	50	黏土矿物、碳酸盐矿物和蚀变矿物
2.320	2.295~2.245	50	含 Al-OH 矿物、碳酸盐矿物和蚀变矿物
2.370	2.345~2.395	50	含 Mg-OH 矿物、碳酸盐矿物和蚀变矿物
2.430	2.395~2.465	70	部分碳酸盐矿物和蚀变矿物

表 11-3　热红外谱段资源与环境探测应用谱段

矿物大类类别	吸收峰位置 （波数）/cm^{-1}	吸收峰位置 （对应波长）/μm	特　　点
卤化物	1150~1500	6.67~8.69	宽缓的双吸收峰
磷酸盐	1000~150	8.69~10.0	弱的双吸收峰,强的双吸收峰
硅酸盐	850~200	8.33~11.76	一个宽缓而复杂的复合吸收峰
硫酸盐	1150	8.69	特征吸收峰
碳酸盐	900	11.11	一个窄吸收峰
氧化物	400~800	12.5~25	宽缓的双吸收峰

11.2.1　矿物精细识别

高光谱遥感特有的光谱分辨率可以有效地区别矿物的吸收特征,基于高光谱遥感的矿物识别是高光谱技术应用最成功的领域之一[151],利用高光谱遥感（含热红外高光谱）进行矿物识别可分为 3 个层次:矿物种类识别、矿物含量识别和矿物成分识别。目前,对于黏土矿物(高岭石,伊利石)、硫酸盐类矿物(明矾)、碳酸盐矿物(方解石,白云石)、氧化铁(赤铁矿,针铁矿)和二氧化硅(石英)等都可以进行估算,如图 11-5 和图 11-6 所示。

11.2.2　成矿预测

矿物识别是高光谱最能发挥优势的领域之一,高光谱数据立方体蕴含着丰富的矿物学信息。一般而言,在岩体侵位以及地质构造等地质作用下,热液侵入、物质置换等使源于矿体的矿物质发生扩散作用,使在"未蚀变"围岩中产生用岩石学方法难以直接识别的细微成分的变化,而这些成分的变化却在矿物光

图 11-5　基于高光谱数据的矿物精细识别

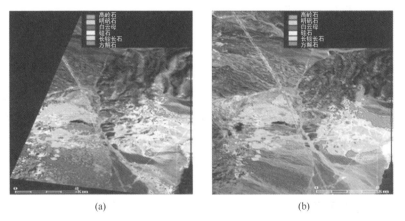

图 11-6　基于不同类型高光谱数据的矿物填图示意图(来源:Kruse 2003)

(a) AVIRIS 数据矿物填图;(b) Hyperion 数据矿物填图。

谱中有着或强或弱的表现,如富铝云母与贫铝云母在 2000~2500nm 光谱区间的最大吸收位置发生漂移。因此,利用高光谱遥感技术不仅可以实现矿物种类的识别,也可以通过对这些细微的变化的探测,实现对地质作用演化信息的探测。通过对矿物的识别、地质成因信息等相关信息的提取与组合关系的分析,能够探讨矿床生成过程中的物源和动力过程等,直接判断可能存在的矿化或矿床信息,进而在其他知识的辅助下,可以实现对矿化与成矿远景区以及靶区的圈定。

　　国外有关研究与勘探部门利用日趋成熟的高光谱遥感技术开展了若干的油气勘探试验研究工作。试验结果表明,土壤吸附烃在 $1.69 \sim 1.79 \mu m$ 和 $2.27 \sim 2.46 \mu m$ 光谱段具有明显的"指纹"光谱特征;与油气微渗漏效应相关的不同蚀变矿物在 $2.1 \sim 2.4 \mu m$ 光谱段具有各自的特征吸收光谱。基于这些"指纹"光谱特征,一些石油公司竞相发展高光谱遥感油气勘探技术,在规避勘探风险中发挥了重要作用。美国德士古公司、西弗吉尼亚大学(2003 年, AVIRIS,圣·巴巴拉海湾)、HyVista 公司(2003 年,Hymap,圣·巴巴拉海湾),加拿大 Noranda 公司(1998 年,Probe-1,智利)和德国地球科学与自然资源联邦研究所(1999 年,Hymap)等争相开展了高光谱油气勘探应用试验研究,并取得了成功的勘探成果。

　　国内地矿部门在成像光谱矿物填图技术应用示范研究方面,可利用机载成像光谱(HyMap)数据处理技术提取方解石、白云母、蒙脱石、绿泥石、绿帘石、碳酸盐、高岭石、蛇纹石和黄钾铁矾等 20 余种矿物信息,为地质成矿潜力的深入评价提供重要基础资料,如图 11-7 所示。

新疆东天山土屋东—三岔口地区矿物分布图

图 11-7　基于 Hymap 数据的蚀变矿物信息分布示意图

　　国内相关部门与单位采用 EO-1 卫星 Hyperion 高光谱遥感器数据,以油气微渗漏理论为指导,通过对已知气田天然气微渗漏及其相关蚀变光谱特征的测量与分析以及特征提取,建立天然气微渗漏光谱部分特征数据库,进而对所研究的预测区内可能的气藏分布提出靶区圈定的分析建议,为进一步的勘探工作部署提供依据,如图 11-8 所示。

图 11-8　某盆地局部地区油气勘探成果分级示意图

11.2.3　地质环境信息反演

在矿物识别和矿物精细识别的基础之上,根据矿物共生组合规律和矿物自身的地质意义指示作用,直观地反演各种地质因素之间的内在联系,可提高高光谱在地质应用中分析和解决地质问题的效能。

11.2.4　植被地化信息探测

岩石和土壤的地球化学异常会使植物金属含量增高或引起植物重金属中毒现象,影响植物的生长状态和长势,从而使植物的光谱特征(如绿峰、红谷、红外反射坪等)的强度和位置发生改变,并可引起红边和蓝边斜率的变化和位置的偏移。植被生物变异特征在谱学上重点表现为叶绿素(含类胡萝卜素)结构、含量、水分以及元素等的不同而引起的谱形差异,最为显著的是光谱红边的"红移"(健康,生长旺盛)和"蓝移"(不发育、中毒等)[152]。利用高光谱对植物光谱的"精细"结构和变异的探测和分析,可以定量、半定量地提取与估计植被生物物理和生物化学参数,快速且定量地评价冠层结构、状态或活力,冠层水文状态,估计冠层生物化学成分,如 N、P、K、糖类、淀粉、蛋白质、氨基酸、木质素、纤维素及叶绿素等的含量。进而结合生物地球化学的分析,可用以探测和评价地球化学异常,分析环境污染程度,进行矿产资源探测等。

11.3　环境监测应用

常规水环境质量监测是对所辖区的江河、湖泊、水库的水体(包括底泥、水生生物)进行定期定位的常年性监测,适时地对地表水质量现状及其污染趋势做出评价,为水域管理提供可靠的数据和资料。

水质监测是水质评价与水污染防治的主要依据。随着水体污染问题的日渐严重,水质监测成为社会可持续发展亟待解决的重大问题,水体污染控制与治理专项作为《国家中长期科学和技术发展规划纲要》的 16 个重大专项之一[153],水体水质的快速准确监测显得尤为重要。

目前,常规的地面水质监测方法是设置众多的监测站点,将获取的地面监测点水样数据在实验室进行化验分析得到化验结果数据,或者采用定点自动监测设备定时获取监测点的水质参数数据,以站点监测的结果数据评价监测面水体的水质情况、指导面水体监测与治理,这种方法虽然对于单点水样的精度较高,但是却存在费时费力效率较低的问题,而且局部的点并不一定具有代表性。虽然传统的水质监测方法目前在水环境监测中发挥着不可替代的作用,但难以满足动态、快速、宏观的水质监测要求。遥感技术的出现为水体水质监测提供了新的机遇,目前遥感技术已经成功应用于海洋、内陆湖泊、江河的水质监测,而且在某些重点区域已经实现了动态监测。

叶绿素 a 浓度和悬浮物浓度是水色遥感的主要观测要素[154]。叶绿素 a 浓度对水体的光谱响应有很大的影响,叶绿素 a 不仅能反映水中浮游生物和初级生产力的分布,其含量变化还是反映水体富营养化程度的一个指标,通过测定叶绿素 a 表明水体中藻类现存量来评价水体富营养化程度是目前湖泊水质监测中最常用、也是最直接有效的方法。国内外学者建立了一系列的叶绿素 a 反演模型和算法,并在特定的水域研究中取得了一定的成功。

悬浮物是浮游植物死亡而产生的有机碎屑以及由陆生或湖体底泥经再悬浮而产生的无机悬浮颗粒。不同水域悬浮固体物质成分、粒径分布和浓度的不同,其相应的反射率波谱特性也有所差异。悬浮固体是指悬浮在水中的微小固体物质,其直径一般在 2mm 以下,包括黏土、淤泥、粉砂、有机物和微生物等,是形成水体浑浊的主要原因,其含量多少是衡量水质污染程度的指标之一。这些物质由于直径很小,沉积速度很慢,往往在垂直方向上均匀分布。他们对上层水体有重要的光学影响,限制光线的穿透力,另外,这些小颗粒散射光线,提高了水体在遥感影像中的亮度。悬浮物对电磁辐射强烈散射,它浓度的增高会导致在其不强烈吸收的波段后向散射系数大于吸收系数。由于悬浮固体的后向散射,浑浊水体通常比清澈水体的光谱反射率要高一些,当悬浮固体的浓度增大时,水体的反射率亦增大。在内陆水体中,一般地,悬浮泥沙之外的其他悬浮物的后向散射信息微弱,因此,利用遥感进行悬浮物监测主要集中在悬浮泥沙含量的定量遥感监测,并且主要用于监测悬浮泥沙含量较高的近海海域以及河口区水域。

通常,利用高光谱遥感数据水质监测包括遥感数据获取以及地面准同步数据获取两个部分。下面以某型号机载高光谱成像仪嘉兴飞行检校为例介绍利用高光谱遥感数据进行水质监测的实验流程,如图 11-9 所示。

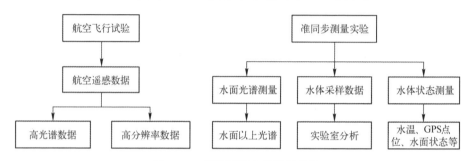

图 11-9　遥感测区水体数据获取

水面和陆面测量试验是地面同步采样的主体,包括 3 个部分:水体采样、水面光谱测量和 GPS 点位等辅助信息的测量。水面光谱测量使用便携式野外光谱仪 FieldSpec® Pro FR(波长范围 350~2500nm),采用"水面以上法"测量水面光谱;同时选择开阔的陆面区域,测量典型地物:植被、裸土、道路等光谱数据用于数据后期大气校正。水面采集的水样送到水质检测站进行分析处理,进而获得水质参数,如图 11-10 所示。

同步光谱采集实验中采集的光谱数据包括太阳光在水面上的入射亮度测量(前白板)10 条,天空漫散射光辐射亮度测量 10 条,水表面辐射亮度测量 20~40 条,太阳光在水面上的入射亮度测量(后白板)10 条,上述的光谱数据通过 ViewSpecPro 软件处理,输出 Excel 文件,Excel 文件中包括每个样点每个波长的辐射亮度值。

水面以上法测量光谱采用的是仪器观测平面与太阳入射平面夹角 135°,探头与水面法线夹角 40° 的观测角度,测量时避免了太阳耀斑 L_g 影响,如果忽略大气程辐射 L_p,则存在下列关系:

$$L_{sw} = L_w + rL_{sky} \qquad (11-1)$$

根据平静水面的经验值,取 $r = 0.022$,由此可得离水辐射亮度为 $L_w = L_{sw} - 0.022L_{sky}$,由此,即可获得遥感反射率,如图 11-11 所示。

图 11-10 同步水面光谱及水样采集

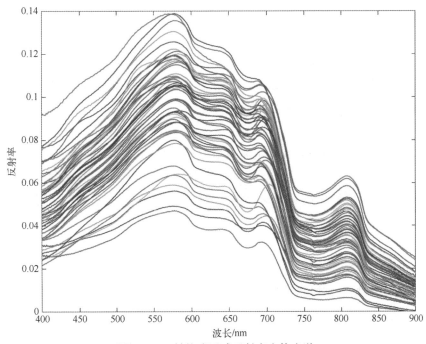

图 11-11 转换成遥感反射率水体光谱

由反射率数据曲线可见,测量水体的光谱反射率曲线整体有 4 个比较明显的反射峰,分别为 580nm 附近、650nm 附近、700nm 附近和 820nm 附近,其中前 3 个反射峰组成了一个大的反射峰,反射率从 580 ~ 700nm 呈下降趋势,600 ~

650nm 反射率变化较小,700nm 附近光谱反射率开始急剧下降;850nm 之后由于纯水的吸收作用水体的反射率呈现趋于 0 的变化。

水质参数遥感监测的方法概括可以分为 3 类,即经验方法(Empirical Method)、半经验方法(Semi-Empirical Method)和分析方法(Analytical Method),不同方法对于数据源要求具有一定的差别,方法的适用性和精度各不相同。

经验方法是应用多光谱遥感数据监测水质过程中逐渐发展的一种方法,经验方法通过经验或者数学统计分析,选择最佳的遥感波段或波段组合建立与水质参数的经验公式,最为常见的形式如下:

$$C = a \left(\frac{R_1}{R_2} \right)^b + \gamma \tag{11-2}$$

式中:R_1,R_2 为遥感光谱通道的反射率或辐射亮度;C 为监测水质参数浓度;a,b,γ 为回归系数参量,由数理统计拟合回归得出。

目前,经验方法应用较为广泛,在海洋、大型湖泊的业务化监测中,产生了一批实用的业务化经验算法,如:Global Processing、Clark 3-band、Aiken-C 等,但是经验方法的不足也较为明显,首先,经验模型是完全基于统计回归得出,使用不同区域或时间的样本回归会得出不同的模型回归系数,算法的区域、季节等的适用性较差;其次,基于数学统计的方法理论支撑较小,不能说明水质参数与遥感参数之间的事实相关性,可信度较低。

半经验方法是随着高光谱遥感技术发展形成的一种方法,半经验方法通过建立实测光谱数据与实测水样水质参数之间的关系,选取特征波段,建立水质参数与遥感谱段的定量关系,从而进行基于高光谱遥感数据的水质参数反演。由于光谱分辨率较高,提取的波段结合光谱谱形的分析可以进行一定的物理解释,可信度有一定的提高。目前,在国内外的海洋、湖泊的遥感水质监测应用较为广泛,在我国太湖、巢湖、查干湖等湖泊建立的大量的水质参数半经验的定量遥感反演模型,半经验方法的应用发挥了高光谱遥感的优势,对于一些水质参数不同区域的特征谱段基本相同,例如叶绿素 a 的特征谱段基本集中在 675nm 附近。从目前建立半经验模型来看,不同区域、不同时间建立的模型依旧差异较大,虽然对特定区域精度较高,但是模型依旧存在通用性问题。

分析方法产生时间较早,是一种基于辐射传输理论发展的水质反演算法,但是由于实验设备导致涉及 IOPs 的部分参数获取较为困难以及相关的理论有待于发展,使用分析方法建立的反演模型不能满足精度需要,随着理论和数据源获取途径的发展,分析方法目前得到了较大的发展和应用。

分析方法通过建立实测的表观光学量与固有光学量之间的关系,反演水体的吸收和散射特性,通过水体中各组分吸收和散射特性,从而建立具体特定水质参数的反演模型。分析方法具有明确的物理意义,算法的普适性较好,代表了水质参数反演模型算法的发展趋势。

叶绿素 a 含量监测对于监测水藻爆发具有巨大作用,由于内陆水体的复杂性,利用诸如波段比值、荧光高度、三波段算法、四波段算法或者其他波段组合的经验方法并不容易可信地从遥感反射率或者离水辐射亮度反演叶绿素 a 浓度,这些经验算法存在数据集需要定标校准的限制。尤其当悬浮物含量较高时,悬浮物的散射作用会掩盖叶绿素 a 的光学作用,从而大大降低经验方法的预测能力。因此,有学者建议对于浑浊的内陆水体从固有光学量的角度而不是直接从表观光学量反演叶绿素 a,从这种考虑出发,多个公式可以用来从实验室浮游植物的吸收系数确定叶绿素 a 浓度,并且,通过适当的改变可应用于反演实验室的浮游植物吸收系数,叶绿素 a 含量由于其特殊的吸收系数可以由 $a_{ph}(665)$ 确定,例如,Gons 在荷兰的 10 个湖泊、中国的巢湖和滇池、美国新泽西哈得孙河口和五大连湖的研究中,应用了 $a_{ph}^*(665) \approx 0.016 m^2 (mg\ Chl\text{-}a)^{-1}$ 的稳定模型[155-158],Gilerson 建议利用模型 $a_{ph}^*(665) = 0.022 (Chl\text{-}a)^{-0.1675}$ 反演叶绿素含量[159]。

图 11-12 和图 11-13 所示为水体污染控制与治理科技重大专项——基于遥感数据的水体水质评估研究"(2011ZX07301-004),利用高光谱数据对城市河网水体叶绿素 a 和悬浮物浓度反演的结果。

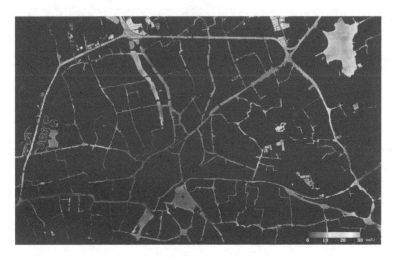

图 11-12　AISA 高光谱数据反演的叶绿素 a 浓度分布图
(水体污染控制与治理科技重大专项,基于遥感数据的水体水质评估研究)

图 11-13　AISA 高光谱数据反演的总悬浮物浓度分布图
（水体污染控制与治理科技重大专项，基于遥感数据的水体水质评估研究）

11.4　林业应用

高光谱遥感技术具有丰富的光谱信息优势，在森林资源调查与分类，以及森林火灾监测和评估，森林病虫害监测和森林资源变化等监测方面提供了广阔的应用前景，为科学而实时地进行森林资源管理提供了新的技术手段。

高光谱遥感数据可用于植被化学成分的识别和估算以及其时空变化规律。植冠中叶绿素和水含量已可以利用高光谱遥感数据进行估算，并可直接或通过光谱混合模型用于植被制图，确定植被关联物的位置，估计植被生长状况的空间分布和时间分布。通过高光谱数据对不同类型叶绿素含量的估算，可以获取更为详细与严格意义上的植被指数、叶面积指数和植被生长状况信息。利用导数光谱分析和相关分析方法研究针对树种的识别、叶面积指数预测，可进行了树冠氮、木质素含量填图。

高光谱遥感在林业中的应用主要表现在以下几个方面。

11.4.1　树种识别

在自然资源管理、环境保护、生物多样性和野生动物栖息地研究中，正确识别森林树种具有非常重要的意义。在过去二三十年里，大面积地应用数字遥感数据(如 TM、SPOT)进行的树种识别实践只能分到树种组或简单地将树种分为针叶和阔叶两大类。这主要是因为：一是缺少高光谱分辨率和大量的光谱波段。不同的树种经常有极为相似的光谱特性，它们细微的光谱差异用宽波段遥感数据是无法探测的。二是由于光学遥感所依赖的光照条件无常，可能引起相同的树种具有显著不同的光谱特性。高光谱遥感能够探测到具有细微光谱差异的各种物体，因此，能够大大地改善对植被的识别和分类精度。高光谱树种识别流程如表 11-4 所列。

表 11-4　树种识别流程

	预处理	分割	特征选择	融合和分类
LiDAR	(1) 离散化 (2) 点云分类 (3) 网格化 CSM 和 DTM (0.25m 每网格)	(1) 分水岭方法用于距离变换后的图像 (2) CMM 生成 (3) 分水岭方法用于 CMM 树冠分割 (矢量图层)	从分割后的点云中提取结构化属性 得到 28 个结构化矩阵，表示 2304 个树冠	(1) 光谱整合 (2) 使用 CDA 方法像元分类 (3) 像元最大树冠分类
AVIRIS	反射率反演 重采样 镶嵌反射率图像根据 CSM 几何校正	叠加分割点云和 AVIRIS 图像	从每个树冠中提取所有像元(NDVI>0.6) 13611 条光谱(使用 178 个波段)	

注：AVIRIS：airborne visible infrared imaging spectrometer，Airborne 可视红外图像仪；
　CSM：canopy surface model，树冠表面模型；
　DTM：digital terrain model，数字地形模型；
　CMM：canopy maxima model，树冠极限模型；
　NDVI：normalized difference vegetation index，归一化植被指数；
　CDA：canonical discriminant analysis，典型鉴别分析

Alonzo 等将高空间分辨率(3.7m)高光谱图像与激光雷达数据($22pulse/m^2$)融合区分出城市 29 种常见树种[160]。

11.4.2　叶面积指数估计

叶面积指数是植物生态研究中的一个重要指标，它与生物量、植物长势均有密切关系，是确定森林二氧化碳、水和氧气交换率的重要变量。过去应用遥感方法估计森林叶面积指数的研究主要局限于一些相对较宽的波段的多光谱数据。大部分研究致力于找出叶面积指数与从遥感数据中提取的各种植被指

数之间的一些简单统计关系来估计叶面积指数,精度不高。原因之一是,宽波段遥感数据中往往混有相当比例的非植物光谱,致使各种植被指数与叶面积指数的关系不紧密。而这种非光谱在高光谱遥感数据中采用光谱微分技术可以得到压抑,从而提高遥感数据叶面积指数的相关性。

11.4.3　森林郁闭度信息提取

郁闭度在遥感图像上是一个比较容易提取的参数,但在空间分辨率低时(>20m),由于像元光谱混合的问题,利用宽波段遥感数据提取的郁闭度信息精度不会太高。利用高光谱数据实行的混合光谱分解方法就可以将郁闭度这个最终光谱单元信息提取出来,合理而真实地反映其在空间上的分布。如果利用宽波段遥感数据,实行这种混合像元分解技术效果不会太好,其原因是波段太宽、太少,不能代表某一成分光谱的变化特征;而高光谱的每个图像像元均可近似用一条光谱曲线描述,因此用它分解混合像元诸成分光谱分量精度很高,试验证明从高光谱图像数据中用光谱混合模型方法提取森林郁闭度信息是可靠的。

11.4.4　森林病虫害监测

遥感图像上森林的空间形状与实际的形态和结构有关,而图像的光谱信息与森林植被的生理特征有关,如叶绿素含量。绿色植物的光谱反射率具有明显的特征,并且完全随波长的变化而变化。在可见光波段内,植物在 500~700nm 反射率很低,在近红外波段 700~900nm 反射率骤然升高,这是由于绿色叶子很少吸收该波段内的辐射能量。但不同植物的反射强度各有不同,阔叶树高达 70%以上针叶树较少,约 30%~40%,草类约 50%~60%。当植物受到病虫害侵袭时,叶绿素往往减少甚至消失,导致叶绿素吸收带的强度减弱,整个可见光的反射率加大,比正常植物高得多,而红外区的反射率则明显减小。因此,受病虫害影响的植物在各个波段上的波谱值发生变化,尤其在近红外波段的光谱值变化较大,从遥感影像上提取这些变化的信息,为病虫害的防治提供依据。

德国学者利用 HyMap 高光谱图像估算树皮甲虫导致的树死亡率,用于评价病虫害损失[161]。方法是利用遗传算法(GA)来特征选择,利用支持向量机方法(SVM)来分类。研究发现,绿峰(560nm)、叶绿素吸收(680nm)、红边(690nm)、短波(1532nm)、近红外(1076nm)是重要的特征波段,分类结果如图 11-14 所示。

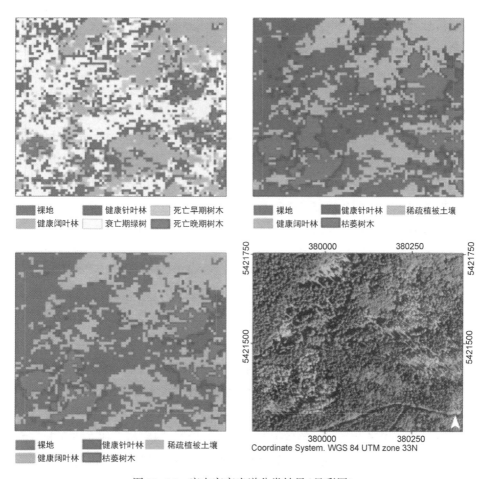

图 11-14　病虫害高光谱分类结果(见彩图)

11.4.5　森林资源变化监测

森林资源变化监测是一种动态监测的过程,是利用遥感的多传感器、多时相的特点,通过不同时相对同一地区的森林资源遥感数据进行变化信息的提取,不仅要获取变化信息的数量和位置,还要获得每一个像元的转变类型,获取森林资源动态变化的空间分布。

11.5　目标识别

军事目标识别与监测是遥感军事应用中最重要的课题。如遥感可以用于战场信息动态获取、军事目标和兵力部署监测,达到知己知彼,制定有效的作战部署。军事目标的识别主要是从众多的像元识别出数量极少的像元,这些像元被认为是可疑的军事目标,识别算法有基于图像的识别方法,也有基于光谱库的识别方法,还有基于图像中已知光谱的识别方法。国内许多学者都对该领域进行了深入研究。

在国内,邓湘金利用模式识别的相关知识,对军用机场进行建模,实现了机场位置变化的检测[162]。莫华改进了传统的阈值变化检测方法,得到了机场和港口的变化区域[163]。颜洁等将变化检测技术应用于机场毁伤效果评估[164]。许夙晖等提出基于高分辨率遥感影像的军用阵地动态监测方法,借助面向对象的多尺度分割技术将阵地影像分割为同质对象,以提取各个对象的特征;针对监督分类和非监督分类的弊端,提出通过一定的先验知识制定分类规则的方法对遥感影像进行地物识别,在此基础上定性和定量地输出变化检测结果[165]。

在国外,Lampropoulos 等提出了两个高光谱军事目标检测与识别系统,分别是基于置信度的决策融合和分类融合系统,并用试验数据进行了检验,所提出的方法可以有效克服复杂背景和相似光谱地物的干扰[166]。Kumar 等提出了一种结合可变尺度光谱平滑和光谱匹配技术的目标检测方法,并用模拟数据和AVIRIS 数据进行了检验,该方法可以有效地减小混合像元的影响[167]。Tiwari等将独立成分分析方法(Independent Component Analysis,ICA)应用于军事目标的识别,以 AVIRIS 数据为试验数据开展了目标检测试验,与其他光谱匹配方法相比,独立成分分析方法不需要先验的光谱知识[168]。Fisher 提出了一种基于信息散度的波段选择方法,该方法只需要输入一个用于衡量信息量的阈值,就可以从高光谱数据中选取一个子集用于识别特定的目标(如植被类型、不同类型的伪装),大大减少了数据处理数量。Rossi 提出结合光谱匹配(Spectral Matching,SM)和异常变化检测(Anomalous Change Detection,ACD)方法提取复杂背景下的高光谱图像中的目标。试验对多幅不同时间获取的高光谱图像进行了分析,两种方法的结合可以大幅度降低单纯使用光谱匹配法的虚警率[169]。

高光谱影像目标检测根据有无目标光谱先验信息主要分为两大类,即已知目标光谱特性的光谱匹配检测技术和未知目标光谱特性的异常检测技术。

11.5.1 光谱匹配检测

光谱匹配检测是通过与先验目标光谱特征相关或匹配来寻找目标,感兴趣目标的光谱特征可从光谱库或影像端元提取。在仅知道目标端元的光谱而未知背景的情况下,可以通过 3 条途径来进行目标提取。

（1）简单的匹配算法,由于这种方法既没有用到目标与背景的信息量分布的差别,也没有利用高光谱图像在其特征空间目标与背景的相对位置的差别,因而探测结果易于受到背景地物的影响。

（2）利用一组正交基底代替背景,然后再通过光谱解混、OSP、FBA 和滤波向量等方法得到目标在图像中的定量分布结果,比较常用的正交变换方法包括 PCA 及奇异值分解（SVD）。

（3）利用样本相关矩阵（或者协方差矩阵）的性质对目标进行半解混（Partial Unmixing）提取,约束能量最小化算法（CEM）是应用最为广泛的小目标提取算法。

1. 光谱角

光谱角（SAM）是以运算影像像元的光谱与目标参考光谱之间的夹角来进行目标检测。其原理是把光谱作为矢量投影到 N 维空间上,其维数为试验数据选取的波段数,N 维空间中,各光谱曲线被看作有方向且有长度的矢量,而光谱之间形成的夹角称为光谱角。

在一定光谱角允许的范围内,每个角度影像对应一个类型的像元,即每个像元在光谱相似性上有可能对应于被指定的一个样本参考光谱角度值（光谱曲线值）,如果被测像元光谱与所有参考光谱之间的角度在探测阈值内,此像元被归为目标点。光谱角度越小,被估计像元的光谱曲线与参考光谱曲线就越相似,表现在两者之间的地物特性上也越相似,归类的概率和精度就越高。光谱角的数学表达式为

$$\alpha = \arccos \frac{\sum\limits_{i=1}^{n} t_i r_i}{\sqrt{\sum\limits_{i=1}^{n} t_i^2} \times \sqrt{\sum\limits_{i=1}^{n} r_i^2}} \tag{11-3}$$

式中:α 为影像像元光谱与参考光谱之间的夹角;t_i 为影像像元光谱曲线矢量;r_i 为参考光谱曲线矢量。α 越小,越属于目标区域。

2. 约束能量最小化算法

约束能量最小化算法（Constrained Energy Minimization,CEM）是在仅知道感兴趣目标的光谱,而对背景信号不知晓的条件下对目标进行探测和提取的算法。CEM 来源于数字信号处理领域中的线性约束最小方差波束形成器,该方法的思想是提取特点方向的信号而衰减其他方向的信号干扰。这种方法很适合

感兴趣的成分占影像总方差比例很小的情况,能突出目标信息而压制背景信号,从而达到从影像中分离目标地物的效果。

记 $\boldsymbol{s}=\{r_1,r_2,\cdots,r_N\}$ 为所有观测样本集合,其中 $\boldsymbol{r}_i=\{r_{i1},r_{i2},\cdots,r_{iL}\}^{\mathrm{T}}$ 为任一样本像元向量($i=1,2,\cdots,N$),N 为像元的个数,L 为影像的波段数,假设 $\boldsymbol{d}$ 是感兴趣的目标。CEM 的目的就是设计一个 FIR 线性滤波器 $\boldsymbol{w}=(w_1,w_2,\cdots,w_L)^{\mathrm{T}}$ 使得在如下条件下滤波输出能量最小:

$$\boldsymbol{d}^{\mathrm{T}}\boldsymbol{w} = \sum_{l=1}^{L} d_l w_l = 1 \tag{11-4}$$

记 y_i 为当输入为 r_i 时经过滤波器的输出:

$$y_i = \sum_{l=1}^{L} w_l r_{il} = \boldsymbol{w}^{\mathrm{T}}\boldsymbol{r}_i = \boldsymbol{r}_i \boldsymbol{w} \tag{11-5}$$

于是,所有观测样本经过滤波器 $\boldsymbol{w}$ 的平均输出能量为

$$\frac{1}{N}\Big[\sum_{i=1}^{N} y_i^2\Big] = \frac{1}{N}\Big[\sum_{i=1}^{N}(\boldsymbol{r}_i^{\mathrm{T}}\boldsymbol{w})^{\mathrm{T}}\boldsymbol{r}_i\boldsymbol{w}\Big] = \boldsymbol{w}^{\mathrm{T}}\Big(\frac{1}{N}\Big(\sum_{i=1}^{N}\boldsymbol{r}_i\boldsymbol{r}_i^{\mathrm{T}}\Big)\Big)\boldsymbol{w} = \boldsymbol{w}^{\mathrm{T}}\boldsymbol{R}\boldsymbol{w} \tag{11-6}$$

式中:$\Big(\sum_{i=1}^{N}\boldsymbol{r}_i\boldsymbol{r}_i^{\mathrm{T}}\Big)/N$ 为样本集合 $\boldsymbol{S}$ 的样本自相关矩阵。

这样,滤波器 $\boldsymbol{w}$ 的设计可以归结为如下最小值问题:

$$\begin{cases} \min_{\boldsymbol{w}}\Big(\frac{1}{N}\Big(\sum_{i=1}^{N} y_i^2\Big)\Big) = \min_{\boldsymbol{w}}(\boldsymbol{w}^{\mathrm{T}}\boldsymbol{R}\boldsymbol{w}) \\ \qquad\qquad \boldsymbol{d}^{\mathrm{T}}\boldsymbol{w} = 1 \end{cases} \tag{11-7}$$

该公式的解即为 CEM 算子。

$$\boldsymbol{w}^* = \frac{\boldsymbol{R}^{-1}\boldsymbol{d}}{\boldsymbol{d}^{\mathrm{T}}\boldsymbol{R}^{-1}\boldsymbol{d}} \tag{11-8}$$

将 CEM 算子作用于图像中的每个像元,将得到目标 $\boldsymbol{d}$ 在图像中的分布情况,实现对目标 $\boldsymbol{d}$ 的探测,滤波器的输出为

$$\delta_{\mathrm{CEM}}(r) = \boldsymbol{w}^{*\mathrm{T}}\boldsymbol{r} = \Big(\frac{\boldsymbol{R}^{-1}\boldsymbol{d}}{\boldsymbol{d}^{\mathrm{T}}\boldsymbol{R}^{-1}\boldsymbol{d}}\Big)^{\mathrm{T}}\boldsymbol{r} \tag{11-9}$$

11.5.2　异常检测

在实际应用中,由于缺少完备且实用的光谱数据库和正确的反射率反演算法,光谱先验信息的获取变得非常困难。因此,能够在没有先验信息的条件下检测与周围环境存在光谱差异的异常目标检测技术成为了高光谱遥感目标检测的重点。

在没有关于目标光谱特征的先验信息的情况下,一般使用异常检测的方法来实现高光谱影像目标检测,高光谱影像异常检测不依赖于目标光谱特征的先验信息。

1. RX 检测算法

RX 检测算法[170]是在影像数据空间白化高斯分布的基础上通过广义似然比检验并经一系列化简得出的,其表达式为

$$\delta_{RX}(\boldsymbol{x}) = (\boldsymbol{x}-\boldsymbol{\mu})^{\mathrm{T}} \left(\frac{N}{N+1}M + \frac{1}{N+1}(\boldsymbol{x}-\boldsymbol{\mu})(\boldsymbol{x}-\boldsymbol{\mu})^{\mathrm{T}} \right)^{-1} (\boldsymbol{x}-\boldsymbol{\mu}) \begin{cases} \geq \lambda & 目标 \\ < \lambda & 背景 \end{cases}$$

(11-10)

式中:$\boldsymbol{x}$ 为 B 维观测列向量;$\mu = \frac{1}{N}\sum_{i=1}^{N} x_i$ 为高光谱影像数据样本均值,N 为高光谱影像中的像素观测样本数;$M = \frac{1}{N}\sum_{i=1}^{N}(\boldsymbol{x}-\boldsymbol{\mu})(\boldsymbol{x}-\boldsymbol{\mu})^{\mathrm{T}}$ 为高光谱影像数据样本协方差阵;λ 为检测阈值。

RX 算法通过计算 $(\boldsymbol{x}-\boldsymbol{\mu})^{\mathrm{T}}M^{-1}(\boldsymbol{x}-\boldsymbol{\mu})$ 的值来寻找异常目标,如果影像中没有异常目标,那么它对应的能量将会很小,并且将可能与协方差矩阵 M 的小特征值相对应,而特征值越小,$(\boldsymbol{x}-\boldsymbol{\mu})^{\mathrm{T}}M^{-1}(\boldsymbol{x}-\boldsymbol{\mu})$ 则越大,这正是 RX 能有效地应用于异常目标探测的原因所在。

2. LPD 算法

低概率检测(LPD)[171]是基于几何方式的代表算法,是基于正交子空间投影思想的一种高光谱图像目标检测方法,该算法自动获取背景信号的信息,然后利用正交子空间投影方式抑制背景信息以增强低概率目标物的信息,进而提高背景和目标的对比度,进行目标的提取与检测。图 11-15 所示为港口油罐高光谱识别的结果。

LPD 算法首先提取图像的 q 个主成分 $\boldsymbol{V}=[v_1,v_2,\cdots,v_q]$,然后构造正交投影算子:$\boldsymbol{P}=\boldsymbol{I}_{L\times L}-\boldsymbol{V}\boldsymbol{V}^{\#}$

其中:$\boldsymbol{V}^{\#}=(\boldsymbol{V}^{\mathrm{T}}\boldsymbol{V})^{-1}\boldsymbol{V}^{\mathrm{T}}$ 为主成分 $\boldsymbol{V}$ 的伪逆,$\boldsymbol{P}$ 为 $L\times L$ 的矩阵;$\boldsymbol{I}_{L\times L}$ 为 L 阶的单位矩阵。用这个算子作用于 L 维观测列向量 $\boldsymbol{x}$,将背景光谱的影响降低到零,突出了目标,LPD 算法检测器为

$$\delta_{LPD}(\boldsymbol{x}) = \boldsymbol{d}^{\mathrm{T}}\boldsymbol{P}\boldsymbol{x} \begin{cases} \geq \lambda & 目标 \\ < \lambda & 背景 \end{cases}$$

(11-11)

图 11-15 油罐目标识别

（a）高光谱影像；（b）目标识别结果；（c）高分影像；（d）实景照片。

第 12 章

结束语

目标高精度的空间和光谱信息的获取是光谱遥感技术发展的核心,遥感信息获取可以划分为"探测(L_0)、分类(L_1)、识别(L_2)、确认(L_3)、表征(L_4)、测量(L_5)"等层次,高层次的表征与测量应用对遥感数据的精度有非常高的要求,表现为空间、光谱、辐射等信息纬度的分辨率和数据不确定度要求。随着超光谱遥感技术的发展,机载超光谱定量遥感测量在民用和军事上的应用越来越广泛,超光谱遥感成像(光谱分辨率为 $\Delta\lambda/100$)探测技术在定量化遥感应用中已经表现出独特的优势。与传统的成像相机相比,超光谱遥感能够提供各个谱段的信息,通过分析被测目标在其特征谱段的辐射信息即可实现目标的准确探测,因此具有重大的应用价值。

相比于星载光谱遥感和地基光谱遥感,机载航空超光谱遥感器由于能够同时兼顾较高的空间分辨率和时间分辨率,同时飞行平台具有较强的负载能力和滞空时间,对于大范围、高时效性的观测目标具有较强的观测能力,因此在超光谱遥感领域有着巨大的发展前景。

近年来,在农业调查、环境监测、矿产资源探寻、隐蔽目标识别跟踪等方面需求的推动下,对机载超光谱定量遥感测量技术的发展提出了更高要求,新型机载超光谱定量遥感测量技术正向着更全的波段覆盖范围、更精细的光谱分辨能力、更高的空间分辨能力、更精确的定量化反演精度和轻小型化、商业化方向发展。目前,国外在航空超光谱遥感成像领域投入了巨大的人力物力和财力,并已经取得了很大的成果。在商业领域,已经开发出了许多成熟的商业级航空高光谱遥感成像仪,并仍然在开发新一代的成像仪,旨在获取更高的光谱分辨率和空间分辨率,产品的波段覆盖范围也更为广泛。例如,美国 HeadWall 公司已经开发出了商用的机载全谱段高光谱成像仪 Hyperspec VNIR/SWIR,光谱范围覆盖 400~2500nm，光谱分辨率为 5nm@ VNIR、8nm@ SWIR，整机质量仅有 11.3kg，并广泛应用于环境监测和农业调查等领域。而其正在研发光谱分辨率 0.1nm 光谱覆盖 2200~2500nm 的机载超光谱成像仪，计划用于天然气泄漏监测。

与国际最新的机载高光谱成像技术相比，目前国内存在的差距主要体现在光谱分辨率略低、定量化精度较差、商业化水平较弱等方面。产品种类方面，国外已经有多家公司开发出了商业级的高光谱遥感成像仪器，光谱分辨率已经可以达到纳米级，辐射定标精度可以达到 1%~3%，而其最新的用于太阳诱导叶绿素荧光检测的光谱仪，光谱分辨率已经达到了亚纳米级，定标精度更是达到了 0.01nm。而目前国内仅实现了可见近红外波段优于 5nm 的光谱分辨率，而辐射定标精度仅达到 7%，并且国内开发机载超光谱载荷的单位主要集中在几家研究所中，尚未实现大范围的商业化，距离国际先进仍存在有较大差距。由于全谱段超光谱成像技术属于战略高技术，国外发达国家在许多方面存在着技术垄断，特别是涉及红外谱段时，高精度的设备多对国内进行了技术封锁。航空全谱段超光谱成像载荷具有空间分辨率高的优点，同时相对研制成本低，比较适合产业应用和科学研究。随着我国经济社会的进一步发展，利用全谱段超光谱成像仪进行资源勘探、环境监测等领域的业务活动十分必要。同时，开展航空全谱段多模态超光谱成像技术研究，有利于提升关键技术提升、信息获取与处理应用能力的发展。因此，应加大对航空全谱段超光谱成像载荷研制和超光谱遥感数据定量反演技术的投入。未来该领域应重点发展新型机载全谱段超光谱定量遥感载荷及数据处理应用等方面，针对机载全谱段超光谱定量遥感的技术要求，从载荷设计、结构轻量化、高精度光谱及辐射定标、高精度的地物反射率反演等几个方面进行深入研究。

1. 新型机载全谱段超光谱定量遥感载荷设计

针对航空超光谱遥感应用对机载全谱段超光谱定量遥感载荷的需求，通过机载超光谱载荷体系设计、轻型光学镜体、新型分光结构等技术的实施，研制新型机载全谱段超光谱定量遥感载荷。

2. 高精度光谱及辐射定标技术研究

随着遥感应用的深入，定量化是其发展的必然趋势，定量遥感已成为遥感应用的重点，它涉及有效载荷的性能和图像质量、遥感数据处理、定量反演等许多环节。高精度的光谱及辐射定标是定量遥感的前提，是遥感应用发挥其效益的必要环节。

3. 轻小型化超光谱遥感载荷设计

机载全谱段超光谱遥感载荷的组成主要包括光学镜体、相机本体、探测器组件、制冷机杜瓦组件、电子学以及相应的结构支撑、稳定平台等。随着超光谱遥感器空间分辨率和光谱分辨率的不断提高，导致其光学系统的口径不断增大，系统复杂度越来越高，对其结构轻量化和稳定性要求也变得越来越苛刻。而不同搭载平台的负载能力也不同，相比于体型较大的有人飞机，无人机的运载能力更为有限。要使超光谱遥感载荷能够适用较多类型的飞行平台，需要对载荷进行充分的轻量化设计。

4. 高精度的地物反射率反演技术研究

相较于目标的光谱辐射亮度曲线，其地表反射率曲线由于排除了入射光的光谱分布特性，因而能够更直接地描述被测目标的自身特性，因此在实际工程中有着更大的应用价值。高精度的地物反射率反演除了需要对目标的反射辐射亮度进行分析外，还需要对入射辐射亮度、大气传输途径的分布特性等因素进行探测、分析和计算，从而提高地物反射率反演精度，以实现高精度地物目标成分的探测与测量。

参考文献

[1] 付澍,唐义,常月娥,等.色散型成像光谱仪整机成像质量研究[J].光学技术,2018,44(1):45-50.

[2] 方煜,相里斌,袁艳,等.基于Offner中继结构的机载棱镜色散成像光谱仪系统设计[J].光谱学与光谱分析,2013,33(3):838-843.

[3] 王文丛.中波红外傅里叶变换成像光谱仪理论分析与光学系统设计研究[D].长春:中国科学院研究生院(长春光学精密机械与物理研究所),2015.

[4] 魏可佳.傅里叶变换光谱仪用干涉仪国内专利介绍[J].科技经济导刊,2016(7):207-209.

[5] 孔延梅,梁静秋,王波,等.新型空间调制微型傅里叶变换光谱仪的设计与仿真[J].光谱学与光谱分析,2009,29(4):1142-1146.

[6] 沈为民,时善进.紧凑型空间调制傅里叶变换光谱仪[J].半导体光电,2001,22(6):408-410.

[7] 陈亭亭.基于声光可调滤波器的高光谱图像监测系统[D].南京:南京林业大学,2014.

[8] 崔燕.光谱成像仪定标技术研究[D].西安:中国科学院西安光学精密机械研究所,2009.

[9] 葛明锋.基于轻小型无人机的高光谱成像系统研究[D].上海:中国科学院上海技术物理研究所,2015.

[10] 叶琦.基于高光谱的颜色测量方法研究[D].上海:中国科学院上海技术物理研究所,2018.

[11] GREEN R O,EASTWOOD M L,SARTURE C M,et al. Imaging spectroscopy and the airborne visible/infrared imaging spectrometer (AVIRIS)[J]. Remote Sensing of Environment,1998,65(3):227-248.

[12] VANE G, GREEN R O, CHRIEN T G, et al. The airborne visible/infrared imaging spectrometer (AVIRIS)[J]. Remote Sensing of Environment,1993,44(2-3):127-143.

[13] STEVEN A. MACENKA, MICHAEL P. CHRISP. Airborne visible/infrared imaging spectrometer (Aviris) spectrometer design and performance[J]. Proc Spie,1987,834:32-43.

[14] https://www.headwallphotonics.com.

[15] PEERBHAY K Y, MUTANGA O, ISMAIL R. Commercial tree species discrimination using airborne AISA Eagle hyperspectral imagery and partial least squares discriminant analysis (PLS-DA) in KwaZulu-Natal,South Africa[J]. ISPRS Journal of Photogrammetry and Remote Sensing,2013,79(Complete):

19-28.

[16] https://www.instrument.com.cn/netshow/SH102592/s480605.html.

[17] 张淳民,穆廷魁,颜廷昱,等.高光谱遥感技术发展与展望[J].航天返回与遥感,2018,39(03):104-114.

[18] BRANDO V E,DEKKER A G. Satellite hyperspectral remote sensing for estimating estuarine and coastal water quality [J]. IEEE Transactions on Geoscience & Remote Sensing,2003,41(6):1378-1387.

[19] 高震宇.可溯源至SI的星载太阳光谱仪研究[D].长春:中国科学院长春光学精密机械与物理研究所,2016.

[20] 刘玉娟.基于同心光学系统的新型成像光谱仪研究[D].长春:中国科学院长春光学精密机械与物理研究所,2012.

[21] 郎均慰.基于CMOS图像传感器的高分辨率航天推帚成像光谱仪信息获取技术研究[D].上海:中国科学院上海技术物理研究所,2014.

[22] 刘子寒,季轶群,石荣宝,等.机载红外推扫成像光谱仪光学设计[J].红外与激光工程,2014(9):2941-2946.

[23] 张锐.中阶梯光栅光谱仪关键技术研究及其应用[D].长春:中国科学院长春光学精密机械与物理研究所,2018.

[24] 赵健.小型中阶梯光栅光谱仪交叉色散光学系统设计[D].天津:天津大学,2017.

[25] 杨增鹏,唐玉国,巴音贺希格,等.小型高光谱分辨率光栅单色仪的研制[J].光谱学与光谱分析,2016,36(1):273-278.

[26] 刘全,吴建宏,郭培亮,等.高衍射效率凸面闪耀光栅的研制[J].中国激光,2019,46(03):312-316.

[27] 朱嘉诚,靳阳明,黄绪杰,等.宽波段凸面闪耀光栅优化设计[J].红外与激光工程,003(7).

[28] 王跃明,郎均慰,王建宇.航天高光谱成像技术研究现状及展望[J].激光与光电子学进展,2013,50(1):72-79.

[29] 季轶群,沈为民.Offner凸面光栅超光谱成像仪的设计与研制[J].红外与激光工程.2010(02):285-287.

[30] 郝爱花,贺锋涛,李立波,等.宽场平谱面全息凹面光栅光谱仪的设计[J].光学学报,2018(2):385-389.

[31] http://www.xjishu.com/zhuanli/52/201710565845.html.

[32] 兰卫华,王欣,刘银年,等.凸面光栅的衍射效率计算及其二级光谱抑制[J].红外技术,2009,31(5):256-258.

[33] NIE Y,XIANGLI B,ZHOU J,et al. Design of airborne imaging spectrometer based on curved prism[J]. Proc Spie,2011,8197(1):27.

[34] YUAN L,HE Z,WANG Y,et al. Optical design and evaluation of airborne prism-grating imaging spectrometer[J]. Optics Express,2019,27(13):17686-17700.

[35] 杨庆华,周仁魁,赵葆常.迈克尔逊干涉光谱仪动镜倾斜误差容限分析[J].光子学报,2009,38(3):677-680.

[36] 陈西园. 双折射棱镜干涉光谱仪分光特性研究[J]. 辽宁石油化工大学学报,2003,23(4):81-83.

[37] 张营. 长波红外高光谱成像仪光学技术研究[D]. 上海:中国科学院上海技术物理研究所,2016.

[38] 孙佳音. 基于 Dyson 结构的长波红外高光谱成像光谱仪光学系统研究[D]. 长春:中国科学院长春光学精密机械与物理研究所,2016.

[39] 刘青函. 超宽视场成像光谱仪前置光学系统设计[D]. 苏州:苏州大学,2016.

[40] 刘晓梅,向阳. 宽视场成像光谱仪前置远心离轴三反光学系统设计[J]. 光学学报,2011,31(6):226-229.

[41] 李晓彤,岑兆丰. 几何光学·像差·光学设计[M]. 第 2 版. 杭州:浙江大学出版社,2007.

[42] 刘军. 自由曲面在成像光学系统中的研究[D]. 长春:中国科学院长春光学精密机械与物理研究所,2016.

[43] 杨晋,崔继承,巴音贺希格,等. 基于离轴两反利特罗结构的棱镜高光谱成像系统的光学设计[J]. 光谱学与光谱分析,2016,36(5):1537-1542.

[44] 韩琳,赵知诚,毛保奇,等. 长焦距面视场同轴三反望远物镜设计[J]. 光学学报,2016,36(7):266-272.

[45] 黄辰旭,刘欣,潘枝峰,等. 基于自由曲面的大视场离轴四反光学系统设计[J]. 激光与红外,2016,46(3):325-328.

[46] 朱钧,吴晓飞,侯威,等. 自由曲面在离轴反射式空间光学成像系统中的应用[J]. 航天返回与遥感,2016,37(3):1-8.

[47] 林大键. 工程光学系统设计[M]. 北京:机械工业出版社,1987.

[48] 袁健男,付跃刚,郭俊,等. 改进型卡塞格林望远光学系统的优化设计[J]. 长春理工大学学报,2010(3):8-10.

[49] 郭永祥. 长焦距宽视场航天测绘相机光学系统研究[D]. 西安:中国科学院西安光学精密机械研究所,2010.

[50] 吕占伟,聂真威. 利用 Zemax 评估 RC 光学系统研究[J]. 光学仪器,2014(5):413-415,419.

[51] 袁颖华. 小型反射/折反射式望远镜的研究[D]. 苏州:苏州大学,2011.

[52] SHAFER A B,MEGILL L R,DROPPLEMAN L A. Optimization of the Czerny-Turner Spectrometer [J]. Journal of the Optical Society of America,1964,54(7):879-886.

[53] 袁立银,何志平,舒嵘,等. 短波红外棱镜-光栅-棱镜成像光谱仪光学系统设计[J]. 光子学报,2011,40(6):831-834.

[54] PRIETO-BLANCO X,MONTERO-ORILLE C,COUCE B,et al. Analytical design of an Offner imaging spectrometer[J]. Optics Express,2006,14(20):9156-9168.

[55] 薛庆生,王淑荣,于向阳. 大相对孔径宽波段 Dyson 光谱成像系统[J]. 光学精密工程,2013,21(10):2535-2542.

[56] 张云翠,刘龙,曹冠英,等. Fery 棱镜光谱仪设计[J]. 红外与激光工程,2009,38(2):287-289.

[57] COOK L G,SILNY J F. Imaging spectrometer trade studies:a detailed comparison of the Offner-Chrisp and reflective triplet optical design forms[C]//Remote Sensing System Engineering Ⅲ. International So-

ciety for Optics and Photonics,2010,7813:78130F.

［58］ BRAAM B M,OKKONEN J T,AIKIO M,et al. Design and first test results of the Finnish airborne ima-ging spectrometer for different applications（AISA）［C］//Imaging Spectrometry of the Terrestrial Environ-ment. International Society for Optics and Photonics,1993,1937:142-151.

［59］ MERTZ L. Concentric spectrographs［J］. Applied Optics,1977,16(12):3122-3124.

［60］ MOUROULIS P,GREEN R O,CHRIEN T G. Design of pushbroom imaging spectrometers for optimum recovery of spectroscopic and spatial information［J］. Applied Optics,2000,39(13):2210-2220.

［61］ WARREN D W,GUTIERREZ D A,KEIM E R. Dyson spectrometers for high-performance infrared ap-plications［J］. Optical Engineering,2008,47(10):103601.

［62］ KAISER S,SANG B,SCHUBERT J,et al. Compact prism spectrometer of pushbroom type for hyperspec-tral imaging［J］. Proc Spie,2008:710014-710014-11.

［63］ 高波. 光学系统的像质评价和像差公差［J］. 科技资讯,2008（12）:228-229.

［64］ 方煜. 成像光谱仪光学系统设计与像质评价研究［D］. 西安:中国科学院西安光学精密机械研究所,2013.

［65］ 毛文炜. 现代光学镜头设计方法与实例［M］. 北京:机械工业出版社,2017.

［66］ 吕乃光. 傅里叶光学［M］. 北京:机械工业出版社,2006.

［67］ CEAMANOS X,DOUTÉ S. Spectral smile correction of CRISM/MRO hyperspectral images［J］. IEEE Transactions on Geoscience and Remote Sensing,2010,48(11):3951-3959.

［68］ 骆超. 成像光谱仪杂散光的分析、测量与校正［D］. 苏州:苏州大学,2018.

［69］ 刘奇,李保永,郭晓琳,等. 5A06铝合金复杂盒形件等温锻造工艺研究［J］. 锻压技术,2017(6):16-20.

［70］ 张峰,桑夺坤. 徕卡ADS100相机使用运-5飞行平台在1:500地形图测绘中的应用［J］. 测绘通报,2015(8):133-134.

［71］ 郭天明. 多用途飞机"运-12"性能浅析［J］. 新疆农垦科技,2011(3):41-42.

［72］ 朱伟锋. 赛斯纳208多用途飞机（上）［J］. 航空知识,2006(2):66-68.

［73］ http://www. docin. com/p-901165465. html.

［74］ 江天,郑鑫,程湘爱,等. 光导型碲镉汞探测器在波段外连续激光辐照下的载流子输运［J］. 红外与毫米波学报,2012(03):216-221.

［75］ 王志琛. 光导型及光伏型红外探测器多种技术参数检测系统［D］. 长春:长春理工大学,2014.

［76］ 李大宇,代作晓,魏焕东. HgCdTe光导探测器的一种恒流偏置低噪声放大电路的设计［J］. 红外,2010,31(3):6-10.

［77］ 江婷,李胜,高闽光,等. 红外探测器的低噪声前置放大电路设计［J］. 激光与红外,2018(07):913-918.

［78］ 胡涛,司汉英. 光电探测器前置放大电路设计与研究［J］. 光电技术应用,2010,25(1):52-55.

［79］ 安毓英,刘继芳,李庆辉. 光电子技术［M］. 北京:电子工业出版社,2007.

［80］ 刘吉. 光电探测技术与应用［M］. 北京:国防工业出版社,2009.

［81］ 陈剑武. 空间高帧频背照式CCD驱动与信息处理技术研究［D］. 上海:中国科学院上海技术物理

研究所,2015.

[82] 程鹏飞,顾明剑,王模昌.基于 FPGA 的帧转移面阵 CCD 驱动电路设计[J].红外技术,2006(9):519-522.

[83] TIEBOUT,M. A CMOS direct injection-locked oscillator topology as high-frequency low-power frequency divider [J]. IEEE Journal of Solid-State Circuits,2004,39(7):1170-1174.

[84] RESSLER M,HOGUE H,MUZILLA M,et al. Development of large format far-infrared detectors[C]. Astro:the Astronomy & Astrophysics Decadal Survey. 2009.

[85] BIELECKI Z. Readout electronics for optical detectors [J]. Opto-electron. Rev,2004,12(1):129.

[86] 张华斌,张庆中.红外焦平面阵列技术现状和发展趋势[J].传感器世界,2005,11(5):6-10.

[87] 毛武军,王乐勇,赵文普,等.航空相机稳定平台设计与仿真[J].航空兵器,2009(04):51-55.

[88] 缪剑,耿迅,高德俊,等.国产高精度 POS 精度测试方法研究与试验分析[J].测绘科学技术学报,2015,032(005):510-514,520.

[89] 解培中,周波.信号与系统分析[M].北京:人民邮电出版社,2011.

[90] BAKER B. Sallen-Key lowpass-filter stopband limitations[J]. EDN,2006,51(16):34.

[91] JEONG D Y,CHAI S H,SONG W C,et al. CMOS current-controlled oscillators using multiple-feedback-loop ring architectures[C]. IEEE International Solid-state Circuits Conference. 1997.

[92] 常用总线接口介绍. https://www.myoschain.com/blog/126768456191486976.

[93] 老毕.墙内开花墙外香 中国支线客机的发展历程——运-12[J].航空档案,2009(6):58-69.

[94] 冷欣.参与对伊武检的 U-2 侦察机[J].航空知识,2003(3):46-47.

[95] STEINKRAUS R E,HICKOK R W. AVIRIS onboard data handling and control [J]. Proc Spie,1987,0834:69-78.

[96] 张钟林.国防科技名词大典:航空[M].北京:航空工业出版社,2002.

[97] 王刚.漫话无人机[J].时事报告,2015(6):56.

[98] 方如金.微小型无人侦察机总体结构气动特性分析[D].太原:中北大学,2014.

[99] 李广.红外镜头视场角测试系统研究[D].长春:长春理工大学,2014.

[100] 何煦,吴国栋.推扫式光电成像系统调制传递函数测试装置的设计[J].应用光学,2013,34(1):1-8.

[101] 张春雷,向阳.基于大气吸收带的超光谱成像仪光谱定标技术研究[J].光谱学与光谱分析,2012,32(1):268-272.

[102] 刘倩倩,郑玉权.超高分辨率光谱定标技术发展概况[J].中国光学,2012(6):566-577.

[103] 齐向东,撒芃芃,潘明忠,等.凸面光栅成像光谱仪的光谱定标[J].光学精密工程,2011,19(12):2870-2876.

[104] 刘玉娟.基于同心光学系统的新型成像光谱仪研究[D].长春:中国科学院长春光学精密机械与物理研究所,2012.

[105] 陈洪福.棱镜-光栅型光谱成像技术研究[D].长春:中国科学院长春光学精密机械与物理研究所,2014.

[106] 刘红元,王恒飞,应承平,等. 单色仪输出波长准确度校准技术研究[J]. 宇航计测技术,2009,29
　　　(5):16-19.

[107] 刘洪麟. 机载高光谱成像仪光谱定标关键技术研究[D]. 上海:中国科学院上海技术物理研究
　　　所,2020.

[108] 高海亮,顾行发,余涛,等. 星载光学遥感器可见近红外通道辐射定标研究进展[J]. 遥感信息,
　　　2010,2010(4):117-128.

[109] 李晓杰,任建伟,李宪圣,等. 反射式拼接 CCD 相机非均匀性定标与校正[J]. 液晶与显示,
　　　2014,29(6):1057-1064.

[110] 王立朋. 成像光谱仪辐射定标概览[J]. 光机电信息,2011,28(12):73-77.

[111] 赵慧洁,秦宝龙,贾国瑞. 高光谱遥感系统调制传递函数在轨测试[J]. 光学精密工程,2011
　　　(6):1235-1243.

[112] 刘军,王冬红,张永生. 基于 POS 的机载高光谱影像几何校正[C]. 第十五届全国遥感技术学术
　　　交流会,2005.

[113] 周小虎,万余庆. IMU 在航空高光谱遥感图像几何校正中的应用[J]. 海洋科学进展,2004,22
　　　(B10):95-100.

[114] ZHANG D,YUAN L,WANG S,et al. Wide swath and high resolution airborne hyperspectral imaging
　　　system and flight validation [J]. Sensors,2019,19(7):1667.

[115] 霍丽君,何斌,周达标. 遥感图像条带噪声的多尺度变分模型去除[J]. 光学精密工程,2017,25
　　　(1):198-207.

[116] LIU J G,MORGAN G L K. FFT selective and adaptive filtering for removal of systematic noise in ETM+
　　　imageodesy images[J]. IEEE Transactions on Geoscience and Remote Sensing,2006,44(12):3716-
　　　3724.

[117] CAO B,DU Y,XU D,et al. An improved histogram matching algorithm for the removal of striping noise
　　　in optical remote sensing imagery [J]. Optik,2015,126(23):4723-4730.

[118] JINSONG C,YUN S,GUO H,et al. Destriping CMODIS data by power filtering[J]. IEEE Transactions
　　　on Geoscience and Remote Sensing,2003,41(9):2119-2124.

[119] TORRES J,INFANTE SO. Wavelet analysis for the elimination of striping noise in satellite images [J]
　　　Optical Engineering,2001,40(7):1309-1314.

[120] 刘正军,王长耀,王成. 成像光谱仪图像条带噪声去除的改进矩匹配方法[J]. 遥感学报,2002,6
　　　(4):279-284.

[121] 贾建鑫. 高空间分辨率短波红外信息采集关键技术研究[D]. 上海:中国科学院上海技术物理
　　　研究所,2018.

[122] 顾行发. 航天光学遥感器辐射定标原理与方法[M]. 北京:科学出版社,2013.

[123] 赵春艳,张艳娜,韦玮,等. 基于场地高光谱 BRDF 模型的绝对辐射定标方法[J]. 光子学报,
　　　2019,48(5):52-61.

[124] 王玲,胡秀清,陈林. 基于多种亮度稳定目标的 FY-3C/中分辨率光谱成像仪的反射太阳波段辐
　　　射定标[J]. 光学精密工程,2015,23(7):1911-1920.

[125] 胡秀清,张玉香,邱康睦. 采用辐照度基法对 FY-1C 气象卫星可见近红外通道进行绝对辐射定标[J]. 遥感学报,2003,7(6):458-464.

[126] 万余庆,张凤丽,闫永忠. 高光谱遥感技术在水环境监测中的应用研究[J]. 国土资源遥感,2011,15(3):10-14.

[127] 陈张丽,邰明明. 城乡过渡带塘湿地水体氮污染高光谱遥感监测与评价[J]. 建材发展导向,2014(19):194-195.

[128] 巩彩兰,尹球,匡定波. 航空高光谱遥感数据用于江河水质分类研究[C]. 大珩先生九十华诞文集暨中国光学学会 2004 年学术大会论文集,2004.

[129] 翁永玲,戚浩平,方洪宾,等. 基于 PLSR 方法的青海茶卡-共和盆地土壤盐分高光谱遥感反演[J]. 土壤学报,2010,47(6):1255-1263.

[130] 程朋根,吴剑,李大军,等. 土壤有机质高光谱遥感和地统计定量预测[J]. 农业工程学报,2009,25(3):142-147.

[131] 郭颖,毕如田,袁宇志,等. 土壤重金属高光谱反演研究综述[J]. 环境科技,2018,31(1):67-72.

[132] 董超华,李俊,张鹏,等. 卫星高光谱红外大气遥感原理和应用[M]. 北京:科学出版社,2013.

[133] 王秀珍,黄敬峰. 水稻生物化学参数与高光谱遥感特性参数的相关分析[J]. 农业工程学报,2003,19(2):144-148.

[134] 宋开山,张柏,于磊,等. 玉米地上鲜生物量的高光谱遥感估算模型研究[J]. 土壤与作物,2005,21(1):65-67.

[135] 王利龙,吕航. 高光谱遥感技术在农作物监测中的应用[J]. 科技创新与应用,2018(1):147-148,151.

[136] 谢伯承. 基于高光谱遥感不同发生层土壤的光谱信息的提取研究[D]. 咸阳:西北农林科技大学,2004.

[137] 程一松,胡春胜. 高光谱遥感在精准农业中的应用[J]. 土壤与作物,2001,17(3):193-195.

[138] 贺佳,刘冰锋,李军. 不同生育时期冬小麦叶面积指数高光谱遥感监测模型[J]. 农业工程学报,2014,30(24):141-150.

[139] 易维宁,陆亦怀,罗明. 地物光谱数据库及其在遥感中的应用[J]. 1998(5):25-28.

[140] 刘洋,刘荣高,陈镜明,等. 叶面积指数遥感反演研究进展与展望[J]. 地球信息科学学报,2013,15(5):734-743.

[141] 陈爱军,卞林根,刘玉洁,等. 应用 MODIS 数据反演青藏高原地区地表反照率[J]. 南京气象学院学报,2009,32(2):222-229.

[142] 万幼川,黄家洁,刘良明. 基于 MODIS 数据的二类水体叶绿素反演算法理论与实现[J]. 武汉大学学报(信息科学版),2007(7):572-575.

[143] 白丽,王进,蒋桂英,等. 干旱区基于高光谱的棉花遥感估产研究[J]. 中国农业科学,2008,41(8):2499-2505.

[144] 孙嘉怿. 水稻叶片高光谱对虫害的敏感性及稻飞虱的为害监测[D]. 南京:南京农业大学,2013.

［145］ 申鑫,曹林,佘光辉.高光谱与高空间分辨率遥感数据的亚热带森林生物量反演[J].遥感学报,
2016,20(6):1446-1460.

［146］ 苏豪.基于高光谱数据的水体富营养化遥感监测技术研究[D].哈尔滨:黑龙江大学,2020.

［147］ 王晶晶,田庆久.海岸带浅海水深高光谱遥感反演方法研究[J].地理科学,2007,27(6):843-
848.

［148］ 童勤龙,刘德长,张川.新疆吉木萨尔西大龙口地区航空高光谱油气探测[J].石油学报,2017
(4):425-435.

［149］ 李志忠,汪大明,刘德长,等.高光谱遥感技术及资源勘查应用进展[J].地球科学-中国地质大
学学报,2015(8):1287-1294.

［150］ 曾福,王功文,独文惠.高光谱遥感技术在地质矿产填图中应用[J].矿物学报,2015(S1):
972-973.

［151］ 甘甫平,王润生,马蔼乃.基于特征谱带的高光谱遥感矿物谱系识别[J].地学前缘,2003,10
(2):445-454.

［152］ 李苑溪,李波莹,王姝人,等.铜胁迫下玉米叶片反射光谱的红边位置变化及其与叶绿素的关系
[J].光谱学与光谱分析,2018,38(2).

［153］ 国务院.国家中长期科学和技术发展规划纲要(2006-2020年)[EB/OL].(2006-02-09)
[2014-05-09].http://www.gov.en/j=s/2006—02/09/content_183787.html.

［154］ 刘堂友,匡定波,尹球.湖泊藻类叶绿素-a和悬浮物浓度的高光谱定量遥感模型研究[J].红外
与毫米波学报,2004,23(1):11-15.

［155］ GONS H J. Optical teledetection of chlorophyll a in turbid inland waters [J]. Environmental Science &
Technology,1999,33(7):1127-1132.

［156］ GONS H J,RIJKEBOER M,BAGHERI S,et al. Optical teledetection of chlorophyll a in estuarine and
coastal waters[J]. Environmental science & technology,2000,34(24):5189-5192.

［157］ GONS H J, RIJKEBOER M, RUDDICK K G. A chlorophyll-retrieval algorithm for satellite imagery
(Medium Resolution Imaging Spectrometer) of inland and coastal waters [J]. Journal of Plankton Re-
search,2002,24(9):947-951.

［158］ GONS H J, AUER M T, EFFLER S W. MERIS satellite chlorophyll mapping of oligotrophic and eu-
trophic waters in the Laurentian Great Lakes[J]. Remote Sensing of Environment,2008,112(11):
4098-4106.

［159］ GILERSON A A,GITELSON A A,ZHOU J,et al. Algorithms for remote estimation of chlorophyll-a in
coastal and inland waters using red and near infrared bands[J]. Optics Express,2010,18(23):24109-
24125.

［160］ ALONZO M,BOOKHAGEN B,ROBERTS D A. Urban tree species mapping using hyperspectral and li-
dar data fusion[J]. Remote Sensing of Environment,2014,148:70-83.

［161］ FASSNACHT F E,LATIFI H,GHOSH A,et al. Assessing the potential of hyperspectral imagery to map
bark beetle-induced tree mortality [J]. Remote Sensing of Environment,2014,140(0):533-48.

［162］ 邓湘金,彭海良.一种基于遥感图像的机场检测方法[J].测试技术学报,2002,16(2):96-99.

［163］　莫华．遥感影像上军事目标变化检测相关关键技术研究［D］．解放军信息工程大学,2007.

［164］　颜洁,刘建坡,唐伟广．基于遥感图像变化检测的毁伤效果分析［J］．无线电工程,2010(4).

［165］　许夙晖,慕晓冬,柯冰,等．基于遥感影像的军事阵地动态监测技术研究［J］．遥感技术与应用,2014（3）:511-516.

［166］　LAMPROPOULOS G A,LIU T,QIAN S E,et al. Hyperspectral classification fusion for classifying different military targets［C］//IGARSS 2008-2008 IEEE International Geoscience and Remote Sensing Symposium. IEEE,2008,3:Ⅲ-262-Ⅲ-265.

［167］　KUMAR A S,KEERTHI V,MANJUNATH A S,et al. Hyperspectral image classification by a variable interval spectral average and spectral curve matching combined algorithm［J］. International journal of applied earth observation and geoinformation,2010,12(4):261-269.

［168］　TIWARI K C,ARORA M K,SINGH D. An assessment of independent component analysis for detection of military targets from hyperspectral images［J］. International Journal of Applied Earth Observation and Geoinformation,2011,13(5):730-740.

［169］　ROSSI A,ACITO N,DIANI M,et al. Hyperspectral data collection for the assessment of target detection algorithms:the Viareggio 2013 trial［C］//Electro-Optical Remote Sensing,Photonic Technologies,and Applications Ⅷ;and Military Applications in Hyperspectral Imaging and High Spatial Resolution Sensing Ⅱ. International Society for Optics and Photonics,2014,9250:92500V.

［170］　孙源,张永锋．高光谱图像 RX 异常检测系统设计［J］．中国集成电路,2018,27(10):63-70.

［171］　王玉磊,赵春晖,王江洪,等．基于低概率检测的高光谱异常目标检测算法研究［J］．黑龙江大学自然科学学报,2010,27(3):411-416.

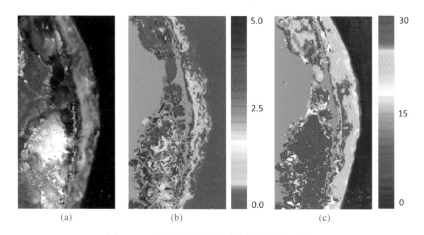

图 2-5 水体的高光谱图像的信息提取[18]

（a）彩色图像；（b）叶绿素浓度的假彩色描绘；（c）从高光谱图像中估算出的相应水深剖面。

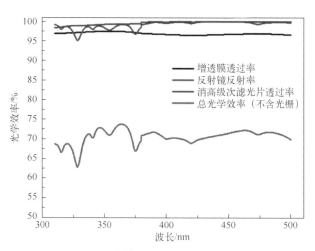

图 2-19 紫外光学系统光学效率曲线

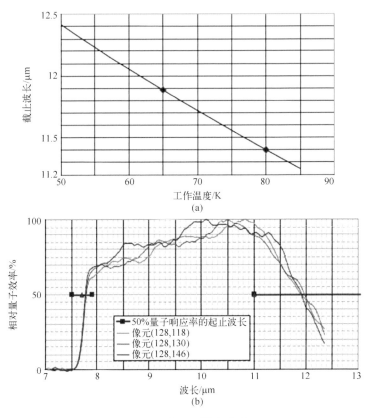

图 2-29　探测器特性曲线

（a）工作温度与截止波长关系；（b）典型温度下的光谱响应曲线。

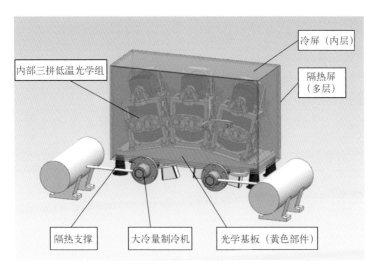

图 6-5 热红外低温光学技术方案

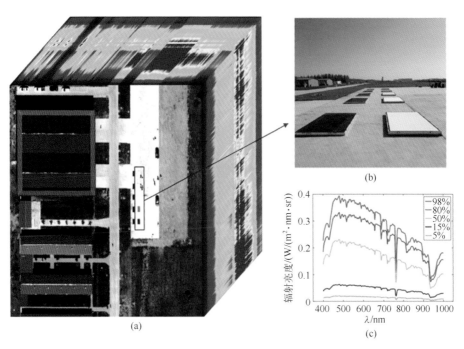

图 9-15 飞行航线同步定标[114]

(a) 数据立方体;(b) 定标板;(c) 不同能级辐射亮度曲线。

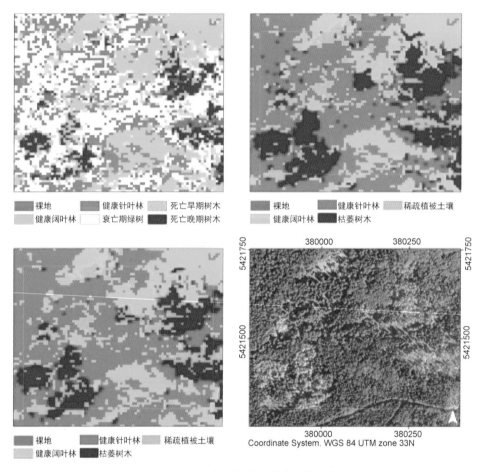

图 11-14 病虫害高光谱分类结果